JN125996

特種用途自動車の構造要件の解説

令和４年12月

交　文　社

はじめに

平成６年頃から、余暇時間の拡大、嗜好・レジャーの多様化等に伴って、多種多様な仕様を希望する自動車ユーザーが急増し、オートキャンプ施設の整備等と相まってキャンピング車をはじめとした特種用途自動車（いわゆる「８ナンバー車」）が急増してきました。また、特種用途自動車は、自動車税等の各種税、自賠責・任意保険など検査・登録に付帯する諸経費が、乗用・貨物自動車の場合の諸経費と比較して安価であることから、これに着目して、バン・ワゴン型の自動車に簡易な特種な設備を装備してキャンピング車、放送宣伝車、事務室車等の特種用途自動車として検査を受けて登録するケースが急速な勢いで全国に広まり、何でこれが８ナンバー車かと言われてきました。

また、平成11年２月には、関西の中古車販売事業者が、不正な行為により８ナンバーを取得したとして警察当局に検挙される事件が２件続けて発生したほか、国土交通省の実施している街頭検査の機会を捉えた特種用途自動車の特種設備の装備状況を調査したところ、調査車両数の７割に当たる特種用途自動車（車体の形状：キャンピング車、放送宣伝車、事務室車）が、その特種な設備を取り外して使用している実態にあることが判明しました。

このことから、国土交通省（当時の運輸省）としては、特種用途自動車の適正な使用を確保するための構造面からの対応を早急に講じる必要があると判断し、そのため、特種用途自動車の各車体の形状毎の構造要件を具体的に定めるための作業を進め、平成11年12月に特種用途自動車の各車体の形状毎の構造要件（案）を提示して、広く関係者から意見募集（パブリックコメント）を行いました。

パブリックコメントの結果：意見・要望　741件

これらの意見・要望を踏まえ、関係者との調整を行って平成13年４月、特種用途自動車の構造要件関係通達を改正・制定したところであります。

○改正・制定した通達

・自動車の用途等の区分について（依命通達）　一部改正

・「自動車の用途等の区分について（依命通達）」の細部取扱いについて　新制定

・自動車検査業務等実施要領について（依命通達）　一部改正

○今回の関係通達の改正・制定により整理等した事項

・特種用途自動車の車体の形状の整理

これまでの形状数	84形状
実績のない形状の廃止	2形状
整理・統合した形状	4形状
構造要件を定めた形状数	78形状

目　次

特種用途自動車の不正使用防止のため構造要件を改正
－キャンピング車等の車体の形状毎に具体的に制定－

（プレスリリース平成13年４月６日）

１．要旨

国土交通省では、特種用途自動車の不正使用を防止するため、キャンピング車をはじめとする特種用途自動車（いわゆる８ナンバー車）すべての車体の形状について、具体的な構造要件を４月６日に制定し、平成13年10月から適用することとしました。

２．現状の問題点

検査時のみ特種な設備を装備して登録し、その後、特種な設備を取り外して乗用車等と同じ仕様に戻して使用している事例が多発しています。また、不正に８ナンバーを取得したとして、中古車販売業者が逮捕される事件も発生しています。

このような事例が起きている背景としては、８ナンバー車は、乗用車等と比べ、税、保険料が安いこと（東京都の場合で試算：4,300ccのキャンピング車を新規購入した場合の諸費用の合計が40万円程度安い。）、８ナンバー車の現行の構造要件が抽象的であること等があげられます。

３．経緯

国土交通省（旧運輸省）では、８ナンバー車の構造要件の改正案を策定し、それについて平成11年12月10日から１か月間意見募集（パブリックコメント）を行った結果、230通（項目数741件）の意見、要望がありました。

今般、意見、要望を踏まえ、改正案の一部を修正し、車体の形状毎の具体的な構造要件を定めました。

４．構造要件の改正内容

キャンピング車、放送宣伝車等は、検査後に、特種な設備を取り外して不正に使用されている事例が非常に多いため、特種な設備を容易に外せない固定方法（溶接、ボルト、リベット）、特種な設備を車室内で利用する場合の車室内有効高さの確保等を内容とする規制強化した構造要件とすることとしました。

クレーン車、高所作業車等については、特種な設備を検査後に取り外す等の不正使用はないことから、現状の仕様に対応した具体的な構造要件を定めることとしました。

5．施行時期

改正後の構造要件の施行は、関係者への周知期間等を考慮して、平成13年10月１日から適用することとしました。

ただし、キャンピング車については、大幅な車体の変更等を伴うことから、平成15年３月31日までは、なお従前の規定を適用することとしました。

なお、平成13年９月30日（キャンピング車については平成15年３月31日）において特種用途自動車として既に登録を受けている自動車又は車両番号の指定を受けている自動車にあっては、その構造・装置に変更がない場合には、なお従前の規定によることができることとしました。

〔参考〕

1．特種用途自動車とは

自動車の用途は、自動車の構造・装置により、乗用、乗合、貨物又は特種の４用途に区分されています。

特種用途自動車（いわゆる８ナンバー車）とは、特種な用途に応じた設備を有する自動車であって、車体の形状として、キャンピング車、救急車等78の車体形状があり、その構造要件は、自動車交通局長通達で定められています。

（登録番号（ナンバー）表示例：品川８８０　さ　１２３４

└→ ８ナンバー車

2．特種用途自動車の保有車両数の推移

特種用途自動車の保有車両数は、平成３年３月末に79万台であったものが、平成12年３月末には139万台と10年で1.8倍の増加となっています。このうち、車体形状が事務室車、キャンピング車及び放送宣伝車のものの保有車両数は、下表のとおり異常に増加しています。

	平成３年３月末（指数）	平成12年３月末（指数）
キャンピング車	29,353台（1.0）	331,935台（11.3）
放送宣伝車	4,622台（1.0）	65,583台（14.2）
事務室車	184台（1.0）	20,560台（111.7）
上記以外の車体の形状	756,603台（1.0）	967,958台（1.3）
特種用途自動車総数	790,762台（1.0）	1,386,036台（1.8）

3．意見募集（パブリックコメント）結果

車体の形状等	改正案に反対	改正案を緩和すべき	改正案に賛成又はもっと強化すべき	その他質問・要望	計
キャンピング車	22	127	27	53	229
身体障害者輸送車(車いす移動車)	2	24	0	8	34
事務室車、放送宣伝車	0	25	9	21	5
クレーン車等作業用の自動車	0	71	0	19	190
構造要件全般の意見	9	0	23	0	32
構造要件以外の意見（税、保険、取締り等）	0	0	0	201	201
合計	33	247	59	402	741

4．特種用途自動車の構造要件の概要

特種用途自動車の使用目的により次の３区分とし、それに対応した車体の形状に分類しました。

Ⅰ　専ら緊急の用に供するための自動車（13車体形状）

救急車、消防車、警察車、臓器移植用緊急輸送車、保線作業車、検察庁車、緊急警備車、防衛省車、電波監視車、公共応急作業車、護送車、血液輸送車、交通事故調査用緊急車

Ⅱ　法令等で特定される事業を遂行するための自動車（13車体形状）

給水車、医療防疫車、採血車、軌道兼用車、図書館車、郵便車、移動電話車、路上試験車、教習車、霊柩車、広報車、放送中継車、理容・美容車

Ⅲ　特種な目的に専ら使用するための上記以外の自動車（52車体形状）

構造要件の原則

①　特種な設備の占有する面積要件

特種な設備の占有する面積の合計が１㎡以上（軽自動車は0.6㎡以上）あり、かつ、運転者席（運転者席と並列の座席を含む。）より後方に備えた特種な設備の占有する面積が、運転者席を除く客室の床面積、物品積載設備の床面積及び特種な設備の占有する面積の合計面積の２分の１を

超えていること。

② 特種な設備の車体等への固定方法

特種な設備は、ボルト、リベット又は溶接により確実に車体に固定されていること。（両面テープ、針金等による特種な設備の設置は、ここでいう「固定」には該当しません。）

Ⅲ－１ 特種な物品を運送するための特種な物品積載設備を有する自動車で、車体の形状が次に掲げる自動車（15車体形状）

粉粒体運搬車、タンク車、現金輸送車、アスファルト運搬車、コンクリートミキサー車、冷蔵冷凍車、活魚運搬車、保温車、販売車、散水車、塵芥車、糞尿車、ボートトレーラ、オートバイトレーラ、スノーモービルトレーラ

Ⅲ－２ 患者、車いす利用者等を輸送するための特種な乗車設備を有する自動車で、車体の形状が次に掲げる自動車（２車体形状）

患者輸送車、車いす移動車

Ⅲ－３ 特種な作業を行うための特種な設備を有する自動車で、車体の形状が次に掲げる自動車（32車体形状）

消毒車、寝具乾燥車、入浴車、ボイラー車、検査測定車、穴掘建柱車、ウインチ車、クレーン車、くい打車、コンクリート作業車、コンベア車、道路作業車、梯子車、ポンプ車、コンプレッサー車、農業作業車、クレーン用台車、空港作業車、構内作業車、工作車、工業作業車、レッカー車、写真撮影車、事務室車、加工車、食堂車、清掃車、電気作業車、電源車、照明車、架線修理車、高所作業車

Ⅲ－４ キャンプ又は宣伝活動を行うための特種な設備を有する自動車で、車体の形状が次に掲げる自動車（３車体形状）

キャンピング車、放送宣伝車、キャンピングトレーラ

Ⅲの特種用途自動車は、構造要件の原則に適合しているほか、各車体の形状毎に定める具体的な構造要件に適合していることが必要です。

●特種用途自動車の主な車体の形状別保有車両数の推移

（単位：両）

	H 2	H 5	H 8	H11	H14	H17	H18	H19	H20
特種用途自動車全体	790,762	903,624	1,119,627	1,386,036	1,395,991 (100)	1,293,236 (93)	1,272,673 (91)	1,251,465 (90)	1,202,242 (86)
キャンピング車	29,353	63,649	187,109	331,935	320,952 (100)	222,627 (69)	197,686 (62)	175,986 (55)	150,401 (47)
放送宣伝車	4,622	6,554	20,076	65,583	51,113 (100)	31,067 (61)	27,751 (54)	25,208 (49)	19,723 (39)
事務室車	184	387	1,136	20,560	18,622 (100)	12,032 (65)	10,794 (58)	9,819 (53)	7,803 (42)
身体障害者輸送車	6,674	12,375	21,130	34,814	41,267 (100)	36,364 (88)	34,086 (83)	31,654 (77)	29,057 (70)
車いす移動車					9,411 (100)	34,025 (362)	43,192 (459)	52,007 (553)	58,838 (625)
入浴車	554	1,247	1,979	2,894	4,186 (100)	4,524 (108)	4,480 (107)	4,348 (104)	4,321 (103)
移動電話車	3	2	22	58	41 (100)	33 (80)	39 (95)	43 (105)	43 (105)

注１　各年度末現在の数字である。
注２　（　）内の数字は、平成14年度を100とした指数である。
注３　身体障害者輸送車は平成13年９月30日、形状の構造要件を廃止。
注４　車いす移動車は平成13年10月１日、形状の構造要件を制定。

●特種用途自動車の主な車体の形状別保有車両数の推移

（単位：両）

	H21	H22	H23	H24	H25	H26	H27	H28
特種用途自動車全体	1,188,275 (85)	1,175,676 (84)	1,171,571 (84)	1,174,897 (84)	1,182,142 (85)	1,189,722 (85)	1,201,417 (86)	1,217,423 (87)
キャンピング車	137,398 (43)	126,776 (39)	118,237 (37)	111,400 (35)	106,291 (33)	102,395 (32)	99,716 (31)	98,193 (31)
放送宣伝車	18,445 (36)	17,437 (34)	16,546 (32)	15,855 (31)	15,351 (30)	14,920 (29)	14,531 (28)	14,167 (28)
事務室車	7,373 (40)	7,063 (38)	6,786 (36)	6,563 (35)	6,386 (34)	6,275 (34)	6,169 (33)	6,214 (33)
身体障害者輸送車	26,512 (64)	24,086 (58)	21,814 (53)	19,236 (47)	16,707 (40)	14,291 (35)	12,175 (30)	10,371 (25)
車いす移動車	66,047 (702)	73,739 (784)	82,183 (873)	91,029 (967)	98,783 (1050)	106,366 (1130)	112,476 (1195)	118,288 (1257)
入浴車	4,409 (105)	4,516 (108)	4,601 (110)	4,700 (112)	4,665 (111)	4,582 (109)	4,453 (106)	4,299 (103)
移動電話車	42 (102)	51 (124)	111 (271)	130 (317)	127 (310)	126 (307)	125 (305)	126 (307)

注１　各年度末現在の数字である。
注２　（　）内の数字は、平成14年度を100とした指数である。
注３　身体障害者輸送車は平成13年９月30日、形状の構造要件を廃止。
注４　車いす移動車は平成13年10月１日、形状の構造要件を制定。

特種用途自動車の主な車体の形状別保有車両数の推移

	H29	H30	R 1	R 2	R 3
特種用途自動車全体	1,230,970 (88)	1,241,976 (89)	1,253,805 (90)	1,266,360 (91)	1,277,049 (91)
キャンピング車	97,587 (30)	97,635 (30)	98,472 (31)	100,804 (31)	104,274 (32)
放送宣伝車	13,873 (27)	13,454 (26)	13,161 (26)	12,936 (25)	12,730 (25)
事務室車	6,180 (33)	6,126 (33)	6,091 (33)	6,117 (33)	6,182 (33)
身体障害者輸送車	9,853 (24)	8,241 (20)	6,787 (16)	5,568 (13)	4,649 (11)
車いす移動車	123,028 (1307)	127,025 (1350)	130,419 (1386)	133,886 (1423)	136,380 (1449)
入浴車	4,161 (99)	4,032 (96)	3,962 (95)	3,981 (95)	4,027 (96)
移動電話車	125 (305)	128 (312)	135 (329)	151 (368)	220 (537)

注1　各年度末現在の数字である。
注2　（　）内の数字は、平成14年度を100とした指数である。
注3　身体障害者輸送車は平成13年９月30日、形状の構造要件を廃止。
注4　車いす移動車は平成13年10月１日、形状の構造要件を制定。

特種用途自動車の主な車体の形状別保有車両数の推移

●特種用途自動車の主な車体の形状別保有車両数の推移

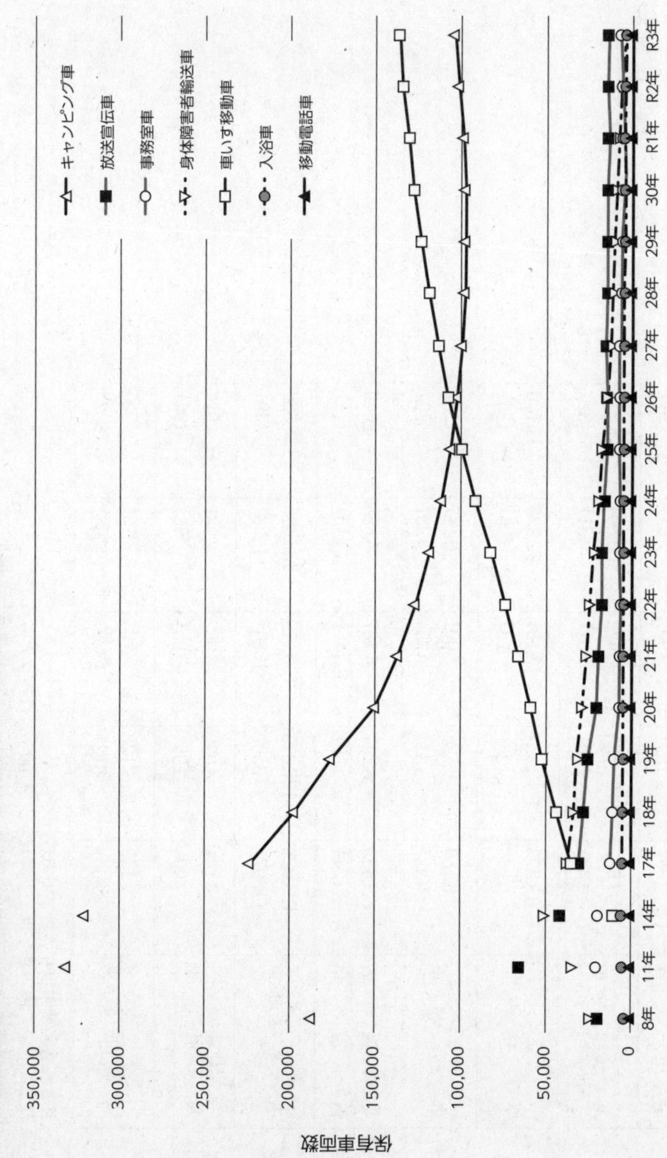

Ⅰ．特種用途自動車の定義

自動車の用途は、昭和35年の自動車局長（現国土交通省自動車局長）依命通達により「乗用、乗合、貨物、特種」の４種類に区分されており、特種用途自動車登録（車両）番号標板（ナンバープレート）においても「８、80、800」と区分されている。

自動車の用途及びナンバーを区分している理由は、特種用途自動車については、特定の目的に使用され、かつ、使用の態様が他の乗用自動車等と異なることから、

① 安全の確保及び公害の防止のための措置を講じることを可能とする法体系とする必要があること。

② 行政登録における自動車の流通状況を適切に把握する必要があることから、道路運送車両法制定当時からこの区分の考え方がとられていた。

なお、用途及びナンバーを区分することにより、自動車ユーザーが、自動車検査証の有効期間、定期点検項目及び点検周期等を容易に判断することができる等の付帯効果もあるほか、自動車税及び自動車損害賠償保険の料率を区分するため、これらの関係者からの要請を受けて順次車体の形状が増加してきた経緯にある。

これらの特種用途自動車には、警察車（パトカー）、消防車、救急車等の官公署で特種な用途に使用される自動車、教習車、広報車等の特定の目的に使用される自動車、タンク車、コンクリートミキサー車、クレーン車等の特種な設備を有し、これらの設備を用いて専らそれぞれの目的に使用される自動車が該当している。

このようなことから、今般、現存する特種用途自動車の各車体の形状毎にその構造要件を具体的に策定することとしたものであり、特種用途自動車等とは、主たる使用目的が特種である自動車であって、次のⅠからⅢのすべてを満足しているものをいう。

Ⅰ　主たる使用目的遂行に必要な構造、装置を有する（注１）次の１、２又は３のいずれか１つに該当するものをいう。

１．専ら緊急の用に供するための自動車

【車体の形状】 救急車、消防車、警察車、臓器移植用緊急輸送車、保線作

業車、検察庁車、緊急警備車、防衛省車、電波監視車、公共応急作業車、護送車、血液輸送車、交通事故調査用緊急車

2．法令等で特定される事業を遂行するための自動車

【車体の形状】 給水車、医療防疫車、採血車、軌道兼用車、図書館車、郵便車、移動電話車、路上試験車、教習車、霊柩車、広報車、放送中継車、理容・美容車

3．特種な目的に専ら使用するための自動車

(1) 特種な物品を運搬するための特種な物品積載設備を有する自動車

【車体の形状】 粉粒体運搬車、タンク車、現金輸送車、アスファルト運搬車、コンクリートミキサー車、冷蔵冷凍車、活魚運搬車、保温車、販売車、散水車、塵芥車、糞尿車、ボートトレーラ、オートバイトレーラ、スノーモービルトレーラ

(2) 高齢者、車いす利用者等を輸送するための特種な乗車設備を有する自動車

【車体の形状】 患者輸送車、車いす移動車

(3) 特種な作業を行うための特種な設備を有する自動車

【車体の形状】 消毒車、寝具乾燥車、入浴車、ボイラー車、検査測定車、穴掘建柱車、ウインチ車、クレーン車、くい打車、コンクリート作業車、コンベア車、道路作業車、梯子車、ポンプ車、コンプレッサー車、農業作業車、クレーン用台車、空港作業車、構内作業車、工作車、工業作業車、レッカー車、写真撮影車、事務室車、加工車、食堂車、清掃車、電気作業車、電源車、照明車、架線修理車、高所作業車

(4) キャンプ又は宣伝活動を行うための特種な設備を有する自動車

【車体の形状】 キャンピング車、放送宣伝車、キャンピングトレーラ

（車体の形状毎の具体的な構造要件は、「6．特種用途自動車の車体の形状毎の構造要件」を参照）

注1：主たる使用目的遂行に必要な構造、装置を有する（用途区分通達　注7）

車枠又は車体に、特種な目的遂行のための設備（「自動車部品を装着した場合の構造等変更検査時等における取扱いについて（依命通達）」（平

成７年11月16日付け自技第234号、自整第262号）の指定部品は、「特種な目的遂行のための設備」には該当しないものとする。）がボルト、リベット、接着剤又は溶接により確実に固定されているものをいう。

なお、蝶ねじ類、テープ類、ロープ類、針金類、その他これらに類するもので取り付けられた設備は、確実に固定されているものに該当しないものとする。

Ⅱ　最大積載量を有する自動車にあっては、自動車の乗車設備と物品積載設備との間には、適当な隔壁又は保護仕切等を備えたものであること。

ただし、最大積載量500kg以下の自動車で乗車人員が座席の背あてにより積載物品から保護される構造と認められるものにあっては、適当な隔壁又は保護仕切等は設けなくてもよい。

Ⅲ　次の車体の形状の自動車を除き、①から③のいずれかに該当する自動車でないこと。

次の車体の形状の自動車は、Ⅲ①から③の規定を適用しない。

「専ら緊急の用に供するための自動車」……**全ての車体の形状**

「法令等で特定される事業を遂行するための自動車」……**「軌道兼用車・路上試験車・教習車」**

「特種な目的に専ら使用するための自動車」……**「患者輸送車・車いす移動車」**

次の車体の形状の自動車は、Ⅲ②の規定を適用しない。

「特種な目的に専ら使用するための自動車」……**「レッカー車」**

（用途区分通達「６　自動車の用途等の区分に係る細部取扱い」等より）

①　型式認証等を受けた自動車（注２）の用途が「乗用自動車」

↓

車体の形状が「箱型又は幌型」で車枠が改造されていない自動車

解説 車体の形状が「箱型又は幌型」とは、その型式について認証等を受けた時点（自動車製作者が製造（ラインオフ）した際の状態）における車体の形状により判断する。

例えば、現在の自動車検査証の交付を受けている自動車の車体の形状が「バン」であっても、型式認証等を受けた時点の車体の形状が「箱型」、「幌型」であれば車枠が改造されていない限り「特種」にはならない、ということである（以下②、③においても同様）。

② 型式認証等を受けた自動車の用途が「貨物自動車」

↓

その物品積載設備の荷台部分の２分の１を超える部位が平床荷台、バン型車の荷台、ダンプ機能付き荷台、車両運搬用荷台又はコンテナ運搬用荷台である自動車

解説 １．次のような状態は、「平床荷台」等に該当すると判断する。

(1) 物品積載設備であった荷台部分を何ら加工せず、床板等がそのまま残されている場合

(2) 物品積載設備であった荷台部分に、床板等を外すことなく、鉄板、カーペット等を敷きつめた場合

(3) 物品積載設備であった荷台部分の床板等の上部を覆った場合

(4) 物品積載設備であった荷台部分に、積載量を算定しない棚、荷箱等の収納設備を設置した場合（平床荷台に変更なし。）

２．次のような状態は、「平床荷台」等には当たらないと判断する。

(1) 物品積載設備であった荷台部分の床板等を有していない場合

(2) 物品積載設備であった荷台部分の床板等に特種な設備が固定的に設置され、荷台として使用できない場合

３．次の車体の形状の物品積載設備は、荷台を含めて特種な設備であるかどうか判断することとなることから、「バン型車の荷台」には当たらないと判断する。【現金輸送車、冷蔵冷凍車、保温車】

４．物品積載設備の荷台部分の２分の１を超える部分が「平床荷台」等か否かの判定方法

例１ 物品積載設備の荷台を利用して、特種な設備が荷台床板等に固定的に設置されている場合は、その特種な設備の合計床面積とそれ以外の合計床面積とを比較して判断する。（次図参照）

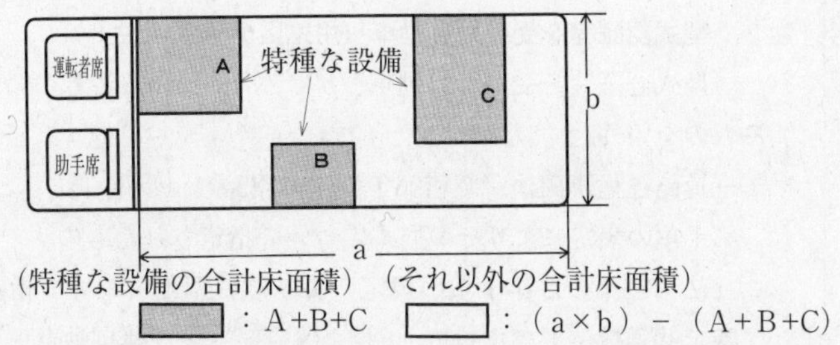

（特種な設備の合計床面積）（それ以外の合計床面積）
：A＋B＋C　　：（a×b）－（A＋B＋C）

例２　特種な設備が側壁に取り付けれている、又は作業台のように足の部分のみが荷台床板等に設置（下図参照）されている等、特種な設備が荷台床板等に直接設置されていないものであって、その下方の荷台部分が平床荷台等である場合は、当該部分を「それ以外の床面積」として、例１と同様に比較して判断する。

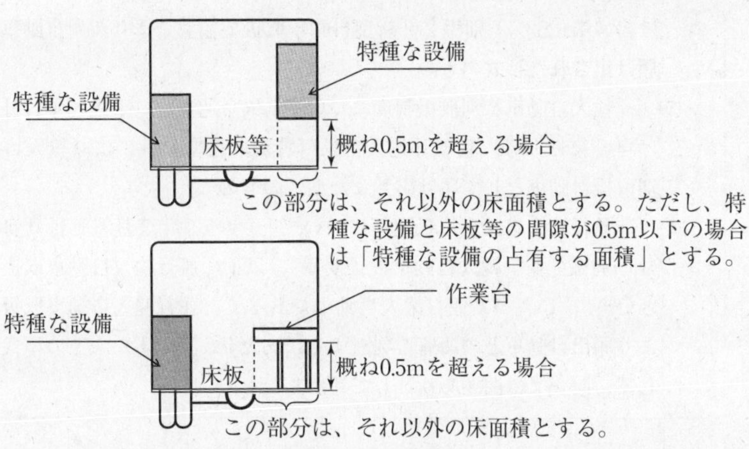

③　型式認証等を受けた自動車の用途が「貨物自動車」

↓

セミトレーラ（前車軸を有しない被けん引自動車であって、その一部がけん引自動車に載せられ、かつ、当該被けん引自動車及びその積載物の重量の相当部分がけん引自動車によってささえられる構造のものをいう。）をけん引するための連結装置を有するけん引自動車

注２：型式認証等を受けた自動車（用途区分通達　注８）

「型式認証等を受けた自動車」とは、次に掲げる各号のいずれかに該当するものをいう。

⑴　道路運送車両法（昭和26年法律第185号）（以下「法」という。）第75条第１項の規定によりその型式について指定されたもの

⑵　法第75条の２第１項の規定によりその型式について指定を受けた指定特定共通構造部であって、「共通構造部（多仕様自動車）型式指定実施要領について（依命通達）」（平成28年６月30日国自審535号）別添「共通構造部（多仕様自動車）型式指定実施要領」によりその型式について指定された特定共通構造部（多仕様自動車）を有するもの

⑶　「製造過程自動車の型式認定に関する規程」（平成26年国土交通省告示第120号）によりその型式について認定されたもの

⑷　「自動車型式認証実施要領について（依命通達）」（平成10年11月12日付け自審第1252号）別添２「新型自動車取扱要領」により新型自動車として届け出された型式のもの

⑸　「輸入自動車特別取扱制度について（依命通達）」（平成10年11月12日付け自審第1255号）別紙「輸入自動車特別取扱要領」により輸入自動車特別取扱自動車として届け出された型式のもの

⑹　「並行輸入自動車取扱要領について」（平成９年３月31日付け自技第61号）別添「並行輸入自動車取扱要領」（以下「並行輸入自動車取扱要領」という。）に基づく並行輸入自動車であって、並行輸入自動車取扱要領により届出自動車との関連を判断するにあたり、上記⑴から⑶の型式と比較して、同一又は関連ありとして判断したもの

【参考：特種用途自動車に至るかどうかのフローチャート】

ベース車「貨物」の場合

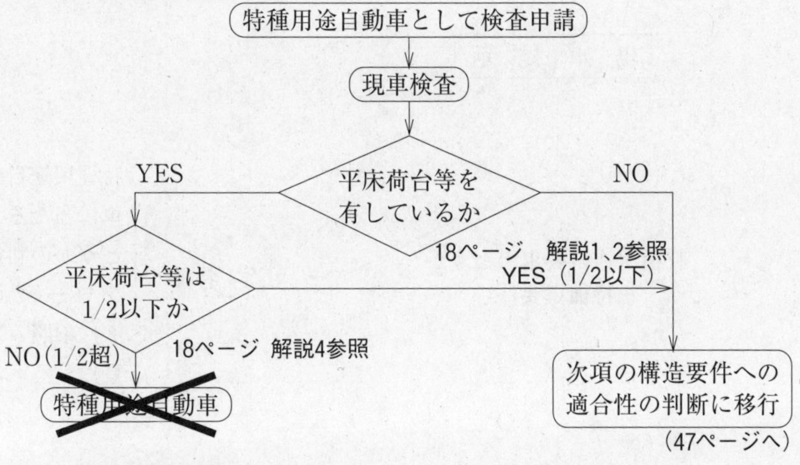

ベース車「乗用」の場合

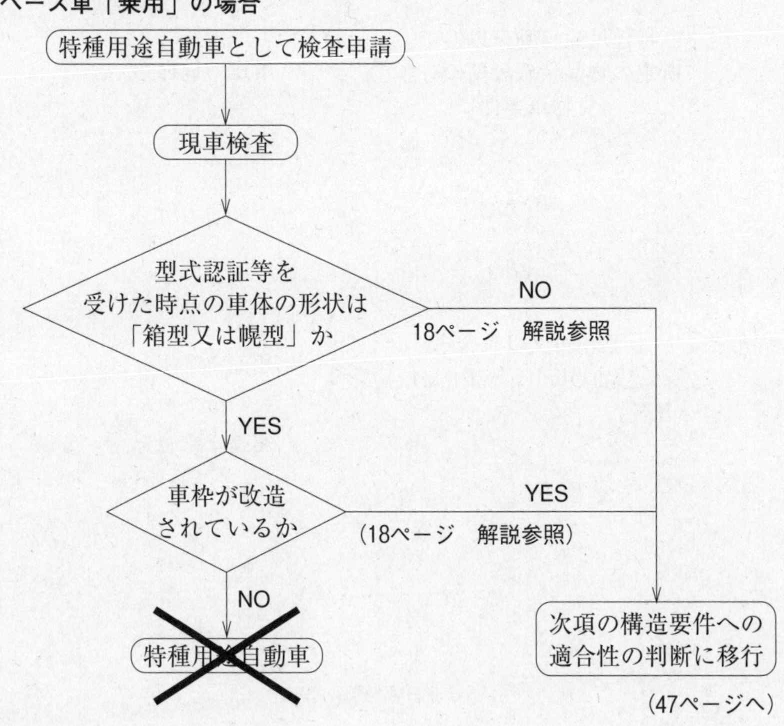

用途区分通達に基づく用途の判定フロー（その１）

判　定

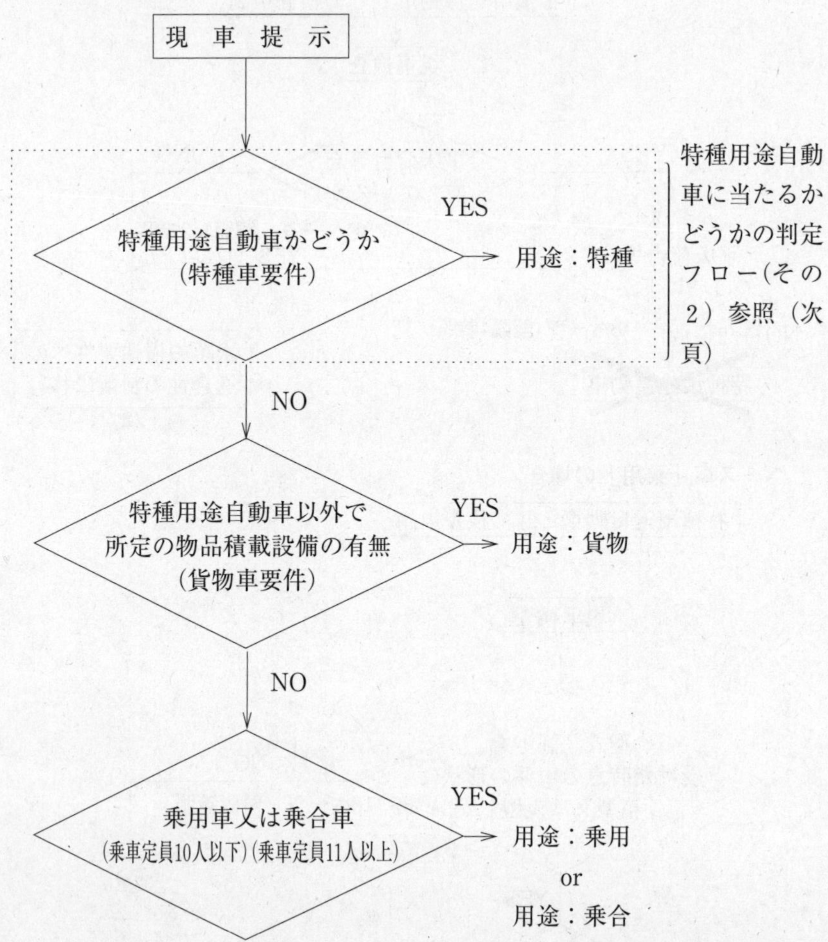

特種用途自動車に当たるかどうかの判定フロー（その２）

特種な設備を有する特種用途自動車として申請

↓

現車検査：ベース車を確認（注１）

注１：検査証の型式（諸元）により調べる。（変更前に登録されている車体形状とベース車が異なる場合があるため）
　ただし、未登録の状態で特種自動車として申請した場合の並行輸入自動車のベース車については型式指定、新型自動車届出、PHP の型式と比較して判断する。

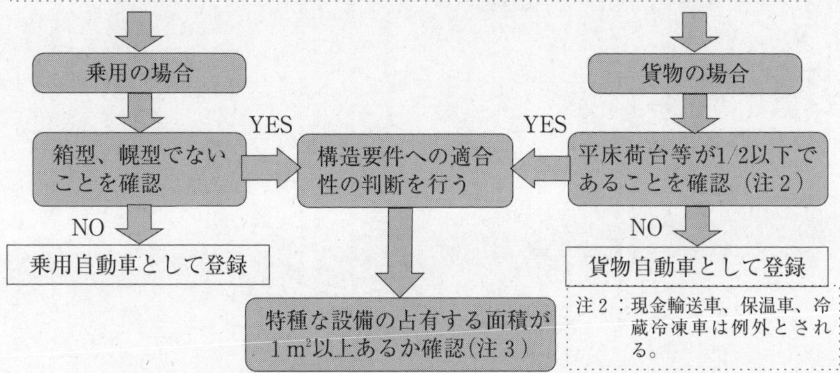

注２：現金輸送車、保温車、冷蔵冷凍車は例外とされる。

注３：特種な設備の占有する面積は、設置されている設備のうち、構造要件で規定されている設備のみを基準面に投影した場合の面積とする。
作業床面積は、構造要件に規定のある車体形状（工作車、加工車、食堂車、電気作業車等）についてのみ「特種な設備の占有する面積」に含める。

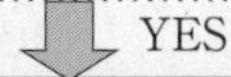

特種な設備の占有する面積が1/2超あるか確認（注４）

注４：特種な設備の占有する面積＞

$$\frac{（客室の床面積）＋（物品積載設備の床面積）＋（特種な設備の占有する面積）}{2}$$

物品積載設備は、特種な物品積載設備を有することが構造要件で規定されている車体の形状（例：コンクリートミキサー車等）を除き、積載量の大小に係わらず、「物品積載設備の面積」とする。

特種な設備や車体形状、乗降口、通路、作業空間などが構造要件に合致しているか確認

↓ YES

特種用途自動車としての検査終了
登録する（注５）

注５：車体の形状の判定を行うとともに、積載量を算定して、整理表に基づき有効期間を決定する。

Ⅱ. 特種用途自動車の構造要件等

1. 専ら緊急の用に供するための自動車

【車体の形状】 救急車、消防車、警察車、臓器移植用緊急輸送車、保線作業車、検察庁車、緊急警備車、防衛省車、電波監視車、公共応急作業車、護送車、血液輸送車、交通事故調査用緊急車

道路交通法施行令（昭和35年政令第270号）第13条により指定又は届出された緊急自動車であり、かつ、車体の形状毎に別途定める構造上の要件に適合する設備を有する自動車

なお、被けん引車又は二輪車若しくは三輪車であることにより車体形状の一部が異なる場合については、上記の車体形状を以下の事例に示すように読み替える。

例：消防車 → 消防トレーラ
救急車 → 救急二輪車
警察車 → 警察三輪車

2. 法令等で特定される事業を遂行するための自動車

【車体の形状】 給水車、医療防疫車、採血車、軌道兼用車、図書館車、郵便車、移動電話車、路上試験車、教習車、霊柩車、広報車、放送中継車、理容・美容車

法令等（注３）に基づき使用者の事業が特定でき、その特定した業務を遂行するために専ら使用する自動車であり、かつ、車体の形状毎に別途定める構造上の要件に適合する設備を有する自動車

注３：法令等（用途区分通達注９）
法律、政令、府令、省令及びこれらの規定に基づく告示並びに地方自治体が定める条例をいう。

3. 特種な目的に専ら使用するための自動車

① **特種な物品を運送するための特種な物品積載設備を有する自動車**

【車体の形状】 粉粒体運搬車、タンク車、現金輸送車、アスファルト運搬車、コンクリートミキサー車、冷蔵冷凍車、活魚運搬車、保温車、販売車、散水車、塵芥車、糞尿車、ボートトレーラ、オートバイトレーラ、スノーモービルトレーラ

② **高齢者、車いす利用者等を輸送するための特種な乗車設備を有する自動車**

【車体の形状】 患者輸送車、車いす移動車

③ **特種な作業を行うための特種な設備を有する自動車**

【車体の形状】 消毒車、寝具乾燥車、入浴車、ボイラー車、検査測定車、穴掘建柱車、ウインチ車、クレーン車、くい打車、コンクリート作業車、コンベア車、道路作業車、梯子車、ポンプ車、コンプレッサー車、農業作業車、クレーン用台車、空港作業車、構内作業車、工作車、工業作業車、レッカー車、写真撮影車、事務室車、加工車、食堂車、清掃車、電気作業車、電源車、照明車、架線修理車、高所作業車

④ **キャンプ又は宣伝活動を行うための特種な設備を有する自動車**

【車体の形状】 キャンピング車、放送宣伝車、キャンピングトレーラ

次の⑴～⑶の全てを満足する自動車

⑴ 車体の形状毎に別途定める構造上の要件に適合する設備を運転者席（運転者席と並列の座席を含む。）以外に有していること。

⑵ 乗車設備（注４）及び物品積載設備（注５）を最大に利用した状態で、水平かつ平坦な面（基準面）に**特種な設備を投影した場合の面積**（特種な設備の占有する面積（注６））が**1 m^2（軽自動車にあっては、0.6 m^2）以上**であること。

⑶ 特種な設備の占有する面積は、運転者席（運転者席と並列の座席を含む。）**を除く客室の床面積**（注７）及び物品積載設備の床面積並びに特種な設備の占有する面積の合計面積の**2分の1を超えること。**

注４：乗車設備（用途区分通達注３）
運転者席の後方にある乗車設備をいう。

注５：物品積載設備（用途区分通達注１）
運転者席の後方にある物品積載設備（原則として、一般の貨物を積載することを目的としたものであって、物品の積卸しができる構造のもの）をいう。

解説

「3．特種な目的に専ら使用するための自動車」の条件(3)に規定する面積要件「2分の1を超えること」の考え方

特種な設備の占有する面積　＞

$$\frac{（客室の床面積）+（物品積載設備の床面積）+（特種な設備の占有する面積）}{2}$$

注：「特種な設備の占有する面積」とは、設置されている設備等のうち、構造要件で規定されている特種な設備等を基準面（水平かつ平坦な面）に投影した場合の面積をいい、その他任意の設備を有する場合における当該面積は、上記算定式には含めないものとする。

1．「物品積載設備の床面積」と「特種な設備の占有する面積」との関係

(1)　「特種な物品を運搬するための特種な物品積載設備を有する自動車」

特種用途自動車の構造要件において、特種な物品を運搬するための物品積載設備を有することと規定されている以下の車体の形状の物品積載設備（物品を運搬するための容器等を指す。）については、物品積載設備ではあるが、「特種な設備の占有する面積」と判断する。

したがって、構造要件で規定する物品以外の物品を積載するための設備は一般的な物品を運搬するための「物品積載設備の床面積」に含まれることとなる。

【特種な設備に該当する物品積載設備の一覧】

車体の形状　　　　　　構造要件上の物品積載設備

粉粒体運搬車…粉粒体物品を収納する密閉された物品積載設備

タンク車………密閉されたタンク状の物品積載設備

現金輸送車……施錠することができる物品積載設備

アスファルト運搬車

……密閉されたタンク状の物品積載設備

コンクリートミキサー車

……セメント、骨材及び水を収納するドラム

冷蔵冷凍車……食料品等を収納する物品積載設備

Ⅱ．特種用途自動車の構造要件等

活魚運搬車……十分な海水等を貯蔵できる物品積載設備
保温車…………食料品等を収納する物品積載設備
販売車…………販売商品を搭載する、商品を展示するための物品積載設備
散水車…………水を収納するタンク状の物品積載設備
塵芥車…………塵芥を収納する荷箱
糞尿車…………密閉されたタンク状の物品積載設備
ボートトレーラ……モーターボート等の外形に応じた物品積載設備
オートバイトレーラ……オートバイの外形に応じた物品積載設備
スノーモービルトレーラ……スノーモービルの外形に応じた物品積載設備

(2)　「特種な作業を行うための特種な設備を有する自動車」

【構造要件等における物品積載設備、積載量に関する規定】

規定内容 ＼ 車体の形状	構造要件		留意事項		特に規定なし
	○○を収納する容器を有すること等	物品積載設備を有していないこと	最大積載量500kg 以下の装置は、物品積載設備と見なさない	最大積載量は算定しない等	
消毒車	○				
寝具乾燥車					○
入浴車				○（浴用水）	
ボイラー車	○				
検査測定車					○
穴掘建柱車					○
ウインチ車					○
クレーン車					○
くい打車					○
コンクリート作業車					○
コンベア車					○
道路作業車					○
梯子車					○
ポンプ車					○
コンプレッサー車					○
農業作業車　種子等	○				
農業作業車　草刈作業					○
クレーン用台車		○		○	
空港作業車					○
構内作業車		○		○	
工作車					○
工業作業車		○	○		
レッカー車		○	○		
写真撮影車		○	○		
事務室車		○	○		
加工車		○	○		
食堂車		○	○		
清掃車　清掃作業用	○				
清掃車　高圧洗浄用					○
電気作業車		○	○		
電源車		○	○		
照明車					○
架線修理車	○				
高所作業車					○
《考え方記載ページ》	30ページ③	29ページ①			29ページ②

注：○印は該当する規定があることを示す。

① 構造要件で「物品積載設備を有していないこと。」、留意事項で「……使用する必要最小限の工具等を積載するための最大積載量500kg以下の設備は、物品積載設備と見なさないものとする。」と規定されているもの。

（工業作業車、レッカー車、写真撮影車、事務室車、加工車、食堂車、電気作業車、電源車）

→ 必要最小限の**工具等を積載するための最大積載量500kg以下の物品積載設備であっても、当該部分は「物品積載設備の床面積」**となる。

考え方

これらの車体の形状の自動車は、構造要件で「物品積載設備を有していないこと。」と規定されているものの、留意事項で「・・・・500kg以下の設備は物品積載設備とは見なさないものとする。」との規定により、積載量として500kg以下を算定することが可能である。

留意事項の規定は、単に構造要件でいうところの「物品積載設備」とは見なさないといっているにすぎず、この必要最小限の工具等を積載するための部分は、あくまでも装置（工具等）を積載するための設備（＝物品積載設備）である。

したがって、**当該部分は「物品積載設備の床面積」として取り扱う。**

② 構造要件及び留意事項で、物品積載設備等に係る規定のないもの。

（寝具乾燥車、入浴車、検査測定車、穴掘建柱車、ウインチ車、クレーン車、くい打車、コンクリート作業車、コンベア車、道路作業車、梯子車、ポンプ車、コンプレッサー車、空港作業車、工作車、照明車、高所作業車、農業作業車【草刈作業】、清掃車【高圧洗浄用】）

→ 構造要件に物品積載設備を設けるか設けないかに係る規定がないことから、物品積載設備を有していても差し支えない。

当然のことながら、500kg超の積載量が算定される、又は、工具等を積載するための**500kg以下の積載量が算定される車体の形状の自動車の積載するための設備は、「物品積載設備の床面積」**となる。

③　構造要件で「○○○を収納する容器」等を有することが規定されているもの。

消毒車：消毒剤等を収納する容器……を有すること。
ボイラー車：ボイラー用水タンク……を有しており、……
農業作業車：種子等を収納する容器を有し……／堆肥を収納する荷台を有し……
清掃車（清掃作業用）：塵芥等を収納する物品積載設備等の設備を有すること。
架線修理車：電線等を巻いたドラムを設置する設備を有すること。

収納する容器、荷台等を有することが特種用途自動車の構造要件であることから、これらの部分については、物品積載設備ではあるが、**「特種な設備の占有する面積」**とする。

ただし、規定されている以外の物品を積載するための部分は**「物品積載設備の床面積」**とする。

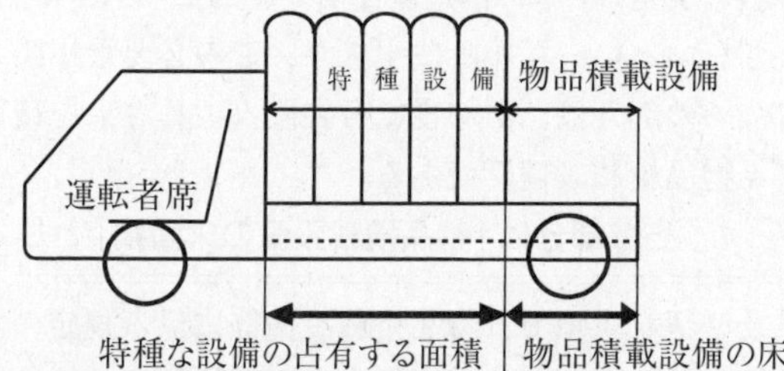

$$\frac{\text{特種な設備の占有する面積}}{\text{特種な設備の占有する面積}+\text{物品積載設備の床面積}} > \frac{1}{2}$$　㊜　否

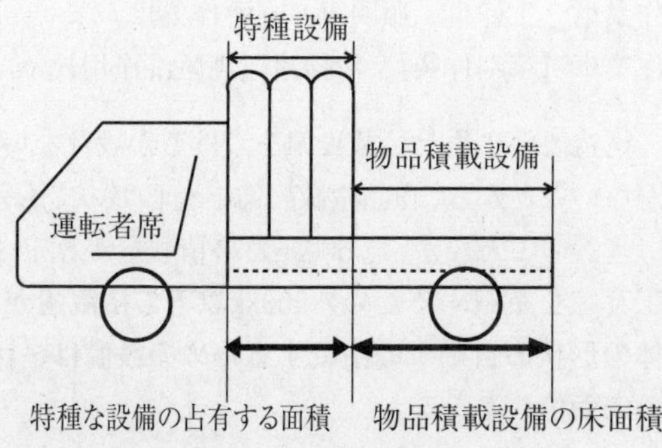

物品積載設備が、荷台部分の２分の１を超えた平床荷台に該当　　適　㊅
かつ、

$$\frac{\text{特種な設備の占有する面積}}{\text{特種な設備の占有する面積}+\text{物品積載設備の床面積}} \leqq \frac{1}{2}$$　　適　㊅

2.「一辺が30cm 以上の正方形を含む0.5m²以上の作業用床面積」について

【構造要件等における作業用床面積と物品積載設備、積載量に関する規定】

規定内容／車体の形状	構造要件		留意事項	特に規定なし
	作業用床面積を有していること	物品積載設備を有していないこと	最大積載量500kg以下の装置は、物品積載設備と見なさない	
工作車	○			○
加工車	○	○	○	
食堂車	○	○	○	
電気作業車	○	○	○	

①　構造要件において、**「作業用床面積」を設ける旨の規定のある車体の形状の自動車については**、当該部分を「特種な設備の占有する面積」とし、「作業用床面積」は「0.5m²以上」と規定されている。

②　ただし、作業用床面積と称する部分、又は何ら特種な設備等が設置されていない部分について、平床荷台等のままであって、当該部分が**荷台部分の２分の１を超えている場合には、特種用途自動車とはならない**。（17ページ参照）

【特種用途自動車と判定できない例】

① **積載量がある場合**

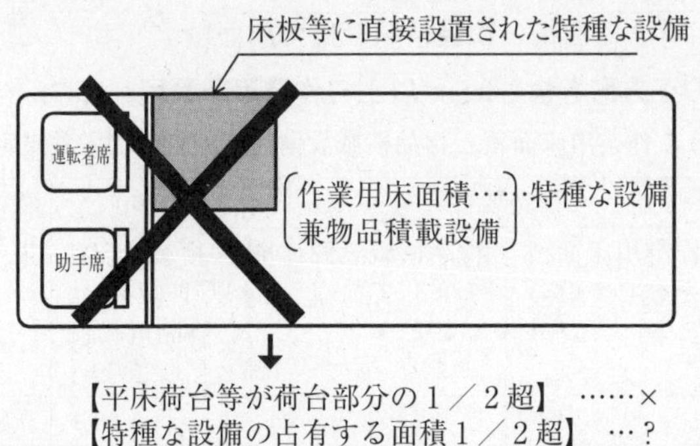

【平床荷台等が荷台部分の１／２超】　……×
【特種な設備の占有する面積１／２超】　…？

作業用床面積（＝特種な設備）と物品積載設備の床面積の区別が明確でない場合であっても、これらを明確に区分するまでもなく、**平床荷台等が荷台部分の１／２を超えている**ため、特種用途自動車とはならない。(18ページ参照)

② **積載量がない場合**

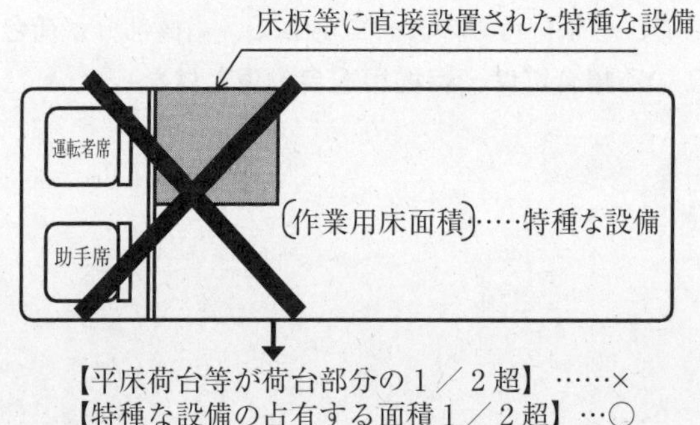

【平床荷台等が荷台部分の１／２超】　……×
【特種な設備の占有する面積１／２超】…○

床板等に直接設置された特種な設備以外の部分は作業用床面積（＝特種な設備）であることから、特種な設備の占有する面積は明らかに１／２を超えているが、**平床荷台等が荷台部分の１／２を超えている**ため、特種用途自動車とはならない。(18ページ参照)

【特種用途自動車と判定できる例】

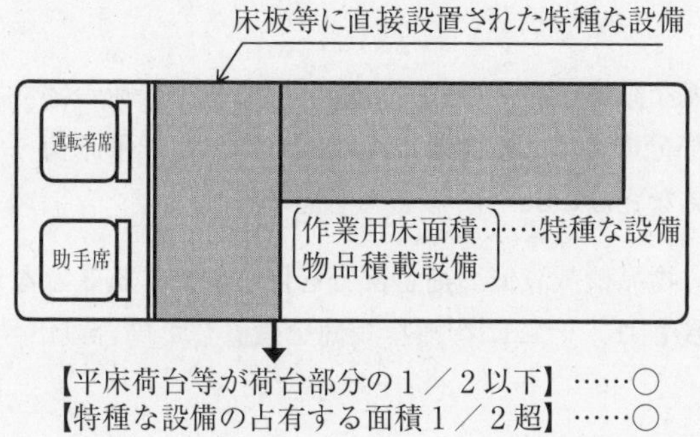

【平床荷台等が荷台部分の１／２以下】……○
【特種な設備の占有する面積１／２超】……○

床板等に直接設置された特種な設備のみで**荷台部分の１／２を超えている場合**には、作業用床面積（＝特種な設備）と物品積載設備の床面積の区別が明確でない場合であっても、これらを明確に区分するまでもなく、**床板等に直接設置された特種な設備のみで１／２を超えているため**、特種用途自動車と判定できる。

3．車台（車体）の上方（空中）に特種な設備を有する場合（例：照明車）

図1

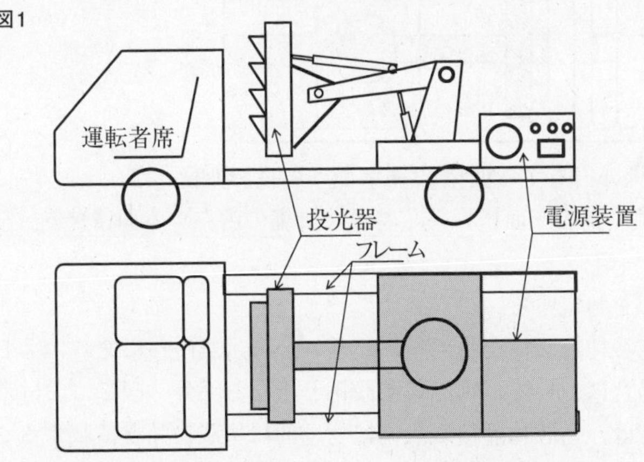

⑴　型式認証等を受けた貨物自動車の物品積載設備の荷台部分の１／２を超える部分が平床荷台等かどうか。

↓

①　図１のように、**荷台となるべき「床板」等を全て取り除き**、フレーム

の一部を利用して、特種設備を設置した場合（18ページ　解説２参照）

↓

仮に、特種な設備が設置されていない部分が平床荷台部分であった部分の１／２を超えていたとしても、**「平床荷台」等とは見なさない。** ──► ⑵へ

② 図２のように物品積載設備の**荷台部分を何ら変更することなく、床板等がそのまま残され**、そこに特種な設備を設置した場合（18ページ　解説１参照）

↓

特種な設備の設置部分（投影部分を含む。）を除いた残り部分を平床荷台等とし、**物品積載設備の荷台部分の１／２を超えるか否かを判定する。** ──►
１／２以下……⑵へ
１／２超　……特種用途自動車にはならない。

図２

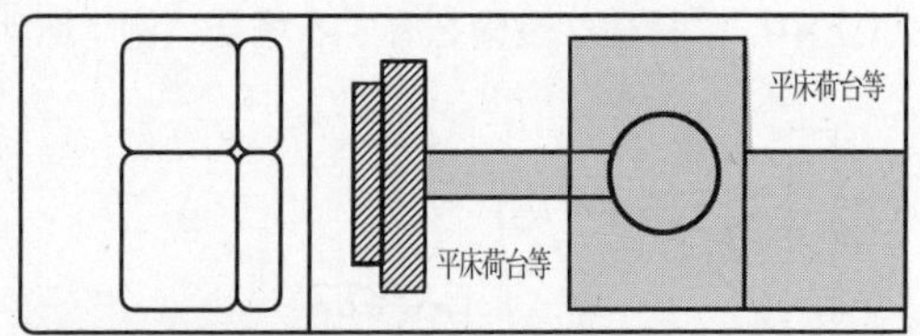

⑵ 「特種な設備の占有する面積」（基準面への投影面積）が

$$\frac{（物品積載設備の床面積）＋（特種な設備の占有する面積）}{2}$$

より大きいかを判定する。

この場合、特種な設備が物品積載設備の上方（空中）にあり、その部位を投影した場合において、物品積載設備と重なる部分（図２における斜線部）については、当該物品積載設備に物理的に積載物品を積載することができるかどうかで判断する。

なお、図２のような場合には、床板と投光器の間隔がほとんどない（概ね0.5mを目安とする。）ことから、一般的に積載物品を物理的に積載することが不可能であるため、特種な設備の占有する部位に該当すると判断する。

《物品積載設備がない（＝積載量なし）場合》

$$\frac{\text{特種な設備の占有する面積}}{\text{特種な設備の占有する面積}}=1$$

注６：特種な設備の占有する面積（用途区分通達　注10）

⑴　車体の形状毎に別途定める構造上の要件に適合する設備を基準面に投影した場合の面積をいう。

なお、車体の形状毎に別途定める構造上の要件に適合する設備が格納式又は折りたたみ式の構造である場合にあっては、これを格納又は折りたたんだ状態とする。

⑵　次の各号のいずれかに該当する部位及び当該部位に設けられた設備の基準面への投影面積は、特種な設備の占有する面積には含めないものとする。

①　乗車人員の携帯品の積載箇所と認められるところ（トランク、ラゲッジスペース、インストルメント・パネル、グローブボックス、座席後方のトレイ、パネル、ルーフ・ラック等の各種ラック類　等）

②　乗車装置の座席

③　乗車装置の座席の上方又は下方

《背あての角度が可変する座席》

背あての角度は背あての支点をとおる垂直な面と背あてのなす角度は後方に30度（30度に保持できない場合は、30度に最も近い角度）とした場合の床面への投影面

《座席が前後、左右に可変又は回転する場合》

可変又は回転した状態で保持できるすべての位置における床面への投影面

《折りたたみ式座席又は脱着式座席＊》

当該座席を乗車設備として利用したときの床面への投影面

＊：脱着して使用することを目的とした座席であり、工具等を用いることなく、容易に脱着ができ、かつ、確実に装着ができる構造の座席をいう。（用途区分通達　注６参照）

《これらの機能を併せ持った座席》

これらの要件のうち、該当するものすべてを組み合わせた状態における床面への投影面

④　乗車装置の座席の前縁から前方250㎜までの床面（座席が前後、左

右に可変、回転、折りたたみ式又は脱着式である場合には、当該座席を利用できるすべての位置において、座席の前縁から前方250㎜までの床面）

⑤　特種な設備を基準面に投影した場合の部位と、物品積載設備を基準面に投影した場合の部位が重なる部分

⑥　当該自動車の修理等に使用する工具等を収納する荷箱

⑦　いかなる名称によるかを問わず、①から⑥と類似する部位

「注６：特種な設備の占有する面積」について

【用途区分通達６⑵の規定により、兼用部位を特種な設備の占有する面積に含めることができる具体的な形状とその定め】

1．患者輸送車：特種な目的に使用するための床面積を算定するための設備には、寝台又は担架の設置場所の他、患者等１人につき介護人１人までの乗車設備を含めることができる。

2．車いす移動車：特種な目的に使用するための床面積を算定するための設備には、車いすの設置場所の他、車いすの利用者１人につき介護人１人までの乗車設備を含めることができる。

3．検査測定車：検査等の作業で使用する椅子は、乗車装置の座席と兼用でないこと。ただし、専ら走行中に検査等を行う自動車にあっては、この限りでない。この場合において、特種な目的に使用するための面積を算定するための設備には、検査等を行う機械器具又はデータ処理装置の近くに設けられた１人分の乗車設備を含めることができる。

4．キャンピング車：・就寝設備及び乗車装置の座席が次の各号の全ての要件を満足する場合は、就寝設備と乗車装置の座席を兼用とすることができる。

⑴　乗車装置の座席の座面及び背あて部が就寝設備になることを前提に製作されたものであること。

⑵　乗車装置の座席の座面及び背あて部を就寝設備と

して使用する状態にした場合に、就寝設備の上面全体が連続した平面を作るものであること。

・「特種な設備の占有する床面積」について、次のとおり取り扱うものとする。

⑴　車室内の他の施設と隔壁により区分された専用の場所に設けられた浴室施設及びトイレ施設の占める面積は、「特種な設備の占有する床面積」に加えることができる。

⑵　車室内が明らかに二層構造である自動車（キャンプ時において屋根部を拡張させることにより車室内が二層構造となる自動車を含む。）の上層部分に就寝設備を有する場合には、用途区分通達４－１－３③の「運転者席を除く客室の床面積及び物品積載設備並びに特種な設備の占有する面積の合計面積」に当該就寝設備の占める面積を加える場合に限り、「特種な設備の占有する面積」に当該就寝設備の占める面積を加えることができるものとする。

⑶　就寝設備と乗車装置の座席を兼用とする場合には、当該就寝設備のうちの乗車装置の座席と兼用される部分の２分の１は、「特種な設備の占有する面積」とみなすことができる。

５．放送宣伝車：・放送宣伝するための者の乗車設備は、１人分（乗車設備の座面が連続している場合には、幅400㎜とし、座席前縁から前方250㎜までを含む。）に限り、特種な目的に使用するための床面積と見なすことができる。

・屋根部にステージを有する場合の「特種な設備の占有する面積」の取扱い。

屋根部にステージを有する場合には、用途区分通達４－１－３③の「運転者席を除く客室の床面積及び物品積載設備の床面積並びに特種な設備の占有する面積の合計面積」に当該ステージの占める面積を加える場合に限り、「特種な設備の占有する面積」に当該ステージの占める面積を加えることができる。

【(2)①、②の考え方】

:「特種な設備の占有する面積」に含める部分
:「特種な設備の占有する面積」に含めない部分

座席の座面に
特種設備を設置

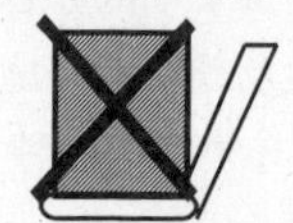

座席の背あてを
折りたたんで、
特種設備を設置

座席の背あてを倒して、
特種設備を設置

《(2) ②の「乗車装置の座席」に設けられた特種設備の例》

《(2) ①の「ラゲッジスペース」、②の「乗車装置の座席」に設けられた特種設備の例》
(基本車の形状:ステーションワゴン)

【背あて部分を折りたたんで格納して、特種設備を設置】

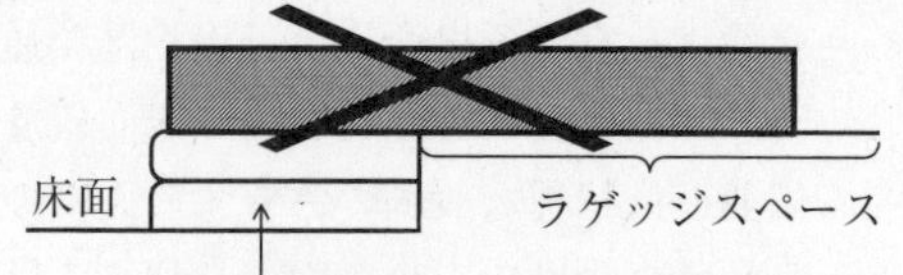

背あて部分を折りたたんで格納された座席

【背あて部分を折りたたんで床下に格納して、特種設備を設置】

背あて部分を折たたんで床下に格納された座席

【座席を取り外して、特種設備を設置】

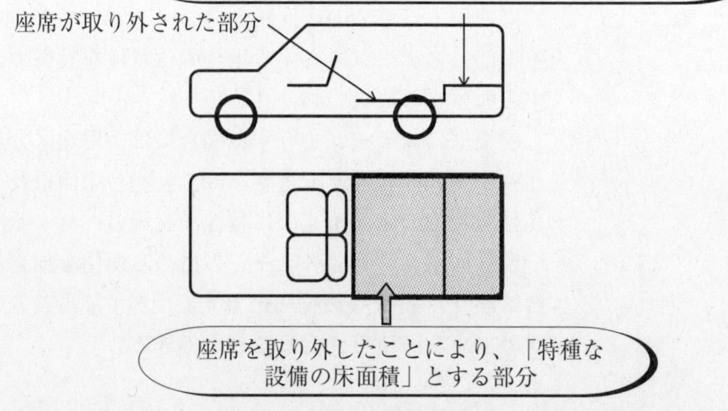

【座席を取り外さず格納して、特種設備を設置】

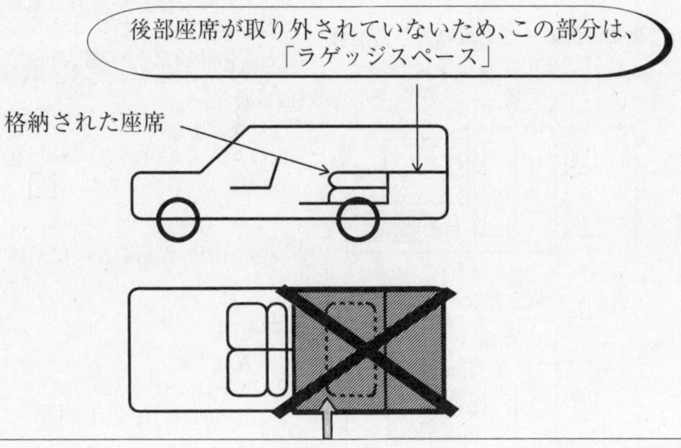

（基本車の形状：バン）

【背あて部分を折りたたんで格納して、特種設備を設置】

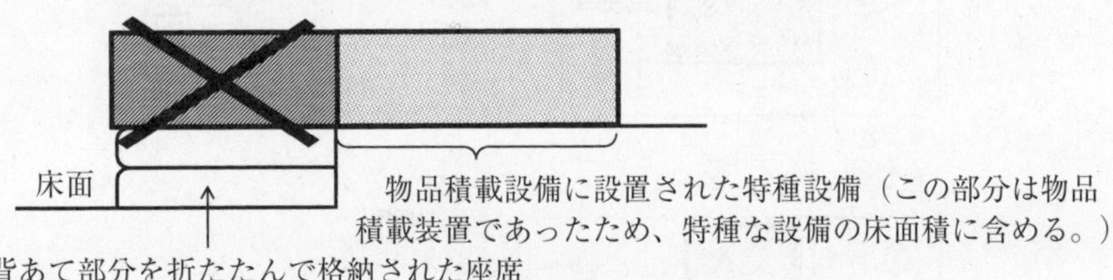

【座席を取り外して、特種設備を設置】

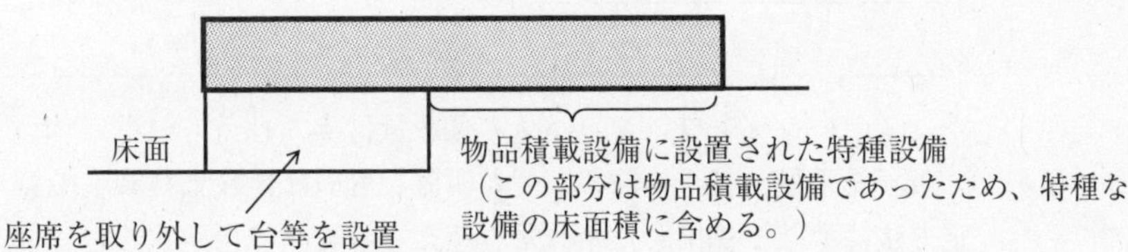

【ステーションワゴン、バスを特種用途自動車とする場合の考え方】

A：特種な設備が占める面積
B：乗車設備の面積
C：物品積載設備（棚、荷箱等）

◎乗車設備の一部を取り外した場合

・積載量を指定した場合

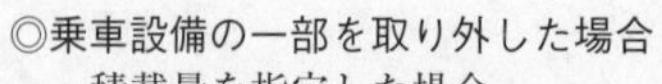

【面積要件】
(1) A≧1 m²
(2) A＞（A+B+C）・1／2
※ (1)かつ(2)であれば適

その他の面積（面積要件には関係しない。）

・積載量を指定しない場合

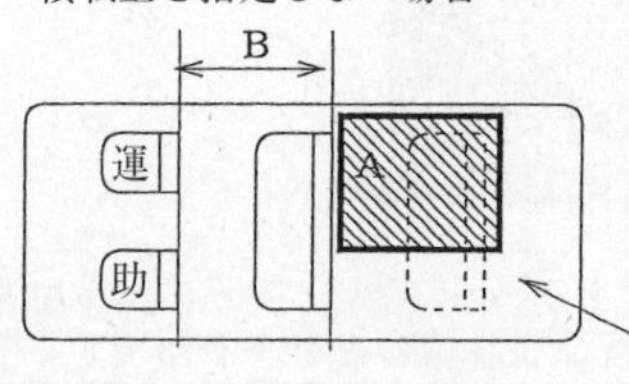

【面積要件】
(1) A≧1 m²
(2) A＞(A+B)・1／2
※ (1)かつ(2)であれば適

その他の面積（面積要件には関係しない。）

◎乗車設備の全部を取り外した場合

・積載量を指定した場合

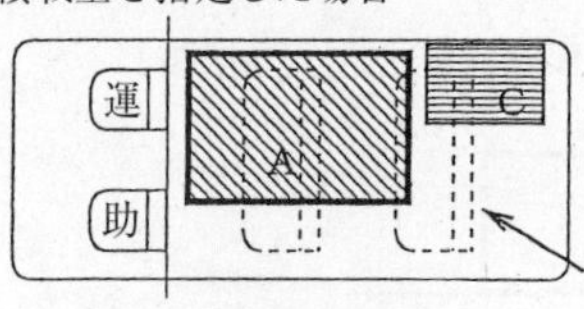

【面積要件】
(1) A≧1 m²
(2) A＞(A+C)・1／2
※ (1)かつ(2)であれば適

その他の面積（面積要件には関係しない。）

・積載量を指定しない場合

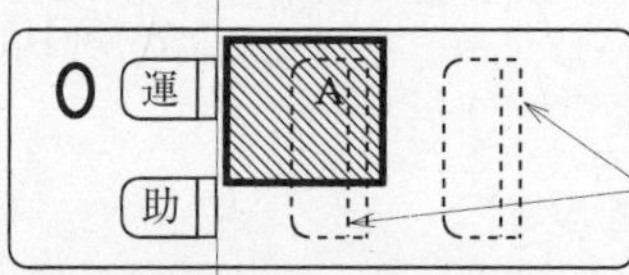

【面積要件】
(1) A≧1 m²
※ (1)であれば適

その他の面積（面積要件には関係しない。）

※　ステーションワゴン、バスの積載量付与の考え方

(1) 車両総重量、軸重の許容限度が明確なものは、最大積載量の算定方法に準じて算出した積載量を超えない範囲で指定する。

(2) 乗用自動車又は乗合自動車から貨物自動車に用途の変更を行う場合の最大積載量の算定（特種用途自動車に最大積載量を指定する場合を含む。）については、道路運送車両の保安基準の細目を定める告示（平成14年国土交通省告示第619号）別添95「自動車の

走行性能の技術基準」によるほか、次により行うものとする。

ア　指定自動車等のうち、諸元表等により車両総重量及び軸重の許容限度が明確な自動車にあっては、当該許容限度を越えない範囲内で指定する。

イ　米国連邦自動車安全基準に適合している旨のラベルにより車両総重量及び軸重の許容限度が表示されている自動車にあっては、当該許容限度（最大積載量の許容限度も表示されている場合には、最大積載量の許容限度を含む。）を超えない範囲で指定する。

ウ　欧州経済共同体指令に基づき自動車製作者が発行する完成車の適合証明書により車両総重量及び軸重の許容限度が明確な自動車にあっては、当該許容限度を超えない範囲で指定する。

エ　指定自動車等のうち、車両総重量及び軸重の許容限度が明確でないものにあっては、同一型式の類別区分中の最大の車両総重量を超えない範囲内で指定する。

オ　アからエに規定する自動車以外の自動車にあっては、取り外した乗車設備分の定員数に55kgを乗じた重量を超えない範囲内で指定する。

【(2)③の考え方】

【乗車装置の座席の上方に設置された特種設備】

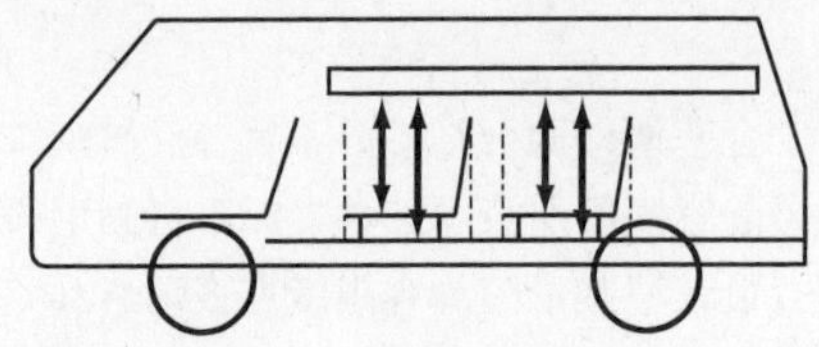

1. 乗車装置の座席の上方に設置された特種な設備の面積は、本規定により「特種な設備の占有する床面積」に含めない。
2. ただし、乗車装置の座席の取り付け床面から上方に**常時1,200㎜以上で、かつ、座面から上方に常時800㎜以上の位置に設置された特種な設備については、構造要件に特別な定めがある場合**（キャンピング車（36ページ参照）**及び放送宣伝車**（37ページ参照））**は、「特種な設備の占有する面積」に含めることができるものとする。**
3. この場合、特種な設備が、乗車装置の座席の取り付け床面から上方に1,200㎜未満又は座面から上方に800㎜未満となる場合（座席の可変範囲の全ての位置）には、乗車装置の座席の上方の「特種な設備の占有する面積」には含めないものとする。

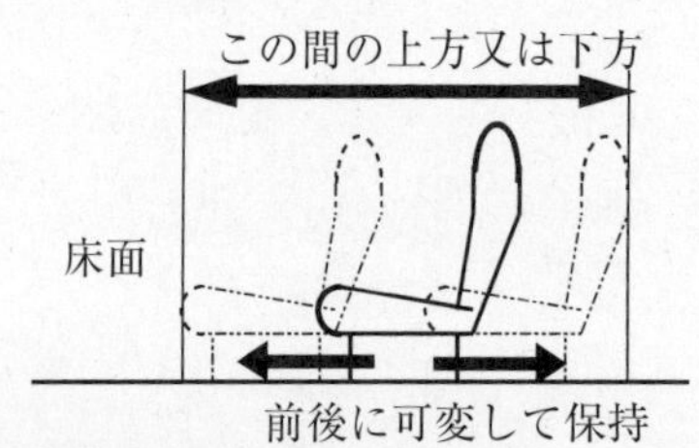

【(2)④の考え方】

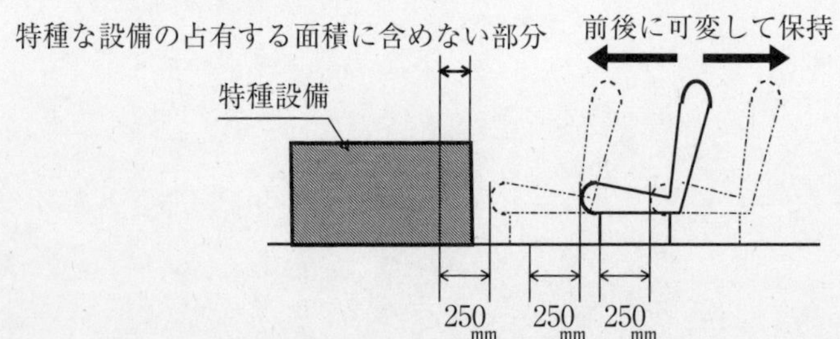

【⑵⑤の考え方】

（積載量を算定し、物品の積載部分が明確に定められていない場合）

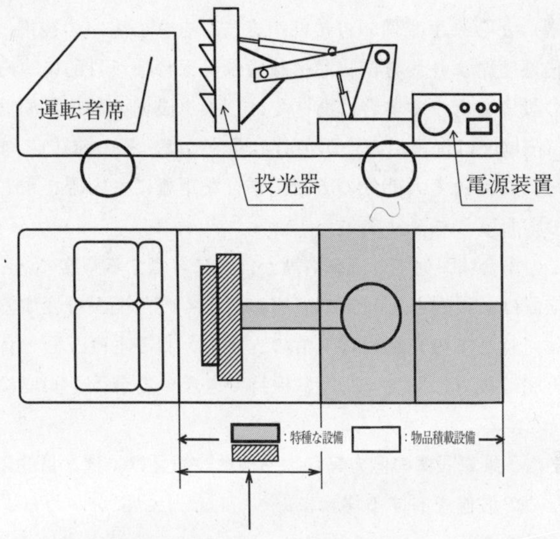

この部分の▨の基準面への投影面積は、□の物品積載設備の床面積と重なっているが、当該投影面積の部分は、床板と投光器の間隔がほとんどない（概ね0.5mを目安とする。）ことから、一般的に積載物品を物理的に積載することが不可能であるため、「特種な設備の占有する面積」と見なす。

（積載量を算定し、物品の積載部分が明確に定められている場合）

□部分のうち、物品を積載するための部分が、仕切板等で明確に区分されている場合、それ以外の部分は、物品積載設備とは判定しない。

したがって、特種な設備を基準面に投影した場合、明確に区分された物品積載設備以外の部分と重なった場合であっても、当該部位は特種な設備の占有する面積と見なす。

注７：運転者席を除く客室の床面積（用途区分通達　注11）

⑴　運転者席の背あて後端（隔壁又は保護用の仕切のある場合には、その後端）から乗車設備の最後部座席までを含む客室の後端（乗車設備の最後部座席より後方に物品積載設備又は特種な目的に専ら使用するための設備を有する場合にあっては、乗車設備の最後部座席の背あて後端（隔壁又は保護用の仕切がある場合には、その前端））までの車両中心線上における大部分の床面に平行な距離に室内幅を乗じたものを客室の床面積とする。

この場合において、運転者席が前後に可変する座席にあっては、座席の位置は最後端とし、運転者席の背あての角度が可変する座席にあっては、背あての角度は背あての支点をとおる垂直な面と背あてとのなす角度は後方に30度（30度に保持できない場合は、30度に最も近い角度）とする。

また、乗車設備の側方等に物品積載設備又は特種な目的に専ら使用するための設備を有する場合にあっては、上記にかかわらず、乗車設備の座席の床面への投影面積をもって客室の床面積とすることができる。

この場合において、次の床面は客室の床面積に含むものとする。

(イ)　座席の前縁から250㎜までの床面（幅400㎜、奥行400㎜未満の補助座席にあっては、座席を含む幅400㎜、奥行650㎜の床面）

(ロ)　乗車装置の一部として使用されることが明らかな床面。例えば保護仕切で囲まれた床面又は乗車する人員の通路と認められる床面等

⑵　タイヤえぐり等の占める面積は、安全な乗車に支障がない限り、客室の床面積に含めるものとする。

⑶　客室の室内幅（乗車設備の側方等に物品積載設備又は特種な目的に専ら使用するための設備を有する場合を除く。）は、運転者席の背あて後端から客室の後端までの中間点における大部分の床面に平行な距離とする。

「注７：運転者席を除く客室の床面積」について

【(1)の客室の室内長の測定】

運転者席の背あて後端 ～ 乗車設備の最後部座席までを含む客室の後端

〔隔壁又は保護用の仕切のある場合⇒その後端〕

〔・乗車設備の最後部座席より後方に物品積載設備又は特種な目的に専ら使用するための設備を有する場合⇒乗車設備の最後部座席の背あて後端
・隔壁又は保護用の仕切がある場合　⇒その前端〕

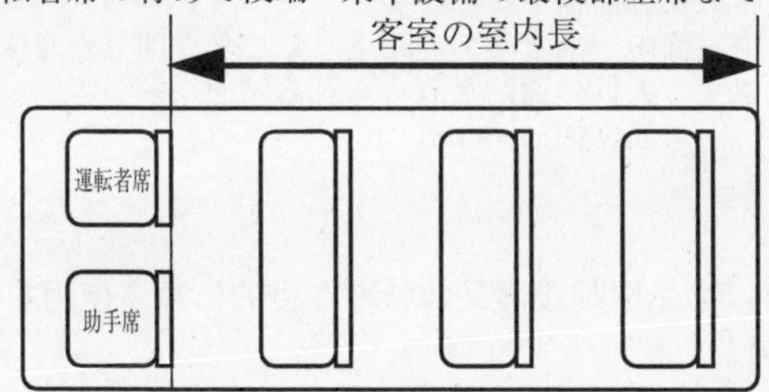

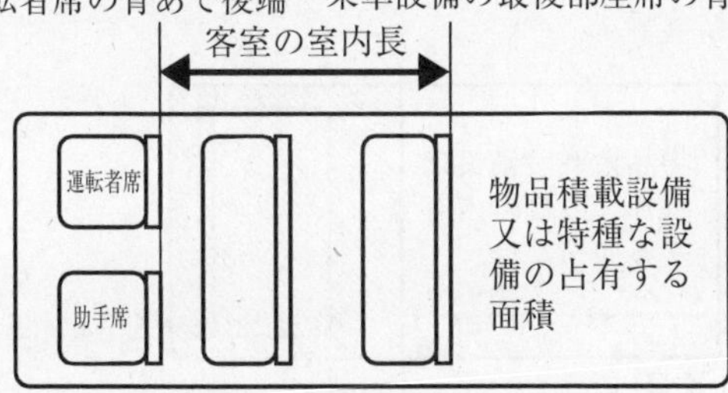

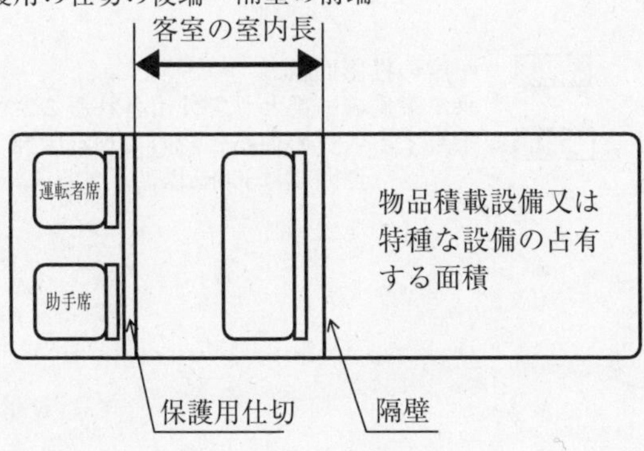

【乗車設備の側方に物品積載設備又は特種な目的に専ら使用するための設備を有する場合】

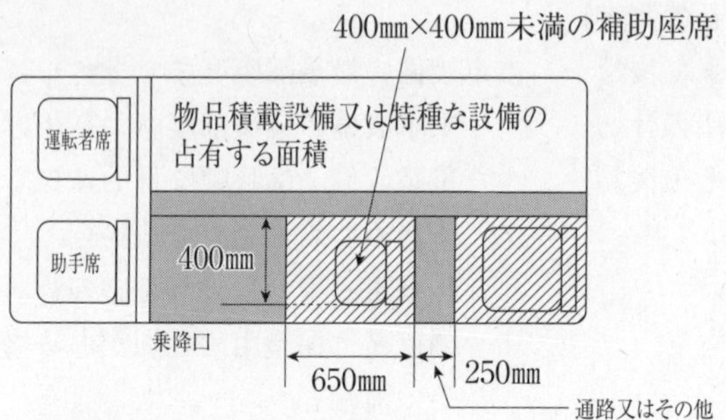

：座席の投影面積
乗車設備の一部として使用されることが明らかな床面
：乗車する人員の通路と認められる床面
（通路幅は300㎜以上とする。）

【乗車設備の前方に物品積載設備又は特種な目的に専ら使用するための設備を有する場合】

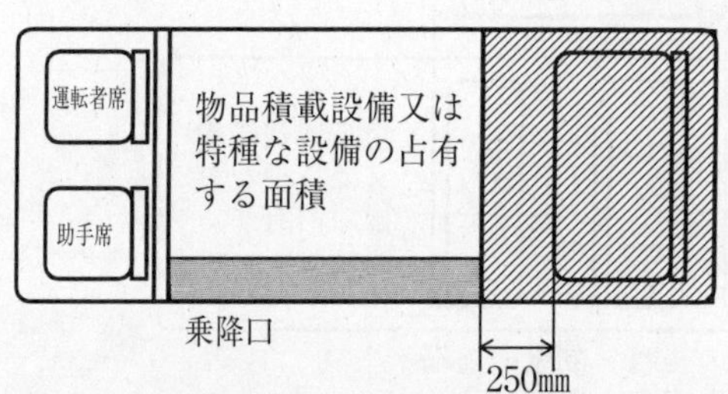

：座席の投影面積
乗車設備の一部として使用されることが明らかな床面
：乗車する人員の通路と認められる床面
（通路幅は300㎜以上とする。）

【(3)の客室の室内幅の測定】

運転者席の背あて後端～（保護用仕切を有する場合は保護用仕切～客室の後端の中間点）

保護用仕切

運転者席

助手席

客席の室内幅

特種な設備の占有する面積

【参考】（21ページより）

平床荷台等は１／２以下

↓

特種な設備の占有する面積が１m²（軽自動車は0.6m²）以上か

↓

・**特種な設備の占有する面積**は、設置されている設備等のうち、構造要件で規定されている設備等を基準面に投影した場合の面積とする。（35～43ページ参照）
・**作業用床面積**は、構造要件に規定のある車体の形状についてのみ「特種な設備の占有する面積」に含める。（31ページ参照）

NO（１m²（0.6m²）未満）→ ~~特種用途自動車~~

YES（１m²（0.6m²）以上）→ **特種な設備の占有する面積が１／２超か**

↓

・**特種な設備の占有する面積**は、設置されている設備等のうち、構造要件で規定されている設備等のみを基準面に投影した場合の面積とする。（35～43ページ参照）
・**作業用床面積**は、構造要件に規定のある車体の形状についてのみ「特種な設備の占有する面積」に含める。（31ページ参照）
・**物品積載設備**は、特種な物品積載設備を有することが構造要件で規定されている車体の形状を除き、積載量の大小に係わらず、「物品積載設備の床面積」とする。（26～30ページ参照）

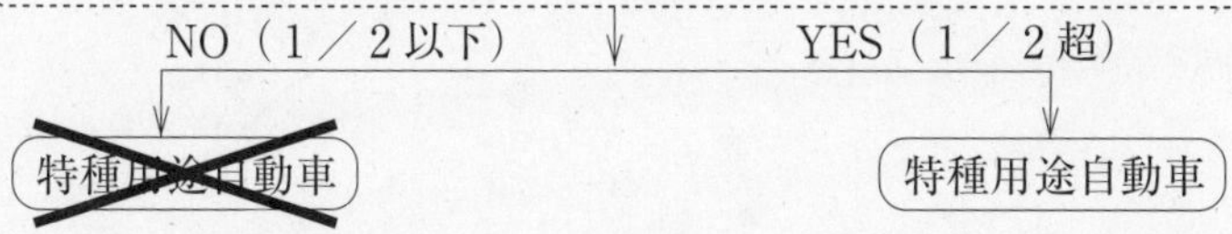

Ⅲ．特種用途自動車の車体形状の判定

特種用途自動車の車体の形状が、次の１、２又は３の複数の「車体の形状」に相当する場合には、１の形状を最優先し、次に２の形状、次に３の形状の順に車体の形状を選択する。

１：専ら緊急の用に供するための自動車

２：使用者の事業が法令等で特定でき、その特定した事業を遂行するための自動車

３：特種な目的に専ら使用するための自動車

（例）

発電用の原動機、電力配電の設備等を備えた自動車

↓

電　源　車

↓

・使用者が電気事業を行う者
・公安委員会から緊急自動車として指定有り
・保安基準第49条及び保安基準細目告示第75条・第153条・第231条の規定に適合する警告灯及びサイレン有り

↓

公共応急作業車

Ⅳ．特種用途自動車の乗降口、通路及び作業空間等の考え方

1．乗降口及び通路

⑴　対象となる車体の形状及び規定の内容（構造要件から要約）

【対象の車体の形状】　医療防疫車、採血車、図書館車*・郵便車*、移動電話車*、販売車*、写真撮影車、事務室車、食堂車*

*：車室外から直接利用できる構造のものを除く。

①　乗降口：有効幅300㎜以上、かつ、有効高さ1,600㎜（通路の有効高さを1,200㎜とすることができる場合は、1,200㎜）以上あること。

②　通　路：有効幅300㎜以上、かつ、有効高さ1,600㎜（特種な設備の端部と乗降口との車両中心線方向の最遠距離が２ｍ未満である場合は、1,200㎜）以上あること。

（例）　※図中、A·B·Cは特種な設備

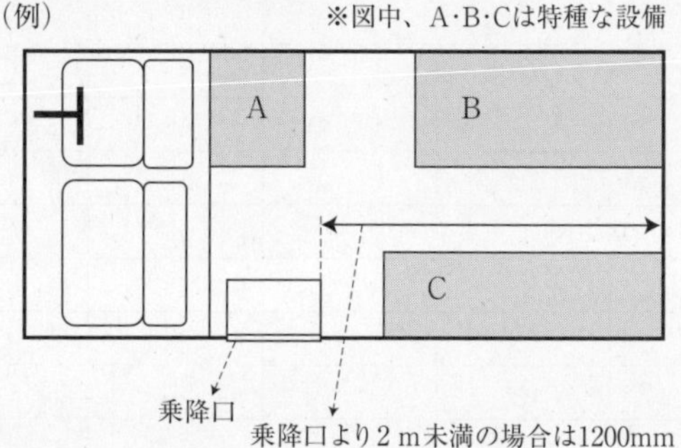

⑵　規定の考え方

乗降口及び通路の規定を設ける特種用途自動車は、車室内において、特種な設備を利用・活用するなどにより、不特定の方々に種々のサービス等を行うことを目的としているものであることから、利用者が乗降口から当該サービス等の提供を受ける場所まで安全に至る必要があるため、乗車定員11人以上のバス型自動車等に規定している通路、乗降口の寸法を準用して規定した。（保安基準第23条（通路）第２項・細目告示第33条・第111条・第189条第１項及び保安基準第25条（乗降口）第５項・細目告示第35条・第113条・第191条第２項を準用）

なお、乗降口から一番遠い特種な設備までの車両中心線と並行な直線距

離が乗降口から２ｍ未満である場合には、乗降口から特種な設備に至るまでの距離が短く、容易に当該設備まで移動できることから、有効高さ1,200㎜と読み替え規定を設けているものである。

【1,600㎜の根拠】

日本人人体寸法データベース（1997～98）による。

成年男子（50パーセンタイル）	1,706㎜
成年女性（50パーセンタイル）	1,586㎜
平　均	1,646㎜

故に　1,600㎜が妥当

2．特種な目的遂行のための作業空間

⑴　対象となる車体形状及び規定の内容（構造要件から要約）

構造要件／形　状	作業等床面積一辺30㎝以上の正方形を含む0.5m²以上	座席が固定された床面から上方に1200㎜以上	床面から上方に1200㎜以上	床面から上方に1600㎜以上	床面から上方に1600㎜（1200㎜）以上
広報車		○			
理容・美容車	○			○	
検査測定車			○	○	
工作車	○				○
写真撮影車				○	
事務室車					○
加工車	○				○
食堂車	○			○	
電気作業車	○				○
キャンピング車	*●			●	
キャンピングトレーラ				○	
放送宣伝車（音声）		○			

＊：水道設備の洗面台等及び炊事設備の調理台等と、これらの設備を利用するための場所の床面への投影面積

●：平成15年４月１日以降適用

⑵　規定の考え方

① 作業等床面積について

屋内又は車室内において特種な設備を利用・活用して作業等を行う者については、その設備の近辺に作業等用に供する床面積が必要であるこ

とから、これを規定した。

この場合の考え方は、日本人人体寸法データベース（1997－98）により求めた肩峰幅約400㎜、足のサイズ約250㎜（いずれも50パーセンタイル）を基本として、肩幅500㎜、足置き場の一辺の長さ30㎝は必要であるとして求めた。すなわち、足置き場として一辺が30㎝の正方形がとれること、作業等を行う者の床面積は、肩幅50㎝に左右各25㎝と奥行として胸板と曲げた状態の腕の長さ50㎝の面積（１ｍ×0.5ｍ＝0.5㎡）が作業等をするためには少なくとも必要であるとして「一辺が30㎝の正方形を含む$0.5m^2$」と規定した。

② 上方空間について

屋内又は車室内において特種な設備を利用・活用して作業等を行う者の床面積の上方空間については、立った状態で作業等をする場合は1,600㎜以上、座席に座って作業等を行う場合は1,200㎜以上の空間が必要であるとして規定した。これらの数値は、バス型自動車等における通路、乗降口の寸法を規定している保安基準第23条（通路）第２項・細目告示第33条・第111条・第189条第１項及び保安基準第25条（乗降口）第５項・細目告示第35条・第113条・第191条第２項の数値を準用した。

【参考】

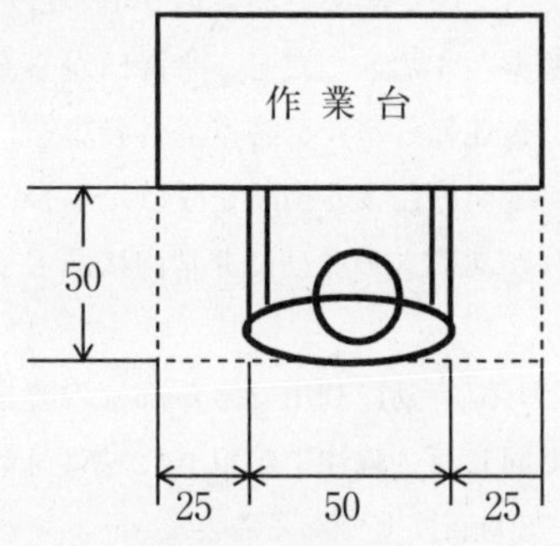

作業等の床面として必要な面積

条件１：一辺が30㎝の正方形が取れること。

２：$0.5m^2$以上あること。

３：上方に1,600㎜（又は1,200㎜）以上あること。

保安基準第23条第２項

乗車定員11人以上の自動車（緊急自動車を除く。）及び幼児専用車には、告示で定めるところにより、乗降口から座席へ至ることのできる通路を設けなければならない。ただし、乗降口から直接着席できる座席については、この限りでない。

Ⅳ．特種用途自動車の乗降口、通路及び作業空間等の考え方

保安基準細目告示第33条・第111条・第189条第１項

保安基準第23条第２項に基づき、乗車定員11人以上の自動車（緊急自動車を除く。）及び幼児専用車に設ける乗降口から座席へ至ることのできる通路は、有効幅（通路に補助座席が設けられている場合は、当該補助座席を折り畳んだときの有効幅）300㎜以上、有効高さ1,600㎜（当該通路に係る全ての座席の前縁と最も近い乗降口との車両中心線方向の最短距離が２ｍ未満である場合は、1,200㎜）以上のものでなければならない。ただし、乗降口から直接着席できる座席にあっては、この限りでない。

保安基準第25条第５項

乗車定員11人以上の自動車（緊急自動車及び幼児専用車を除く。）の乗降口は、安全な乗降ができるものとして、大きさ、構造等に関し告示で定める基準に適合するものでなければならない。ただし、乗降口から直接着席できる座席のためのみの乗降口にあつては、この限りでない。

保安基準細目告示第35条第２項（第113条・第191条第２項も同様の内容）

２　乗降口の大きさ、構造等に関し、保安基準第25条第５項の告示で定める基準は、次の各号に掲げる基準とする。ただし、乗降口から直接着席できる座席のためのみの乗降口、運転者室及び客室以外の車室に設けられた開口部であって、自動車が衝突等による衝撃を受けた場合に乗車人員が車外に投げ出されるおそれがあるもの並びに非常口にあっては、この限りでない。

⑴　乗降口の有効幅（乗降口として有効に利用できる部分の幅をいう。第113条及び第191条において同じ。）〔編注：第113条、第191条においては（　）の部分は略〕は、600㎜以上であること。

⑵　乗降口の有効高さ（乗降口として有効に利用できる部分の高さをいう。第113条及び第191条において同じ。）〔編注：第113条、第191条においては（　）の部分は略〕は、1,600㎜（第33条〔編注：第113条、第191条においては読替え〕第１項の規定により通路の有効高さを1,200㎜とすることができる自動車にあっては、1,200㎜）以上であること。

ただし、当該乗降口とは別に設ける乗降口であって、専ら車いすを使用している者の利用に供するものにあっては、この限りでない。

(参考図)

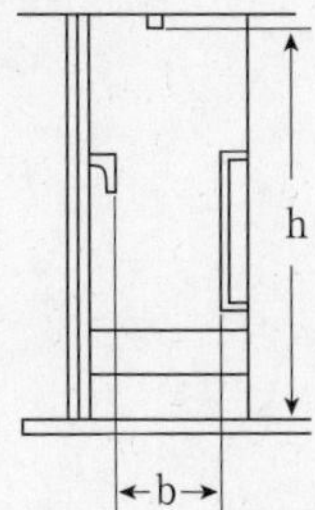

b：有効幅

h：有効高さ

(3)　空車状態において床面の高さが地上450㎜を超える自動車の乗降口には、次に掲げる踏段を備えること。

イ　乗車定員11人以上23人以下の旅客自動車運送事業用自動車であって車両総重量５トン以下のものにあっては、一段の高さが120㎜以上250㎜（最下段の踏段にあっては、空車状態において430㎜（車高調節装置を備えた自動車にあっては、その床面の高さを最も低くした状態であり、かつ、空車状態において380㎜））以下の踏段。

ロ　イに掲げる自動車以外のものにあっては、一段の高さが400㎜（最下段の踏段にあっては、450㎜）以下の踏段。

(4)　乗降口に備える踏段は、すべり止めを施したものであること。

(5)　第３号の乗降口には、安全な乗降ができるように乗降用取手を備えること。

Ⅴ．特種用途自動車の有効期間と積載量の算定

特種用途自動車の自動車検査証の有効期間については、「貨物の運送の用に供するか。最大積載量を有するか。乗車定員が11人以上か。」等と密接に関連している。

今回の特種用途自動車の各車体の形状毎に構造要件を策定したことと同一歩調で、自動車検査業務等実施要領（以下「実施要領」という。）３－４－18⑴及び独立行政法人自動車技術総合機構審査事務規程（以下「審査事務規程」という。）７－124⑽に規定が改正されたので、これを含めて、特種用途自動車の有効期間の考え方を以下に示す。

自動車検査業務等実施要領

３－４－18　有効期間欄は、次の各号により記載するものとする。

⑴　乗車定員10人以下の自動車のうち大型特殊自動車（貨物の運送の用に供する自動車を除く。）及び**特種用途自動車で最大積載量のないもの**（当該特種用途自動車の本来の用途に使用するために最小限必要な工具等を積載するため500kg以下の積載量（「自動車の用途等の区分について（依命通達）」（昭和35年９月６日自車第452号。以下「用途区分通達」という。）４－１－３⑴の自動車を除く。）はないものとして取り扱う。）**は、法第61条第１項のその他の自動車に該当**するものとして取り扱うものとする。

【参考】

道路運送車両法第61条（自動車検査証の有効期間）

１　自動車検査証の有効期間は、旅客を運送する自動車運送事業の用に供する自動車、**貨物の運送の用に供する自動車**及び国土交通省令で定める自家用自動車であつて、検査対象軽自動車以外のものにあつては**１年、その他の自動車にあつては２年**とする。

有効期間を「１年」とするもの

◎旅客を運送する自動車運送事業の用に供する特種用途自動車

V. 特種用途自動車の有効期間と積載量の算定

◎貨物の運送の用に供する特種用途自動車

→〔用途区分通達4－1－3(1)の特種用途自動車、
最大積載量が500kgを超える特種用途自動車が該当〕

有効期間を「2年」とするもの

◎最大積載量のない（500kg以下を含む。）特種用途自動車

自動車検査業務等実施要領・独立行政法人自動車技術総合機構審査事務規程

実施要領3－4－18(1)、審査事務規程7－124(10)の規定により**最大積載量がないものとされる特種用途自動車以外の特種用途自動車で積載量を有する場合**にあっては、7－124(2)から(9)の規定に準じて最大積載量を算定するものとする。

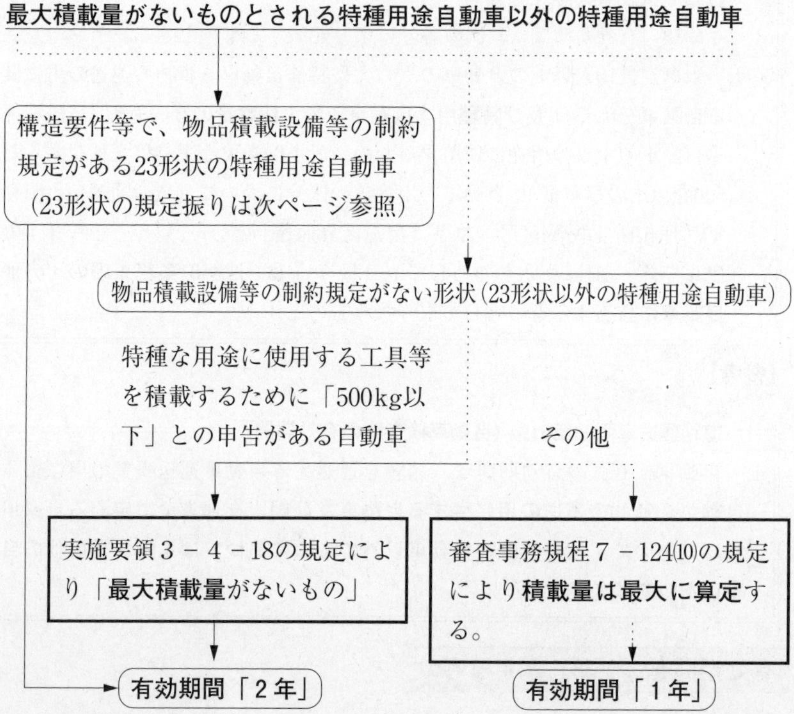

最大積載量がないものとされる特種用途自動車以外の特種用途自動車

構造要件等で、物品積載設備等の制約規定がある23形状の特種用途自動車
（23形状の規定振りは次ページ参照）

物品積載設備等の制約規定がない形状（23形状以外の特種用途自動車）

特種な用途に使用する工具等を積載するために「500kg以下」との申告がある自動車

その他

実施要領3－4－18の規定により「**最大積載量がないもの**」

審査事務規程7－124(10)の規定により**積載量は最大に算定**する。

有効期間「2年」

有効期間「1年」

23の車体の形状の物品積載設備等に係る構造要件上の規定振り

1．構造要件で「物品積載設備を有していないこと。」と規定されているもの

（図書館車、郵便車、移動電話車、患者輸送車、車いす移動車クレーン用台車、キャンピング車、放送宣伝車、キャンピングトレーラ）

2．構造要件で「物品積載設備を有していないこと。」、留意事項で「……使用する必要最小限の道具等を積載するための最大積載量500kg以下の設備は、物品積載設備と見なさないものとする。」と規定されているもの

（広報車、理容・美容車、工業作業車、レッカー車、写真撮影車、事務室車、加工車、食堂車、電気作業車、電源車）

3．留意事項で「最大積載量は算定しないものとする。」と規定されているもの

（臓器移植用緊急輸送車、血液輸送車、霊柩車、構内作業車）

V．特種用途自動車の有効期間と積載量の算定

【有効期間と積載量の算定の考え方】

<table>
<tr><td></td><td colspan="2">用途区分通達４－１－３(1)の自動車</td><td>貨物の運送の用に供するもの
（積載量に係わらず）
有効期間「１年」*</td></tr>
<tr><td></td><td colspan="2">物品積載設備を有していないことと規定されている自動車
（９形状）
前ページの表中の１</td><td rowspan="4">実施要領３－４－18(1)の規定により、「最大積載量がないものとする」
有効期間「２年」</td></tr>
<tr><td></td><td colspan="2">最大積載量は算定しないことと規定されている自動車
（４形状）
前ページの表中の３</td></tr>
<tr><td></td><td colspan="2">物品積載設備を有していないことと規定されており、最大積載量500kg以下は、物品積載設備と見なさないと規定されている自動車
（10形状）
前ページの表中の２</td></tr>
<tr><td rowspan="2">特に規定なし</td><td>申　告</td><td>・500kg 以下の積載量の自動車</td></tr>
<tr><td colspan="2">その他</td><td>審査事務規程７－124⑽の特種用途自動車＝積載量は最大に算定
↓
有効期間「１年」*</td></tr>
</table>

＊：車両総重量８トン未満／新車初回２年、以降１年
　　車両総重量８トン以上／１年

V．特種用途自動車の有効期間と積載量の算定

【特種用途自動車の区分別の有効期間】

（参考資料「特種用途自動車の車体の形状別有効期間の一覧」（458～463ページ参照）

<table>
<tr><th>車体の形状</th><th>有効期間</th></tr>
<tr><td>用途区分通達　4－1－1の自動車（注）
（専ら緊急の用に供するための自動車）</td><td rowspan="2">①最大積載量なし　──►2年
②最大積載量500kg 以下　──►2年
③最大積載量500kg 超　──►1年*
④乗車定員11人以上　──►1年</td></tr>
<tr><td>用途区分通達　4－1－2の自動車
〔法令等で特定される事業を遂行するための自動車〕</td></tr>
<tr><td>用途区分通達　4－1－3(1)の自動車
〔特種な物品を運搬するための特種な物品積載設備を有する自動車〕</td><td>①最大積載量あり　──►1年*
②乗車定員11人以上　──►1年</td></tr>
<tr><td>用途区分通達　4－1－3(2)の自動車
〔高齢者、車いす利用者等を輸送するための特種な乗車設備を有する自動車〕</td><td rowspan="3">①最大積載量なし　──►2年
②最大積載量500kg 以下　──►2年
③最大積載量500kg 超　──►1年*
④乗車定員11人以上　──►1年</td></tr>
<tr><td>用途区分通達　4－1－3(3)の自動車
〔特種な作業を行うための特種な設備を有する自動車〕</td></tr>
<tr><td>用途区分通達　4－1－3(4)の自動車
〔キャンプ又は宣伝活動を行うための特種な設備を有する自動車〕</td></tr>
</table>

（注：「消防車」については、従来どおり最大積載量に係わらず、有効期間は2年とする。）

＊：車両総重量８トン未満／新車初回２年、以降１年

車両総重量８トン以上／１年

Ⅵ. 特種用途自動車の車体形状毎の構造要件等

特種用途自動車の構造要件の通達で用いる用語は、道路運送車両法関係政省令によるほか、次の各号に掲げるとおりとする。

1．屋内

「屋内」とは、隔壁、幌等により構成される屋根及び側壁で覆われており、かつ、車体を床面とする自動車の空間をいう。

なお、車両の停止時に車体の一部を拡大することによって屋内を拡張することができるものにあっては、車体を床面とするものに限り、当該部分を含むものとする。

2．車室

「車室」とは、1．の屋内のうち、隔壁により外気と遮断されており、車体を床面とする自動車の空間をいう。

なお、車両の停止時に、車体の一部を拡大することによって車室を拡張することができるものにあっては、車体を床面とするものに限り、当該部分を含むものとする。

3．客室

「客室」とは、道路運送車両の保安基準（昭和26年運輸省令第67号。以下「保安基準」という。）第20条第2項の客室をいう。

保安基準第20条（乗車装置）

2　運転者及び運転者助手以外の者の用に供する乗車装置を備えた自動車には、これらの者の用に供する車室（以下「客室」という。）を備えなければならない。（以下略）

4．物品積載設備

「物品積載設備」とは、運転者席（運転者席と並列の座席を含む。）の後方にある物品積載設備であって、物品の積卸しができる構造のものをいう。

【基本形状：バン】

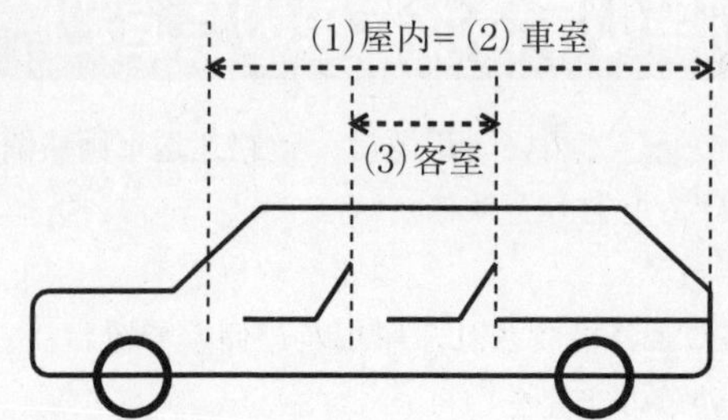

【基本形状：キャブオーバ】

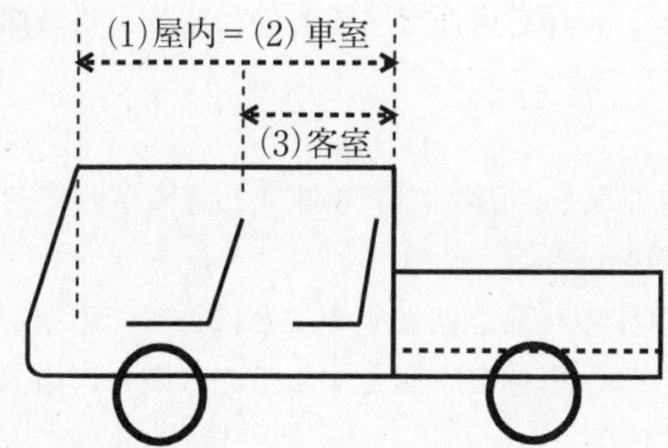

【基本形状：キャブオーバ（荷台部分に幌を設置）】

注：「屋内」の場合は、屋根及び側壁が覆われていれば良く、必ずしも、前面及び後面が覆われている必要はない。

　また、仮に、前面及び後面に幌があったとしても、『隔壁となっていないこと』、『外気と遮断されていないこと』から「車室」とはならない。

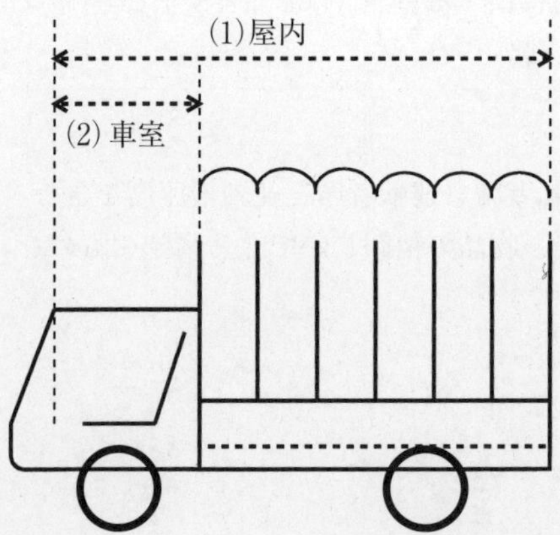

【基本形状：キャブオーバ（アルミ等で車室を構成)】

「車室」となる場合は、必ず車体を床面とし、屋根、側面、前面、後面の5カ所が隔壁で覆われ、かつ、外気と遮断されていることが必要である。

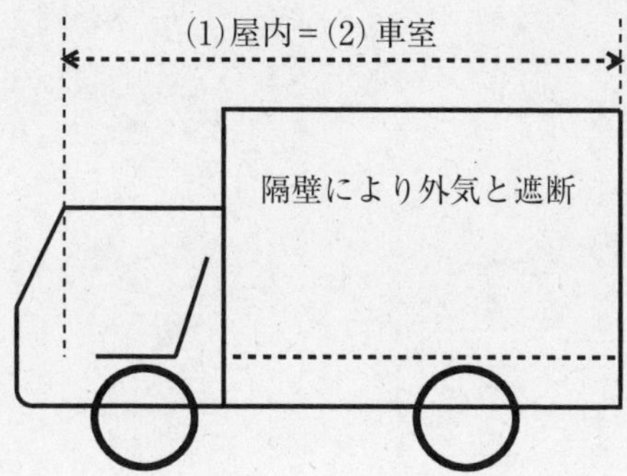

(1) 専ら緊急の用に供するための自動車

（用途区分通達４－１－１の自動車）

救急車（520）
消防車（523）
警察車（522）
臓器移植用緊急輸送車（270）
保線作業車（524）
検察庁車（525）
緊急警備車（526）
防衛省車（532）
電波監視車（529）
公共応急作業車（570）
護送車（596）
血液輸送車（502）
交通事故調査用緊急車（530）

【記載事項の説明】

車体の形状及び車体の形状コードを示す。

例

救急車（520）

構造要件そのものを記述

国、地方自治体又は医療機関等において救急業務のために使用する自動車であって、次の各号に掲げる構造上の要件を満足しているものをいう。ただし、地方自治体が、傷病者の応急手当のための出動に使用する二輪自動車にあっては、４を満足していればよい。

1　車室には、傷病者の搬送のための専用の寝台又は担架及びその担架を固定するための設備を有すること。

枠で囲った部分は解説文

救急業務を行うための最小限必要な構造設備を有していることを規定している。

救急車（520）

国、地方自治体又は医療機関等において救急業務のために使用する自動車であって、次の各号に掲げる構造上の要件を満足しているものをいう。ただし、地方自治体が、傷病者の応急手当のための出動に使用する二輪自動車にあっては、4を満足していればよい。

1　車室には、傷病者の搬送のための専用の寝台又は担架及びその担架を固定するための設備を有すること。

> 救急業務を行うための最小限必要な構造設備を有していることを規定している。

2　車室には、傷病者の応急手当に必要な資器材を収納できる構造を有すること。

> 資器材の収納設備には、申告により積載量を算定することができる。

3　寝台又は担架は、傷病者を十分収容できる面積を有すること。

> ・　寝台又は担架の大きさについては、定量的な規定はしていないが、傷病者を十分収容できる大きさが必要である。
> ・　寝台又は担架には、定員を算定する。

4　保安基準第49条の規定に適合する警光灯及びサイレンを有すること。

> 公安委員会から緊急自動車として指定されていること又は指定申請済みであること若しくは当該自動車の使用者が公安委員会に届け出たものであることを証する書面の写しの提出を求め確認する。

> ・　特種自動車の本来の用途に使用するために最小限必要な工具等を積載するための500kg以下の積載量の場合にあっては、使用者が何を積載するのかの申告による積載量とすることができる。

⑴　専ら緊急の用に供するための自動車

救急車（520）

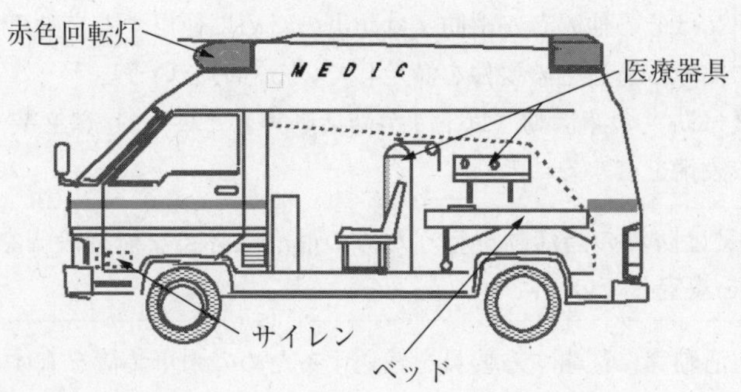

【緊急自動車】

道路交通法施行令（昭和35年10月11日政令第270号）
（緊急自動車）
第13条　法第39条第１項の政令で定める自動車は、次に掲げる自動車で、その自動車を使用する者の申請に基づき公安委員会が指定したもの（第１号又は第１号の２に掲げる自動車についてはその自動車を使用する者が公安委員会に届け出たもの）とする。
⑴の２　国、都道府県、市町村、成田国際空港株式会社、新関西国際空港株式会社又は医療機関が傷病者の緊急搬送のために使用する救急用自動車のうち、傷病者の緊急搬送のために必要な特別の構造又は装置を有するもの〔**救急車**〕
⑴の４　都道府県又は市町村が傷病者の応急手当（当該傷病者が緊急搬送により医師の管理下に置かれるまでの間緊急やむを得ないものとして行われるものに限る。）のための出動に使用する大型自動二輪車又は普通自動二輪車〔**救急二輪**〕

留　意　事　項

・　道路交通法施行令（昭和35年政令第270号）第13条に基づき、公安委員会から緊急自動車として指定されていること又は指定申請済みであること若しくは当該自動車の使用者が公安委員会に届出たものであることを証する書面の写しの提出を求めるものとする。

有　効　期　間

【積載量がない場合又は積載量が500kg以下の場合】
有効期間　**２年**
ただし、乗車定員が11人以上の場合は**１年**

消防車（523）

消防機関又はその他の者が消防又は防災のために使用する自動車であって、次の各号に掲げる構造上の要件を満足しているものをいう。

1 消防又は防災の諸活動（以下「消防活動等」という。）に必要な次の各号に掲げる設備を有すること。

> 消防又は防災の諸活動を行うための最小限必要な構造設備を有していることを規定している。

ア 消防活動等に従事する要員を輸送するための乗車装置を有すること。

> 要員を輸送するための乗車設備には、定員を算定する。

イ 保安基準第49条の規定に適合する警光灯及びサイレンを有すること。

> 公安委員会から緊急自動車として指定されていること又は指定申請済みであること若しくは当該自動車の使用者が公安委員会に届け出たものであることを証する書面の写しの提出を求め確認する。

2 消防活動等のために必要な次の各号に掲げるいずれか１つの設備を有すること。なお、これらの設備の専用の設置場所を有する場合には、これらの設備は取り外すことができる構造でも良い。

ア 消火のための水等を吸入し吐出することができるポンプ機能を有し、かつ、これに付随するホース等の設備又はこれを積載する専用の装備を有すること。

イ 消火のための水等を収納するタンク等の容器を有すること。

ウ 消防活動等に使用する機材を有すること。

エ 消防活動等の指揮、消防思想の普及及び宣伝又は防災等のための設備を有すること。

> ・ １号ア及びイの設備は必ず有していること。ただし、当該消防自動車が被けん引車である場合は、アの設備を有することを要しない。
> ・ ２号アからエまでは次例のように、消防又は防災活動の目的毎の構造をいずれか１つ有していればよい。
> （例）ア……ポンプ車

(1) 専ら緊急の用に供するための自動車

イ……タンク車
ウ……消防機材車
エ……消防査察車、消防指令車

・ 物品積載設備（２号イ……タンク等の容器を含む）を有している場合は、細目告示第81条・第159条・第237条各第２項第９号及び審査事務規程７－124⑽の規定により最大に積載量を算定する。
・ 当該特種自動車の本来の用途に使用するために最小限必要な工具等を積載するための500kg以下の積載量の場合にあっては、使用者が何を積載するのかの申告による積載量とすることができる。

(1) 専ら緊急の用に供するための自動車

消防車（523）

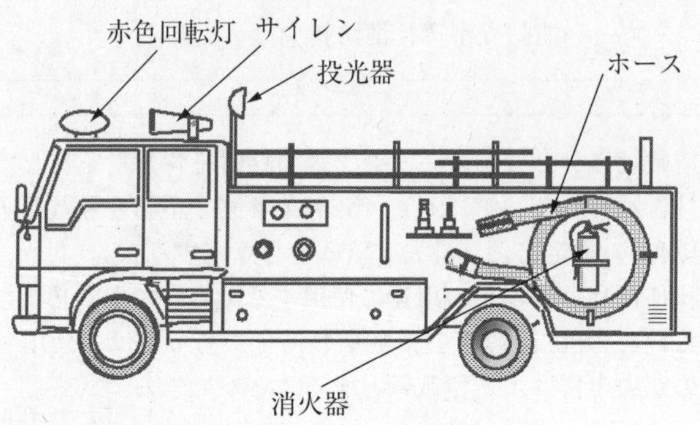

【緊急自動車】

道路交通法施行令（昭和35年10月11日政令第270号）
（緊急自動車）
第13条　法第39条第１項の政令で定める自動車は、次に掲げる自動車で、その自動車を使用する者の申請に基づき公安委員会が指定したもの（第１号又は第１号の２に掲げる自動車についてはその自動車を使用する者が公安委員会に届け出たもの）とする。
(1)　消防機関その他の者が消防のための出動に使用する消防用自動車のうち、消防のために必要な特別の構造又は装置を有するもの〔**消防車**〕
(1)の３　消防機関が消防のための出動に使用する消防用自動車（第１号に掲げるものを除く。）〔**消防車**〕

留　意　事　項

・　道路交通法施行令第13条に基づき、公安委員会から緊急自動車として指定されていること又は指定申請済みであること若しくは当該自動車の使用者が公安委員会に届出たものであることを証する書面の写しの提出を求めるものとする。
・　消火水等を収納するためのタンク状の容器は、積載量として算定するものとする。
・　乗車人員10人以下の場合は、最大積載量の有無に係わらず、自動車検査証の有効期間は２年とする。

有　効　期　間

有効期間　**２年**
ただし、乗車人員が11人以上の場合は**１年**

警察車（522）

警察庁又は都道府県警察において使用する自動車であって、次の各号に掲げる構造上の要件を満足しているものをいう。

1　犯罪捜査、交通取締等警察の職務遂行に必要な特種な設備を有すること。

・　犯罪捜査、交通取締等を行うための最小限必要な構造設備を有していることを規定している。
・　特種な設備に該当するものの例
＊犯罪捜査関係
画像送受信装置、爆発物処理装置、採証装置、鑑識装置、投光装置、放水装置、規制標識装置、トイレ装置、キッチン装置等
＊交通取締関係
速度取締装置、無線装置、移動騒音測定装置、クレーン・レッカー装置等

2　保安基準第49条の規定に適合する警光灯（格納式、着脱式又は自動車の外形上に設置されていないものを除く。）及びサイレンを有すること。

・　公安委員会から緊急自動車として指定されていること又は指定申請済みであることを証する書面の写しの提出を求め確認する。
・　フロント・グリル部（内部も含む）等に固定された灯火で、前方300メートルの距離から点灯を確認できる赤色のものは、着脱式に該当するものとして扱う。
・　格納式、着脱式又は自動車の外形上に設置されていない警光灯は、構造上の要件を満足するものに該当しない。

参考：公安委員会から緊急自動車としての指定があり、2の要件を満たさない格納式、着脱式又は自動車の外形上に設置されていない警光灯を備えた場合には、特種用途自動車に該当しないこととなる。
　なお、この場合には、乗用又は貨物の用途と判定し、自動車検査証の備考欄に「緊急自動車」と記載すること。自動車の諸元については、格納又は取り外した状態とする。

(1) 専ら緊急の用に供するための自動車

・　物品積載設備を有している場合は、細目告示第81条・第159条・第237条各第２項第９号および審査事務規程７－124⑽の規定により最大に積載量を算定する。

・　当該特種自動車の本来の用途に使用するために最小限必要な工具等を積載するための500kg以下の積載量の場合にあっては、使用者が何を積載するのかの申告による積載量とすることができる。

(1) 専ら緊急の用に供するための自動車

警察車（522）

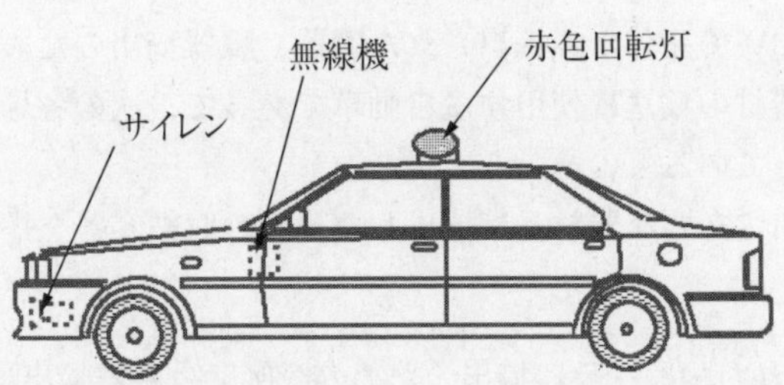

【緊急自動車】

道路交通法施行令（昭和35年10月11日政令第270号）
（緊急自動車）
第13条　法第39条第１項の政令で定める自動車は、次に掲げる自動車で、その自動車を使用する者の申請に基づき公安委員会が指定したもの（第１号又は第１号の２に掲げる自動車についてはその自動車を使用する者が公安委員会に届け出たもの）とする。
(1)の７　警察用自動車（警察庁又は都道府県警察において使用する自動車をいう。以下同じ。）のうち、犯罪の捜査、交通の取締りその他の警察の責務の遂行のため使用するもの〔**警察車**〕

留　意　事　項

・　道路交通法施行令第13条に基づき、公安委員会から緊急自動車として指定されていること又は指定申請済みであることを証する書面の写しの提出を求めるものとする。
・　職務遂行に必要な放水装置を備えた自動車であって、放水する水等を収納するためのタンク状の容器は、積載量として算定するものとする。
なお、乗車定員10人以下の場合は、放水する水等の積載量の有無にかかわらず、自動車検査証の有効期間は２年とする。

有　効　期　間

【積載量がない場合又は積載量が500kg以下の場合】
有効期間　**２年**
【積載量が500kg超の場合】
有効期間　・車両総重量８トン未満　**初回２年　以降１年**
　　　　　・車両総重量８トン以上　**１年**
ただし、乗車定員が11人以上の場合は**１年**

臓器移植用緊急輸送車（270）

医療機関において死体から摘出された臓器、臓器摘出のための医師又は臓器摘出に必要な器材の輸送に使用する自動車であって、次の各号に掲げる構造上の要件を満足しているものをいう。

1　臓器の摘出に必要な器材又は摘出した臓器の収納容器を搭載する場所を有すること。.

・　摘出された臓器、臓器摘出のための医師又は臓器摘出に必要な器材を緊急に輸送するための最小限の構造設備を有していることを規定している。

・　臓器の摘出に必要な器材、臓器の収納容器を搭載する場所は、トランクルーム、ラゲッジスペース等であってもよい。

2　保安基準第49条の規定に適合する警光灯及びサイレンを有すること。

公安委員会から緊急自動車として指定されていること又は指定申請済みであることを証する書面の写しの提出を求め確認する。

・　構造要件１の機材及び摘出した臓器の収納容器を搭載する場所には、積載量を算定しない。

⑴　専ら緊急の用に供するための自動車

臓器移植用緊急輸送車（270）

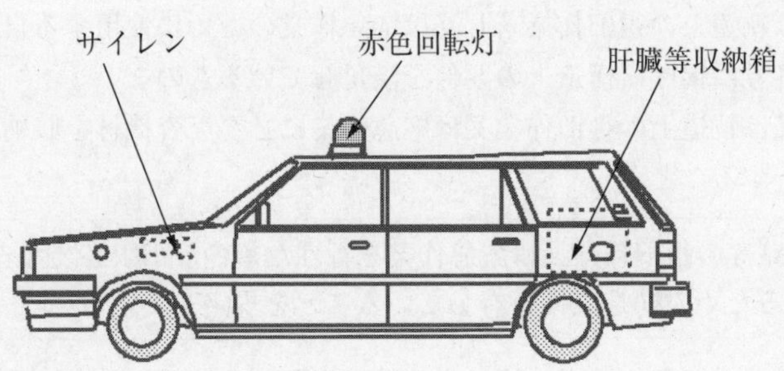

【緊急自動車】

道路交通法施行令（昭和35年10月11日政令第270号）
（緊急自動車）
第13条　法第39条第１項の政令で定める自動車は、次に掲げる自動車で、その自動車を使用する者の申請に基づき公安委員会が指定したもの（第１号又は第１号の２に掲げる自動車についてはその自動車を使用する者が公安委員会に届け出たもの）とする。
⑻の２　医療機関が臓器の移植に関する法律（平成９年法律第104号）の規定により死体（脳死した者の身体を含む。）から摘出された臓器、同法の規定により臓器の摘出をしようとする医師又はその摘出に必要な器材の応急運搬のため使用する自動車〔**臓器移植用緊急輸送車**〕

留　意　事　項

・　道路交通法施行令第13条に基づき、公安委員会から緊急自動車として指定されていること又は指定申請済みであることを証する書面の写しの提出を求めるものとする。
・　最大積載量は、算定しないものとする。

有　効　期　間

有効期間　**2年**
ただし、乗車人員11人以上の場合は**1年**

保線作業車（524）

線路又は軌道上の復旧作業若しくは応急作業のために使用する自動車であって、次の各号に掲げる構造上の要件を満足しているものをいう。

1　線路又は軌道上の復旧作業又は応急作業に必要な資機材を収納する棚等の設備を有すること。

・　線路等の復旧作業又は応急作業を行うための最小限必要な資機材を収納するための構造設備を有していることを規定している。

2　保安基準第49条の規定に適合する警光灯及びサイレンを有すること。

公安委員会から緊急自動車として指定されていること又は指定申請済みであることを証する書面の写しの提出を求め確認する。

・　物品積載設備（構造要件１の資材を収納する棚を含む。）を有している場合は、細目告示第81条・第159条・第237条各第２項第９号及び審査事務規程７－124⑽の規定により最大に積載量を算定する。
・　当該特種自動車の本来の用途に使用するために最小限必要な工具等を積載するための500kg以下の積載量の場合にあっては、使用者が何を積載するのかの申告による積載量とすることができる。

(1) 専ら緊急の用に供するための自動車

保線作業車（524）

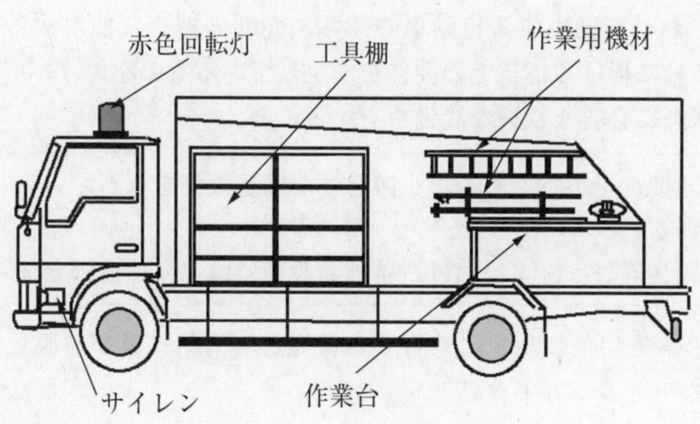

【緊急自動車】

道路交通法施行令（昭和35年10月11日政令第270号）
（緊急自動車）
第13条　法第39条第１項の政令で定める自動車は、次に掲げる自動車で、その自動車を使用する者の申請に基づき公安委員会が指定したもの（第１号又は第１号の２に掲げる自動車についてはその自動車を使用する者が公安委員会に届け出たもの）とする。
(6)　電気事業、ガス事業その他の公益事業において、危険防止のための応急作業に使用する自動車〔**保線作業車**〕

留　意　事　項

・　道路交通法施行令第13条に基づき、公安委員会から緊急自動車として指定されていること又は指定申請済みであることを証する書面の写しの提出を求めるものとする。

有　効　期　間

【積載量がない場合又は積載量が500kg以下の場合】
有効期間　２年
【積載量が500kg超の場合】
有効期間　・車両総重量８トン未満　初回２年　以降１年
　　　　　・車両総重量８トン以上　１年
ただし、乗車定員が11人以上の場合は１年

検察庁車（525）

検察庁において使用する自動車のうち、犯罪の捜査に使用するものであって、次の各号に掲げる構造上の要件を満足しているものをいう。

1　犯罪捜査に必要な特種な設備を有すること。

- 犯罪捜査を行うための最小限必要な構造設備を有していることを規定している。
- 無線装置等は、1における特種な設備に該当するものとする。

2　保安基準第49条の規定に適合する警光灯（格納式及び着脱式のものを除く。）及びサイレンを有すること。

- 公安委員会から緊急自動車として指定されていること又は指定申請済みであることを証する書面の写しの提出を求め確認する。
- フロント・グリル部（内部も含む）等に固定された灯火で、前方300メートルの距離から点灯を確認できる赤色のものは、着脱式に該当するものとして扱う。
- 格納式、着脱式又は自動車の外形上に設置されていない警光灯は、構造上の要件を満足するものに該当しない。

参考：公安委員会から緊急自動車としての指定があり、2の要件を満たさない格納式、着脱式又は自動車の外形上に設置されていない警光灯を備えた場合には、特種用途自動車に該当しないこととなる。

なお、この場合には、乗用又は貨物の用途と判定し、自動車検査証の備考欄に「緊急自動車」と記載すること。

- 物品積載設備を有している場合は、細目告示第81条・第159条・第237条各第2項第9号及び審査事務規程7－124⑽の規定により最大に積載量を算定する。
- 当該特種自動車の本来の用途に使用するために最小限必要な工具等を積載するための500kg以下の積載量の場合にあっては、使用者が何を積載するのかの申告による積載量とすることができる。

⑴　専ら緊急の用に供するための自動車

検察庁車（525）

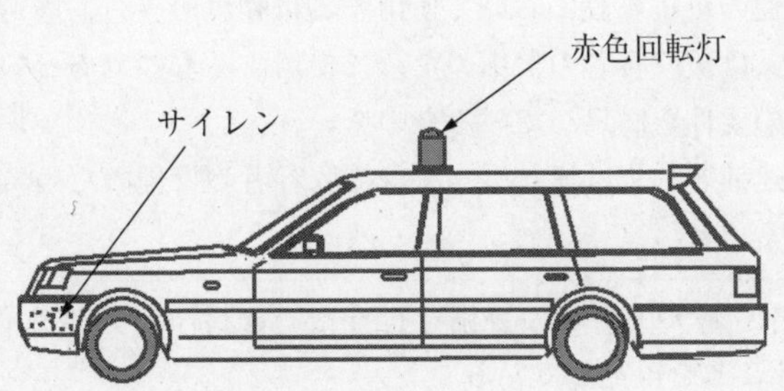

【緊急自動車】

道路交通法施行令（昭和35年10月11日政令第270号）
（緊急自動車）
第13条　法第39条第１項の政令で定める自動車は、次に掲げる自動車で、その自動車を使用する者の申請に基づき公安委員会が指定したもの（第１号又は第１号の２に掲げる自動車についてはその自動車を使用する者が公安委員会に届け出たもの）とする。
⑶　検察庁において使用する自動車のうち、犯罪の捜査のため使用するもの〔**検察庁車**〕

留　意　事　項

・　道路交通法施行令第13条に基づき、公安委員会から緊急自動車として指定されていること又は指定申請済みであることを証する書面の写しの提出を求めるものとする。

有　効　期　間

【積載量がない場合又は積載量が500kg以下の場合】
有効期間　**２年**
【積載量が500kg超の場合】
有効期間　・車両総重量８トン未満　**初回２年　以降１年**
・車両総重量８トン以上　**１年**
ただし、乗車定員が11人以上の場合は**１年**

緊急警備車（526）

刑務所その他の矯正施設において使用する自動車のうち、逃走者の逮捕若しくは連れ戻し又は被収容者の警備のために使用するものであって、次の各号に掲げる構造上の要件を満足しているものをいう。

1　逃走者の逮捕若しくは連れ戻し又は被収容者の警備のために必要な特種な設備を有すること。

・　逃走者、密入国者等の警備を行うための最小限必要な構造設備を有していることを規定している。
・　無線装置等は、1における特種な設備に該当するものとする。

2　保安基準第49条の規定に適合する警光灯及びサイレンを有すること。

公安委員会から緊急自動車として指定されていること又は指定申請済みであることを証する書面の写しの提出を求め確認する。

・　物品積載設備を有している場合は、細目告示第81条・第159条・第237条各第2項第9号及び審査事務規程7－124⑽の規定により最大に積載量を算定する。
・　当該特種自動車の本来の用途に使用するために最小限必要な工具等を積載するための500kg以下の積載量の場合にあっては、使用者が何を積載するのかの申告による積載量とすることができる。

(1) 専ら緊急の用に供するための自動車

緊急警備車（526）

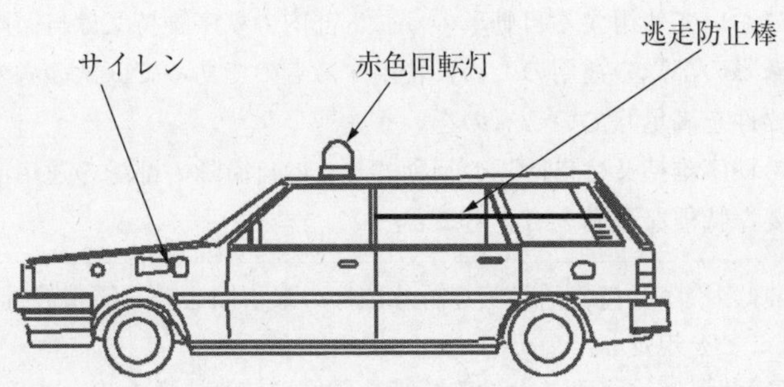

【緊急自動車】

道路交通法施行令（昭和35年10月11日政令第270号）
（緊急自動車）
第13条 法第39条第１項の政令で定める自動車は、次に掲げる自動車で、その自動車を使用する者の申請に基づき公安委員会が指定したもの（第１号又は第１号の２に掲げる自動車についてはその自動車を使用する者が公安委員会に届け出たもの）とする。
⑷ 刑務所その他の矯正施設において使用する自動車のうち、逃走者の逮捕若しくは連戻し又は被収容者の警備のため使用するもの
⑸ 入国者収容所又は地方出入国在留管理局において使用する自動車のうち、容疑者の収容又は被収容者の警備のため使用するもの〔**緊急警備車**〕

留 意 事 項

・ 道路交通法施行令第13条に基づき、公安委員会から緊急自動車として指定されていること又は指定申請済みであることを証する書面の写しの提出を求めるものとする。

有 効 期 間

【積載量がない場合又は積載量が500kg以下の場合】
有効期間 **２年**
【積載量が500kg超の場合】
有効期間 ・車両総重量８トン未満 **初回２年 以降１年**
・車両総重量８トン以上 **１年**
ただし、乗車定員が11人以上の場合は**１年**

防衛省車（532）

自衛隊において使用する自動車のうち、部内の秩序維持又は自衛隊の行動若しくは自衛隊の部隊の運用のために使用するものであって、次の各号に掲げる構造上の要件を満足しているものをいう。

1　部内の秩序維持又は自衛隊の行動若しくは自衛隊の部隊の運用活動等のために必要な特種な設備を有すること。

- 部隊の秩序維持、活動等を行うための最小限必要な構造設備を有していることを規定している。
- 無線装置等は、１における特種な設備に該当するものとする。

2　保安基準第49条の規定に適合する警光灯（格納式、着脱式又は自動車の外形上に設置されていないものを除く。）及びサイレンを有すること。

公安委員会から緊急自動車として指定されていること又は指定申請済みであることを証する書面の写しの提出を求め確認する。

- 物品積載設備を有している場合は、細目告示第81条・第159条・第237条各第２項第９号及び審査事務規程７－124⑽の規定により最大に積載量を算定する。
- 当該特種自動車の本来の用途に使用するために最小限必要な工具等を積載するための500kg以下の積載量の場合にあっては、使用者が何を積載するのかの申告による積載量とすることができる。

⑴　専ら緊急の用に供するための自動車

防衛省車（532）

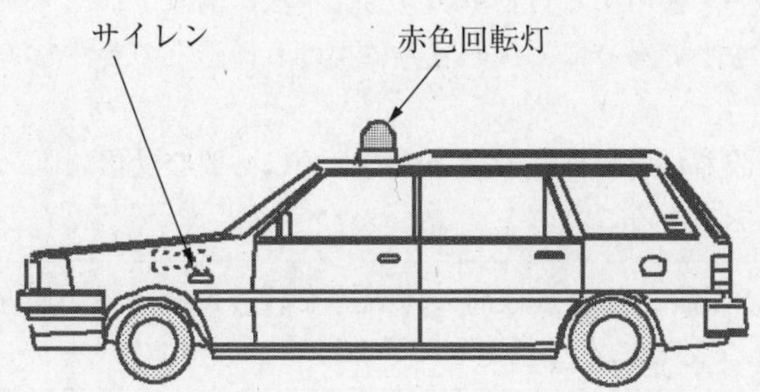

【緊急自動車】

道路交通法施行令（昭和35年10月11日政令第270号）
（緊急自動車）
第13条　法第39条第１項の政令で定める自動車は、次に掲げる自動車で、その自動車を使用する者の申請に基づき公安委員会が指定したもの（第１号又は第１号の２に掲げる自動車についてはその自動車を使用する者が公安委員会に届け出たもの）とする。
⑵　自衛隊用自動車（自衛隊において使用する自動車をいう。以下同じ。）のうち、部内の秩序維持又は自衛隊の行動若しくは自衛隊の部隊の運用のため使用するもの〔**防衛省車**〕

留　意　事　項

・　道路交通法施行令第13条に基づき、公安委員会から緊急自動車として指定されていること又は指定申請済みであることを証する書面の写しの提出を求めるものとする。

有　効　期　間

【積載量がない場合又は積載量が500kg以下の場合】
有効期間　**２年**
【積載量が500kg超の場合】
有効期間　・車両総重量８トン未満　**初回２年　以降１年**
・車両総重量８トン以上　**１年**
ただし、乗車定員が11人以上の場合は**１年**

電波監視車（529）

総務省において使用する自動車のうち、不法に開設された無線局の探査のために使用するものであって、次の各号に掲げる構造上の要件を満足しているものをいう。

1　不法に開設された無線局の探査等のために必要な受信装置、アンテナ等の特種な設備を有すること。

・　不法に開設された無線局の探査等を行うための最小限必要な構造設備を有していることを規定している。

2　保安基準第49条の規定に適合する警光灯（格納式、着脱式又は自動車の外形上に設置されていないものを除く。）及びサイレンを有すること。

・　公安委員会から緊急自動車として指定されていること又は指定申請済みであることを証する書面の写しの提出を求め確認する。

・　フロント・グリル部（内部も含む）等に固定された灯火で、前方300メートルの距離から点灯を確認できる赤色のものは、着脱式に該当するものとして扱う。

・　格納式、着脱式又は自動車の外形上に設置されていない警光灯は、構造上の要件を満足するものに該当しない。

参考：公安委員会から緊急自動車としての指定があり、2の要件を満たさない格納式、着脱式又は自動車の外形上に設置されていない警光灯を備えた場合には、特種用途自動車に該当しないこととなる。なお、この場合には、乗用又は貨物の用途と判定し、自動車検査証の備考欄に「緊急自動車」と記載すること。

・　物品積載設備を有している場合は、細目告示第81条・第159条・第237条各第2項第9号及び審査事務規程7－124⑽の規定により最大に積載量を算定する。

・　当該特種自動車の本来の用途に使用するために最小限必要な工具等を積載するための500kg以下の積載量の場合にあっては、使用者が何を積載するのかの申告による積載量とすることができる。

⑴ 専ら緊急の用に供するための自動車

電波監視車（529）

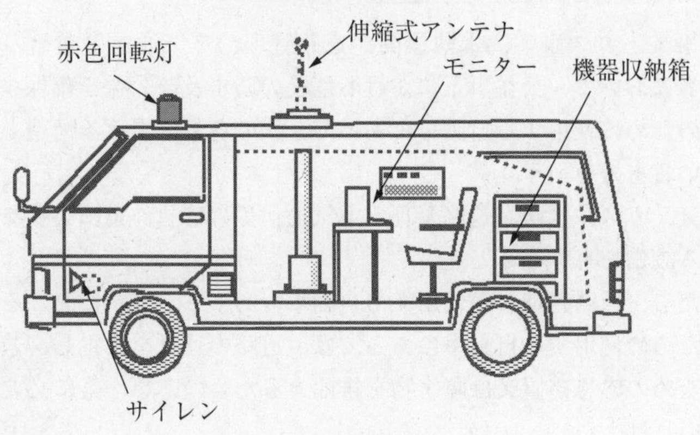

【緊急自動車】

道路交通法施行令（昭和35年10月11日政令第270号）
（緊急自動車）
第13条　法第39条第１項の政令で定める自動車は、次に掲げる自動車で、その自動車を使用する者の申請に基づき公安委員会が指定したもの（第１号又は第１号の２に掲げる自動車についてはその自動車を使用する者が公安委員会に届け出たもの）とする。
⑽　総合通信局又は沖縄総合通信事務所において使用する自動車のうち、不法に開設された無線局（電波法（昭和25年法律第131号）第108条の２第１項に規定する無線設備による無線通信を妨害する電波を発射しているものに限る。）の探査のための出動に使用するもの〔**電波監視車**〕

留　意　事　項

・　道路交通法施行令第13条に基づき、公安委員会から緊急自動車として指定されていること又は指定申請済みであることを証する書面の写しの提出を求めるものとする。

有　効　期　間

【積載量がない場合又は積載量が500kg以下の場合】
有効期間　**２年**
【積載量が500kg超の場合】
有効期間　・車両総重量８トン未満　**初回２年　以降１年**
　　　　　・車両総重量８トン以上　**１年**
ただし、乗車定員が11人以上の場合は**１年**

公共応急作業車（570）

電気事業、ガス事業、水防機関、道路管理、電気通信事業その他公益事業を行う者において、公益事業における危険の防止及び公益を確保するため、応急作業のために使用する自動車であって、次の各号に掲げる構造上の要件を満足しているものをいう。

1　電気、ガス、水防、道路管理、電気通信等の応急作業に必要な資機材を収納する設備を有すること。

ただし、道路管理者が使用する自動車であって、道路における危険を防止するために使用する自動車にあっては、道路の通行を禁止し、若しくは制限するための応急措置又は障害物を排除するための応急作業に必要な設備を備えていればよい。

・　電気、ガス、水防、電気通信等の応急作業を行うための最小限必要な構造設備を有していることを規定している。

・　ただし書きは、道路管理者（東日本・中日本・西日本各高速道路㈱、首都高速道路㈱、阪神高速道路㈱、本州四国連絡高速道路㈱、地方整備局、地方自治体（地方道路公社））が使用する道路パトロール車等が該当する。なお、道路管理者との契約を締結したものが緊急自動車（公共応急作業車）の指定を受けている場合は、当該事業者は道路管理者に準ずるものとして取り扱って差し支えない。

2　保安基準第49条の規定に適合する警光灯及びサイレンを有すること。

公安委員会から緊急自動車として指定されていることを証する書面の写し又は指定申請済みであることを証する書面の写しの提出を求め確認する。

・　物品積載設備（構造要件1の資機材を収納する設備を含む。）を有している場合は、細目告示第81条・第159条・第237条各第2項第9号及び審査事務規程7－124⑽の規定により最大に積載量を算定する。

・　当該特種自動車の本来の用途に使用するために最小限必要な工具等を積載するための500kg以下の積載量の場合にあっては、使用者が何を積載するのかの申告による積載量とすることができる。

(1) 専ら緊急の用に供するための自動車

公共応急作業車（570）

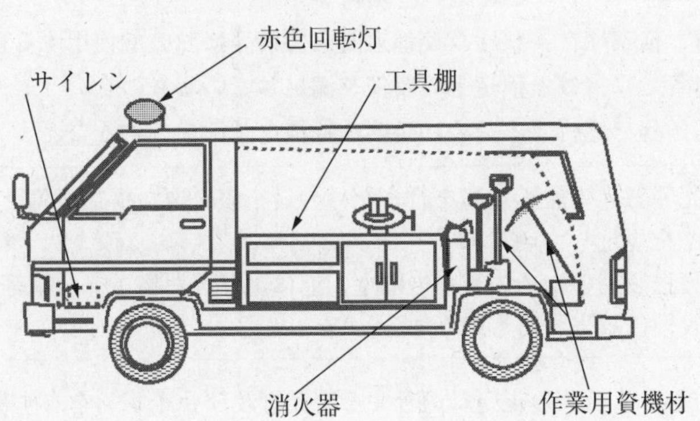

【緊急自動車】

道路交通法施行令（昭和35年10月11日政令第270号）
（緊急自動車）
第13条 法第39条第１項の政令で定める自動車は、次に掲げる自動車で、その自動車を使用する者の申請に基づき公安委員会が指定したもの（第１号又は第１号の２に掲げる自動車についてはその自動車を使用する者が公安委員会に届け出たもの）とする。
(6) 電気事業、ガス事業その他の公益事業において、危険防止のための応急作業に使用する自動車
(7) 水防機関が水防のための出動に使用する自動車
(9) 道路の管理者が使用する自動車のうち、道路における危険を防止するため必要がある場合において、道路の通行を禁止し、若しくは制限するための応急措置又は障害物を排除するための応急作業に使用するもの
〔**公共応急作業車**〕

留 意 事 項

・ 道路交通法施行令第13条に基づき、公安委員会から緊急自動車として指定されていること又は指定申請済みであることを証する書面の写しの提出を求めるものとする。

有 効 期 間

【積載量がない場合又は積載量が500kg以下の場合】
有効期間 ２年
【積載量が500kg超の場合】
有効期間 ・車両総重量８トン未満 初回２年 以降１年
・車両総重量８トン以上 １年
ただし、乗車定員が11人以上の場合は１年

護送車（596）

法務省、検察庁、警察庁及び都道府県警察等において使用する自動車であって、次の各号に掲げる構造上の要件を満足しているものをいう。

1　護送任務を遂行するために必要な特種な設備を有すること。

- ・　犯罪者等の護送任務を行うための最小限必要な構造設備を有していることを規定している。
- ・　護送設備のための客室の隔壁、窓に施された格子、金網等は１の特種な設備に該当するものとする。

2　保安基準第49条の規定に適合する警光灯及びサイレンを有すること。

公安委員会から緊急自動車として指定されていること又は指定申請済みであることを証する書面の写しの提出を求め確認する。

- ・　物品積載設備を有している場合は、細目告示第81条・第159条・第237条各第２項第９号及び審査事務規程７－124⑽の規定により最大に積載量を算定する。
- ・　当該特種自動車の本来の用途に使用するために最小限必要な工具等を積載するための500kg以下の積載量の場合にあっては、使用者が何を積載するのかの申告による積載量とすることができる。

(1) 専ら緊急の用に供するための自動車

護送車（596）

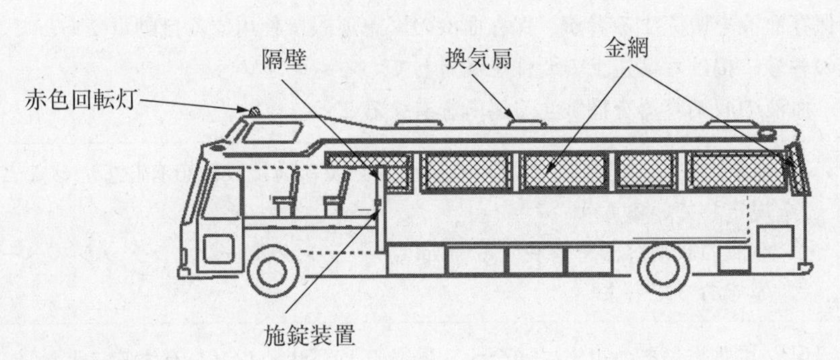

【緊急自動車】

道路交通法施行令（昭和35年10月11日政令第270号）
（緊急自動車）
第13条　法第39条第１項の政令で定める自動車は、次に掲げる自動車で、その自動車を使用する者の申請に基づき公安委員会が指定したもの（第１号又は第１号の２に掲げる自動車についてはその自動車を使用する者が公安委員会に届け出たもの）とする。
(1)の７　警察用自動車（警察庁又は都道府県警察において使用する自動車をいう。以下同じ。）のうち、犯罪の捜査、交通の取締りその他の警察の責務の遂行のため使用するもの
(3)　検察庁において使用する自動車のうち、犯罪の捜査のため使用するもの
(4)　刑務所その他の矯正施設において使用する自動車のうち、逃走者の逮捕若しくは連戻し又は被収容者の警備のため使用するもの
(5)　入国者収容所又は地方入国管理局において使用する自動車のうち、容疑者の収容又は被収容者の警備のため使用するもの〔**護送車**〕

留　意　事　項

・　道路交通法施行令第13条に基づき、公安委員会から緊急自動車として指定されていること又は指定申請済みであることを証する書面の写しの提出を求めるものとする。

有　効　期　間

【積載量がない場合又は積載量が500kg以下の場合】
有効期間　２年
【積載量が500kg超の場合】
有効期間　・車両総重量８トン未満　初回２年　以降１年
・車両総重量８トン以上　１年
ただし、乗車定員が11人以上の場合は１年

血液輸送車（502）

保存血液を販売する者が、保存血液の緊急運搬に使用する自動車であって、次の各号に掲げる構造上の要件を満足しているものをいう。

1　血液の収納容器を搭載する場所を有すること。

- 血液の緊急輸送を行うための最小限必要な構造設備を有していることを規定している。
- 血液の収納容器を搭載する場所は、トランクルーム、ラゲッジスペース等であってもよい。

2　保安基準第49条の規定に適合する警光灯及びサイレンを有すること。

公安委員会から緊急自動車として指定されていること又は指定申請済みであることを証する書面の写しの提出を求め確認する。

構造要件１の収納容器を搭載する場所には、積載量を算定しない。

⑴　専ら緊急の用に供するための自動車

血液輸送車（502）

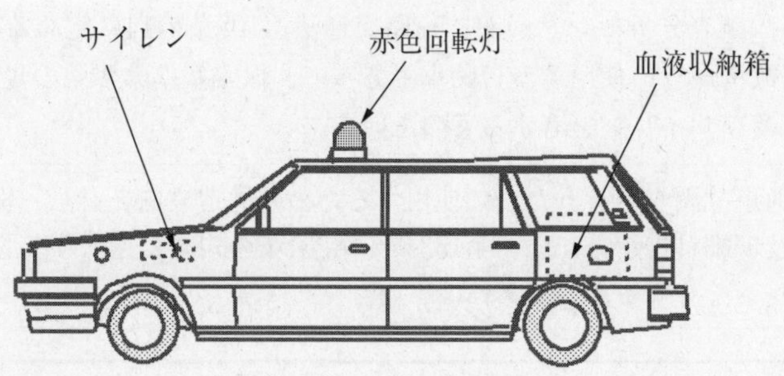

【緊急自動車】

道路交通法施行令（昭和35年10月11日政令第270号）

（緊急自動車）

第13条　法第39条第１項の政令で定める自動車は、次に掲げる自動車で、その自動車を使用する者の申請に基づき公安委員会が指定したもの（第１号又は第１号の２に掲げる自動車についてはその自動車を使用する者が公安委員会に届け出たもの）とする。

⑻　輸血に用いる血液製剤を販売する者が輸血に用いる血液製剤の応急運搬のため使用する自動車〔**血液輸送車**〕

留　意　事　項

・　道路交通法施行令第13条に基づき、公安委員会から緊急自動車として指定されていること又は指定申請済みであることを証する書面の写しの提出を求めるものとする。

・　最大積載量は、算定しないものとする。

有　効　期　間

有効期間　**2年**

ただし、乗車定員が11人以上の場合は**1年**

交通事故調査用緊急車（530）

交通事故調査分析センターが、道路交通法第108条の14に定める事業遂行のための事故例調査に使用する自動車であって、保安基準第49条の規定に適合する警光灯及びサイレンを有するものをいう。

・ 交通事故調査を行うために使用するための構造設備を有し、保安基準第49条及び細目告示第75条・第153条・第231条の規定に適合する警光灯及びサイレンを有するものであればよい。

公安委員会から緊急自動車として指定されていること又は指定申請済みであることを証する書面の写しの提出を求め確認する。

・ 物品積載設備を有している場合は、細目告示第81条・第159条・第237条各第２項第９号及び審査事務規程７－124⑽の規定により最大に積載量を算定する。
・ 当該特種自動車の本来の用途に使用するために最小限必要な工具等を積載するための500kg以下の積載量の場合にあっては、使用者が何を積載するのかの申告による積載量とすることができる。

⑴　専ら緊急の用に供するための自動車

交通事故調査用緊急車（530）

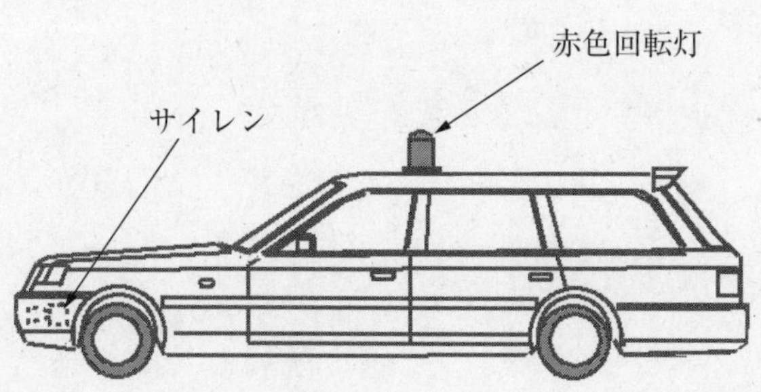

【緊急自動車】

道路交通法施行令（昭和35年10月11日政令第270号）
（緊急自動車）
第13条　法第39条第１項の政令で定める自動車は、次に掲げる自動車で、その自動車を使用する者の申請に基づき公安委員会が指定したもの（第１号又は第１号の２に掲げる自動車についてはその自動車を使用する者が公安委員会に届け出たもの）とする。
⑾　交通事故調査分析センターにおいて使用する自動車のうち、事故例調査（交通事故があつた場合に直ちに現場において行う必要のあるものに限る。）のための出動に使用するもの〔**交通事故調査用緊急車**〕

留　意　事　項

・　道路交通法施行令第13条に基づき、公安委員会から緊急自動車として指定されていること又は指定申請済みであることを証する書面の写しの提出を求めるものとする。

有　効　期　間

【積載量がない場合又は積載量が500kg以下の場合】
有効期間　**２年**
【積載量が500kg超の場合】
有効期間　・車両総重量８トン未満　**初回２年　以降１年**
・車両総重量８トン以上　**１年**
ただし、乗車定員が11人以上の場合は**１年**

⑵　法令等で特定される事業を遂行するための自動車

（用途区分通達４－１－２の自動車）

給水車（521）

医療防疫車（500）

採血車（503）

軌道兼用車（595）

図書館車（597）

郵便車（598）

移動電話車（599）

路上試験車（601）

教習車（623）

霊柩車（621）

広報車（650）

放送中継車（673）

理容・美容車（629）

給水車（521）

国、地方自治体において、災害時等に飲料水を専用に輸送するために使用する自動車であって、次の各号に掲げる構造上の要件を満足しているものをいう。

- 当該自動車の使用者が、国、地方自治体であることを委任状等の書面により確認する。
- 使用者が、国、地方自治体以外の者である場合であって、タンク車の構造要件を満足する場合の車体の形状は「タンク車」とする。

  ただし、国、地方自治体との契約を締結した者（当該契約書の写しで確認）が給水車として緊急自動車の指定を受けている場合は、当該使用者は国、地方自治体に準ずる者として、「給水車」として取り扱って差し支えない。

1　飲料水を収容するための物品積載設備を有し、かつ、飲料水を積み込むための適当な大きさの投入口又は飲料水を吸入するためのポンプ及びこれに付帯するホース等を有すること。

> ポリタンクを多数並べたようなものは、この場合の「物品積載設備」に該当しない。

2　飲料水を給水するための専用の取り出し口を有すること。

> 飲料水を給水するためのバルブ等を利用しやすい位置に設ける必要がある。

3　緊急自動車である場合には、保安基準第49条の規定に適合する警光灯及びサイレンを有すること。

> 緊急自動車であることを、公安委員会から緊急自動車として指定されていること又は指定申請済みであることを証する書面の写しの提出を求め確認する。

- 構造要件1の飲料水を収容するための物品積載設備（タンク）には、最大容量に見合った積載量を算定する。
- 飲料水を収容するための物品積載設備以外に物品積載設備を有している場合は、細目告示第81条・第159条・第237条各第2項第9号及び審査

⑵　法令等で特定される事業を遂行するための自動車

事務規程７－124⑽の規定により最大に積載量を算定する。
・　当該特種自動車の本来の用途に使用するために最小限必要な工具等を積載するための500kg以下の積載量の場合にあっては、使用者が何を積載するのかの申告による積載量とすることができる。

給水車（521）

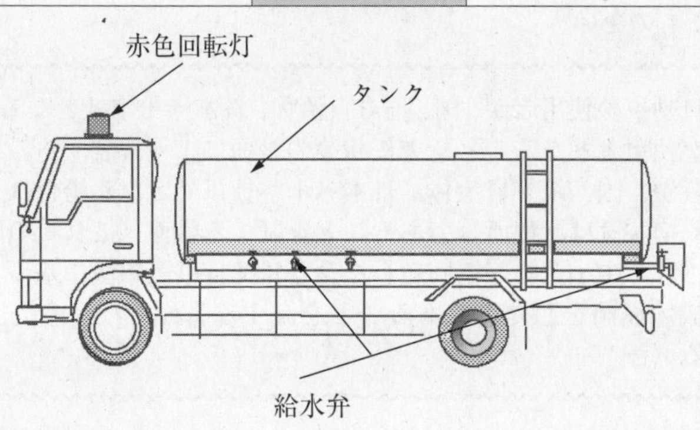

留　意　事　項

・　物品積載設備に積載した物品（水）を当該自動車又は乗員等が使用するものは、給水車として取り扱わないものとする。
・　飲料水を収容するための物品積載設備は、積載量を算定するものとする。
・　当該自動車の使用者が、国、地方自治体であることを委任状等の書面により確認を行うものとする。
　なお、緊急自動車である場合には、道路交通法施行令第13条に基づき、公安委員会から緊急自動車として指定されていること又は指定申請済みであることを証する書面の写しの提出を求めるものとする。
・　当該自動車の所有者が給水車（緊急自動車を除く。）として道路運送車両法第71条に規定する予備検査を受ける場合においては、交付申請時に国、地方自治体が使用者であることを委任状等の書面により確認を行うものとする。

有　効　期　間

【積載量が500kg以下の場合】
　有効期間　２年
【積載量が500kg超の場合】
　有効期間　・車両総重量８トン未満　初回２年、以降１年
　　　　　　・車両総重量８トン以上　１年
　ただし、乗車定員が11人以上の場合は１年

医療防疫車（500）

国、地方自治体、日本赤十字社又は医療法に基づく病院若しくは診療所等（これらの団体により構成される中小企業等協同組合を含む）において、健康診断、治療等のため、又は獣医療法に基づく診療施設の開設の届出をした者が、動物の治療等のために使用する自動車であって、次の各号に掲げる構造上の要件を満足しているものをいう。

・　当該自動車の使用者が、国、地方自治体、日本赤十字社となる場合は、その者が使用者となることを委任状等の書面により確認する。
・　使用者が、国、地方自治体、日本赤十字社以外となる場合は、医療法に基づく病院又は診療所等であることを証する書面（これらの団体により構成される中小企業等協同組合を含む）又は獣医療法に基づく診療施設の開設の届出をした者であることを証する書面の写しの提出を求め確認する。

1　健康診断、治療等の用に供する椅子又は寝台を有し、かつ、医師又は看護師等が作業を行うのに必要な空間を有していること。

・　健康診断、治療等のための寝台及び椅子は、定員を算定しない。
・　健康診断、治療等の作業ができる配置であること。

2　健康診断、治療等の用に供するエックス線撮影装置、検眼装置又は心電図測定装置等を有すること。

なお、他の部位と明確に区別ができる専用の設置場所を有する場合には、脱着式であってもよい。

・　聴診器、血圧計等手に持って診察するもの及び容易に脱着できるものは、装置等に該当しないものとする。

3　健康診断、治療等に伴い用いる医薬品等を収納する棚等を有すること。

医薬品等を収納する設備には、使用者が何を積載するのかの申告により積載量を算定することができる。

4　１の設備には、適当な室内照明灯を有すること。

5　２の装置等を作動させるための動力源及び操作装置を有すること。

⑵　法令等で特定される事業を遂行するための自動車

ただし、外部から動力の供給を受けることにより２の装置を作動させるものにあっては、動力受給装置及び操作装置を有すること。

健康診断、治療等のための装置を作動させるための動力源及び操作装置について規定している。

6　次に掲げる寸法等を満足する乗降口が当該自動車の右側面以外の面に１ヶ所以上設けられており、かつ、通路と連結されていること。

ア　乗降口は、有効幅300㎜以上、かつ、有効高さ1,600㎜（イの規定において通路の有効高さを1,200㎜とすることができる場合は、1,200㎜）以上あること。

イ　乗降口から１及び２の設備に至るための通路は、有効幅300㎜以上、かつ、有効高さ1,600㎜（当該通路に係る１及び２の設備の端部と乗降口との車両中心線方向の最遠距離が２ｍ未満である場合は、1,200㎜）以上あること。

ウ　空車状態において床面の高さが450㎜を超える乗降口には、一段の高さが400㎜（最下段の踏段にあっては、450㎜）以下の踏段を有するか又は踏台を備えること。

この場合における踏台は、走行中の振動等により移動することがないよう所定の格納場所に確実に収納できる構造であること。

エ　ウの踏段又は踏台は、滑り止めを施したものであること。

オ　ウの乗降口には、安全な乗降ができるように乗降用取手及び照明灯を有すること。

医療防疫車は、車室内等において、健康診断、治療等のサービスの提供を行うものであることから、利用者が乗降口から健康診断、治療等を行う場所まで安全に至ることができる必要があるため、保安基準第25条及び細目告示第35条・第113条・第191条（乗降口）、保安基準第23条及び細目告示第33条・第111条・第189条（通路）の数値等を準用し、それぞれの寸法等を規定している。

⑵　法令等で特定される事業を遂行するための自動車

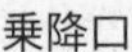

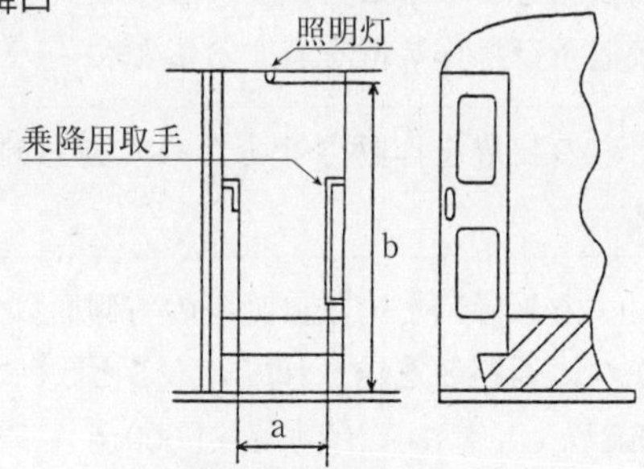

a：有効幅　300㎜以上
b：有効高さ1,600㎜（設備の端部と乗降口との車両中心線方向の最遠距離が2m未満である場合は有効高さ1,200㎜）以上

通路

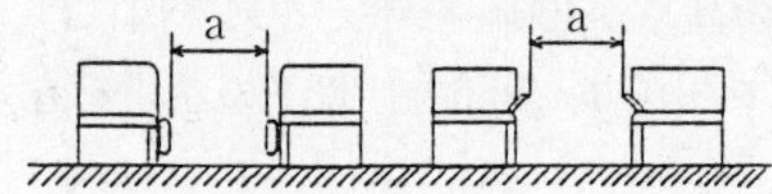

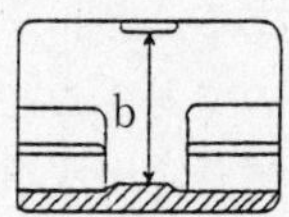

a：有効幅　300㎜以上
b：有効高さ1,600㎜（設備の端部と乗降口との車両中心線方向の最遠距離が2m未満である場合は、有効高さ1,200㎜）以上

(2)　法令等で特定される事業を遂行するための自動車

踏段

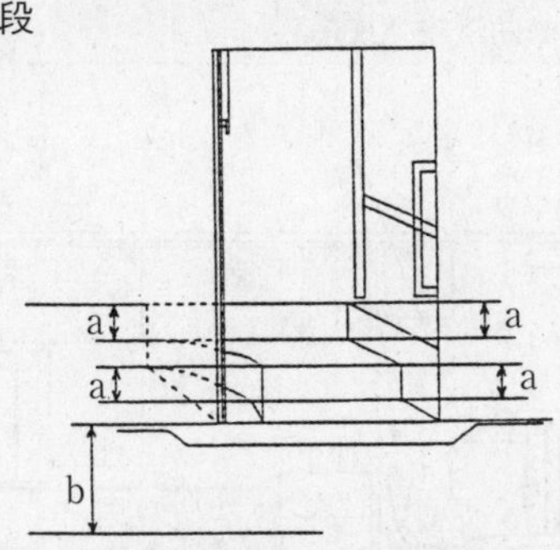

a：一段の高さ　400㎜以下
b：最下段の踏段の高さ　450㎜以下
（地上から床面積までの高さが450㎜を超える場合に必要）

・　構造要件３の棚等以外に物品積載設備を有している場合は、細目告示第81条・第159条・第237条各第２項第９号及び審査事務規程７－124⑽の規定により最大に積載量を算定する。
・　当該特種自動車の本来の用途に使用するために最小限必要な工具等を積載するための500kg以下の積載量の場合にあっては、使用者が何を積載するのかの申告による積載量とすることができる。

⑵　法令等で特定される事業を遂行するための自動車

医療防疫車（500）

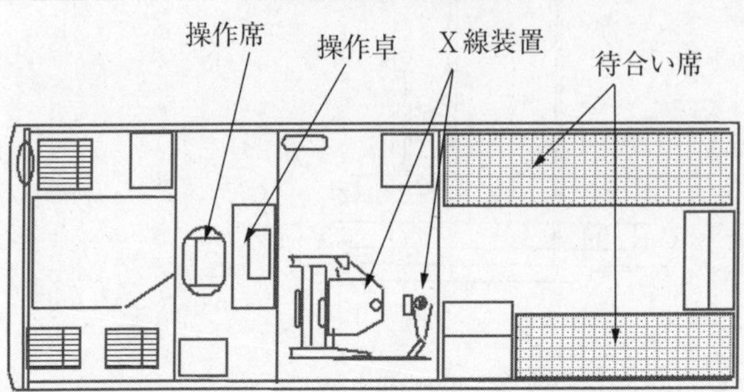

【使用者の事業を特定する法令】

医療法（昭和23年7月30日法律第205号）
（病院等の開設許可）

第7条　病院を開設しようとするとき、医師法（昭和23年法律第201号）第16条の6第1項の規定による登録を受けた者（同法第7条の2第1項の規定による厚生労働大臣の命令を受けた者にあつては、同条第2項の規定による登録を受けた者に限る。以下「臨床研修等修了医師」という。）及び歯科医師法（昭和23年法律第202号）第16条の4第1項の規定による登録を受けた者（同法第7条の2第1項の規定による厚生労働大臣の命令を受けた者にあつては、同条第2項の規定による登録を受けた者に限る。以下「臨床研修等修了歯科医師」という。）でない者が診療所を開設しようとするとき、又は助産師（保健師助産師看護師法（昭和23年法律第203号）第15条の2第1項の規定による厚生労働大臣の命令を受けた者にあつては、同条第3項の規定による登録を受けた者に限る。以下この条、第8条及び第11条において同じ。）でない者が助産所を開設しようとするときは、開設地の都道府県知事（診療所又は助産所にあつては、その開設地が保健所を設置する市又は特別区の区域にある場合においては、当該保健所を設置する市の市長又は特別区の区長。第8条から第9条まで、第12条、第15条、第18条、第24条、第24条の2、第27条及び第28条から第30条までの規定において同じ。）の許可を受けなければならない。
（以下略）

第8条　臨床研修等修了医師、臨床研修等修了歯科医師又は助産師が診療所又は助産所を開設したときは、開設後10日以内に、診療所又は助産所の所在地の都道府県知事に届け出なければならない。

獣医療法（平成4年5月20日法律第46号）
（診療施設の開設の届出）

第3条　診療施設を開設した者（以下「開設者」という。）は、その開設の日から10日以内に、当該診療施設の所在地を管轄する都道府県知事に農林水産省令で定める事項を届け出なければならない。当該診療施設を休止し、若しくは廃止し、又は届け出た事項を変更したときも、同様とする。

⑵　法令等で特定される事業を遂行するための自動車

医療防疫車（500）

留　意　事　項

・　治療等のための寝台及び椅子は、乗車定員を算定しないものとする。
・　医療法（昭和23年法律第205号）第７条、第８条
・　獣医療法（平成４年法律第46号）第３条
・　国、地方自治体、日本赤十字社が使用者となる場合にあっては、その者が使用者となることを委任状等の書面により確認を行うものとする。
・　国、地方自治体、日本赤十字社以外が使用者となる場合にあっては、当該自動車の使用者が、医療法に基づく病院又は診療所等であることを証する書面（中小企業等協同組合の場合は、その組合員がこれらの団体で構成されていることを証する書面）又は獣医療法に基づく診療施設の開設の届出をした者であることを証する書面の写しの提出を求めるものとする。

なお、当該自動車の所有者が医療防疫車として道路運送車両法第71条に規定する予備検査を受ける場合においては、交付申請時に当該書面の写し（国、地方自治体、日本赤十字社が使用者となる場合にあっては、委任状等）の提出を求め確認を行うものとする。

有　効　期　間

【積載量がない場合又は積載量が500kg以下の場合】
有効期間　２年
【積載量が500kg超の場合】
有効期間　・車両総重量８トン未満　初回２年、以降１年
　　　　　・車両総重量８トン以上　１年
ただし、乗車定員が11人以上の場合は１年

採血車（503）

安全な血液製剤の安定供給の確保等に関する法律の規定により業として行う採血の許可を得た者又は医療法の規定による病院又は診療所の開設の許可を得た者が、専ら献血等の採血を行うために使用する自動車であって、次の各号に掲げる構造上の要件を満足しているものをいう。

- 当該自動車の使用者が、日本赤十字社となる場合は、その者が使用者となることを委任状等の書面により確認する。
- 使用者が、日本赤十字社以外となる場合は、安全な血液製剤の安定供給の確保等に関する法律の規定により業として行う採血の許可を得たもの又は医療法の規定による病院又は診療所の開設の許可を得たものであることを証する書面の写しの提出を求め確認する。

1　採血に必要な器材及び採血した血液を保存する収納容器を格納する設備を有すること。

- 採血の作業を行うための最小限必要な構造設備を有していることを規定している。
- 血液を保存する収納容器を格納する設備には、使用者が何を積載するのかの申告により積載量を算定することができる。

2　採血用の寝台又は椅子を有しており、かつ、採血作業を行うに必要な空間を有していること。

- 採血用の寝台又は椅子は採血の作業乗車ができる配置であること。
- 採血の作業をするための椅子には、乗車定員を算定しない。

3　2の設備には、適当な室内照明灯を有すること。

- 採血の作業を行うための室内照明灯を備えることを規定している。

4　次に掲げる寸法等を満足する乗降口が当該自動車の右側面以外の面に1ヶ所以上設けられており、かつ、通路と連結されていること。

ア　乗降口は、有効幅300㎜以上、かつ、有効高さ1,600㎜（イの規定において通路の有効高さを1,200㎜とすることができる場合は、1,200㎜）以上あること。

(2) 法令等で特定される事業を遂行するための自動車

イ　乗降口から2の設備に至るための通路は、有効幅300㎜以上、かつ、有効高さ1,600㎜（当該通路に係る1及び2の設備の端部と乗降口との車両中心線方向の最遠距離が2ｍ未満である場合は、1,200㎜）以上あること。

ウ　空車状態において床面の高さが450㎜を超える乗降口には、一段の高さが400㎜（最下段の踏段にあっては、450㎜）以下の踏段を有するか又は踏台を備えること。

この場合における踏台は、走行中の振動等により移動することがないよう所定の格納場所に確実に収納できる構造であること。

エ　ウの踏段又は踏台は、滑り止めを施したものであること。

オ　ウの乗降口には、安全な乗降ができるように乗降用取手及び照明灯を有すること。

採血される者の安全性及び利便性を確保するため、乗降口と通路を備えることを規定したもの。

乗降口

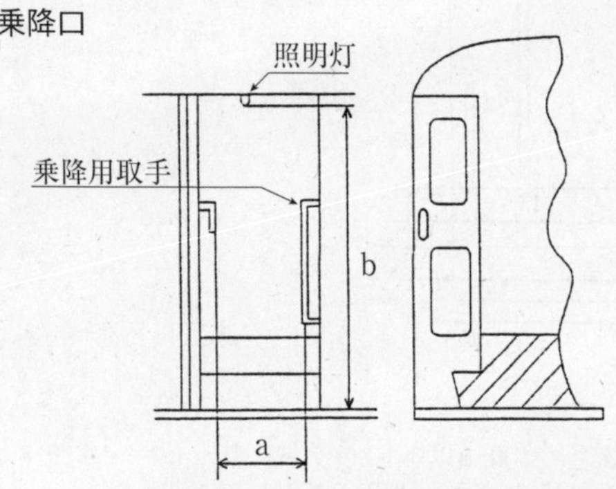

a：有効幅　300㎜以上
b：有効高さ1,600㎜（設備の端部と乗降口との車両中心線方向の最遠距離が2m未満である場合は、有効高さ1,200㎜）以上

(2) 法令等で特定される事業を遂行するための自動車

通路

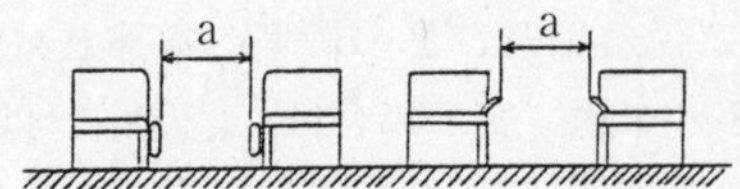

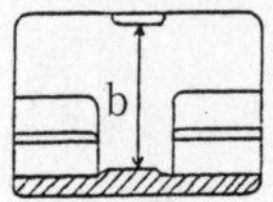

a：有効幅　300㎜以上
b：有効高さ1,600㎜（設備の端部と乗降口との車両中心線方向の最遠距離が2m未満である場合は、有効高さ1,200㎜）以上

踏段

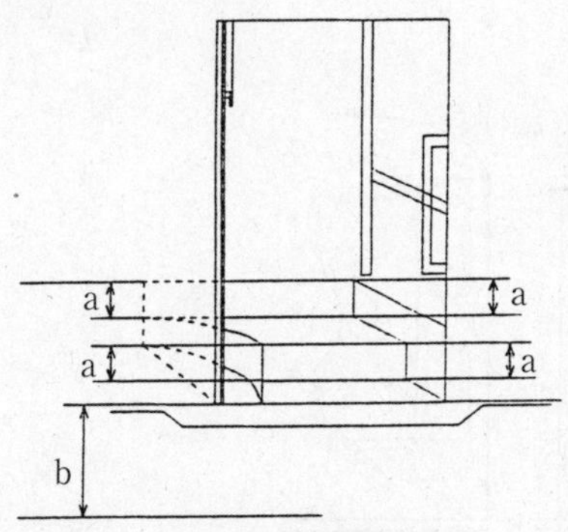

a　：一段の高さ　400㎜以下
b　：最下段の踏段の高さ　450㎜以下
（地上から床面までの高さが450㎜を超える場合に必要）

・　物品積載設備を有している場合は、細目告示第81条・第159条・第237条各第２項第９号及び審査事務規程７－124⑽の規定により最大に積載量を算定する。

・　当該特種自動車の本来の用途に使用するために最小限必要な工具等を積載するための500kg以下の積載量の場合にあっては、使用者が何を積載するのかの申告による積載量とすることができる。

(2) 法令等で特定される事業を遂行するための自動車

採血車（503）

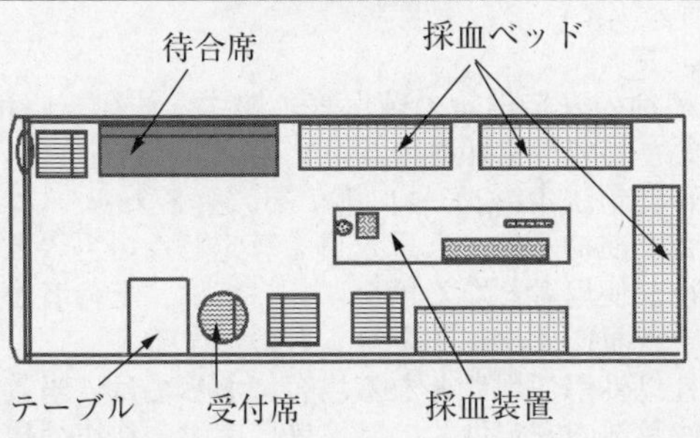

【使用者の事業を特定する法令】

安全な血液製剤の安定供給の確保等に関する法律（昭和31年6月25日法律第160号）

（業として行う採血の許可）

第13条　血液製剤の原料とする目的で、業として、人体から採血しようとする者は、厚生労働省令で定めるところにより、厚生労働大臣の許可を受けなければならない。ただし、病院又は診療所の開設者が、当該病院又は診療所における診療のために用いられる血液製剤のみの原料とする目的で採血しようとするときは、この限りでない。

（以下略）

医療法（昭和23年7月30日法律第205号）

（病院等の開設許可）

第7条　病院を開設しようとするとき、医師法（昭和23年法律第201号）第16条の6第1項の規定による登録を受けた者（同法第7条の2第1項の規定による厚生労働大臣の命令を受けた者にあつては、同条第2項の規定による登録を受けた者に限る。以下「臨床研修等修了医師」という。）及び歯科医師法（昭和23年法律第202号）第16条の4第1項の規定による登録を受けた者（同法第7条の2第1項の規定による厚生労働大臣の命令を受けた者にあつては、同条第2項の規定による登録を受けた者に限る。以下「臨床研修等修了歯科医師」という。）でない者が診療所を開設しようとするとき、又は助産師（保健師助産師看護師法（昭和23年法律第203号）第15条の2第1項の規定による厚生労働大臣の命令を受けた者にあつては、同条第3項の規定による登録を受けた者に限る。以下この条、第8条及び第11条において同じ。）でない者が助産所を開設しようとするときは、開設地の都道府県知事（診療所又は助産所にあつては、その開設地が保健所を設置する市又は特別区の区域にある場合においては、当該保健所を設置する市の市長又は特別区の区長。第8条から第9条まで、第12条、第15条、第18条、第24条、第24条の2、第27条及び第28条から第30条までの規定において同じ。）の許可を受けなければならない。

（以下略）

(2) 法令等で特定される事業を遂行するための自動車

採血車（503）

留　意　事　項

・　安全な血液製剤の安定供給の確保等に関する法律（昭和31年法律第160号）第13条（業として行う採血の許可）
・　医療法（昭和23年法律第205号）第７条、第８条
・　採血用の寝台及び椅子は、乗車定員を算定しないものとする。
・　日本赤十字社が使用者となる場合にあっては、その者が使用者となることを委任状等の書面により確認を行うものとする。
・　日本赤十字社以外が使用者となる場合にあっては、当該自動車の使用者が、安全な血液製剤の安定供給の確保等に関する法律の規定により業として行う採血の許可を得た者又は医療法の規定による病院又は診療所の開設の許可を得た者であることを証する書面の写しの提出を求めるものとする。
　なお、当該自動車の所有者が採血車として道路運送車両法第71条に規定する予備検査を受ける場合においては、交付申請時に当該書面の写し（日本赤十字社が使用者となる場合にあっては、委任状等）の提出を求め確認を行うものとする。

有　効　期　間

【積載量がない場合又は積載量が500kg以下の場合】
　有効期間　２年
【積載量が500kg超の場合】
　有効期間　・車両総重量８トン未満　初回２年　以降１年
　　　　　　・車両総重量８トン以上　１年
　ただし、乗車定員が11人以上の場合は１年

軌道兼用車（595）

鉄道事業の許可を受けた者若しくは軌道事業の特許を受けた者又はこれらの者と線路又は軌道の維持、修繕、復旧作業等を行うことに関する契約を締結している者が、線路又は軌道の維持、修繕、復旧作業等のために使用する自動車であって、次の各号に掲げる構造上の要件を満足しているものをいう。

当該自動車の使用者が、鉄道事業の許可を受けた者又は軌道事業の特許を受けた者であることを証する書面（これらの者と線路又は軌道の維持、修繕、復旧作業等を行うことに関する契約を締結している者にあっては、当該契約書）の写しの提出を求め確認する。

なお、用途区分通達４－１(3)の規定は、本車体の形状には適用しないものとする。

１から３の構造要件を満足するものにあっては、平床荷台が２分の１を超える構造であっても軌道兼用車とすることができる。

1　線路又は軌道上を走行するための車輪を有していること。

2　線路又は軌道上を走行するための車輪の駆動は、運転者席、作業台等において操作できること。

3　線路又は軌道の維持、修繕、復旧作業等のための設備を有すること。

線路又は軌道の維持、修繕、復旧作業等を行うための最小限必要な構造設備を有していることを規定している。

・　物品積載設備を有している場合は、細目告示第81条・第159条・第237条各第２項第９号及び審査事務規程７－124⑽の規定により最大に積載量を算定する。

・　当該特種自動車の本来の用途に使用するために最小限必要な工具等を積載するための500kg以下の積載量の場合にあっては、使用者が何を積載するのかの申告による積載量とすることができる。

⑵ 法令等で特定される事業を遂行するための自動車

軌道兼用車（595）

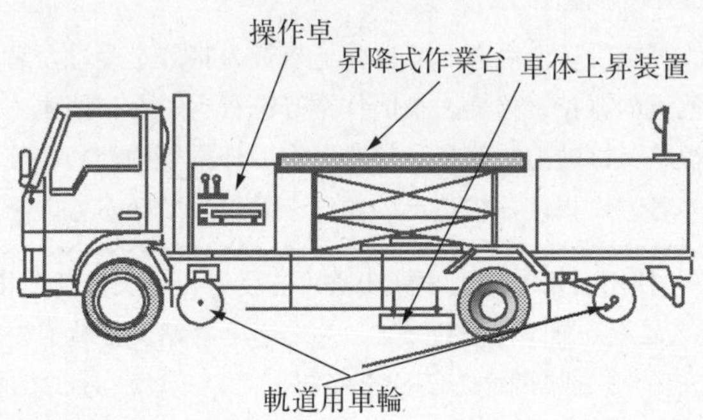

【使用者の事業を特定する法令】

鉄道事業法（昭和61年12月４日法律第92号）
（許可）
第３条　鉄道事業を経営しようとする者は、国土交通大臣の許可を受けなければならない。
２　鉄道事業の許可は、路線及び鉄道事業の種別（前条第１項の鉄道事業の種別をいう。以下同じ。）について行う。
３　第一種鉄道事業及び第二種鉄道事業の許可は、業務の範囲を旅客運送又は貨物運送に限定して行うことができる。
４　一時的な需要のための鉄道事業の許可は、期間を限定して行うことができる。

軌道法（大正10年４月14日法律第76号）
第３条　軌道ヲ敷設シテ運輸事業ヲ経営セムトスル者ハ国土交通大臣ノ特許ヲ受クヘシ

留　意　事　項

・　鉄道事業法（昭和61年法律第92号）第３条（許可）、軌道法（大正10年法律第76号）第３条（事業の特許）
・　鉄道事業の許可を受けた者又は軌道事業の特許を受けた者であることを証する書面の写し（これらの者と線路又は軌道の維持、修繕、復旧作業等を行うことに関する契約を締結している者にあっては、当該契約書の写し）の提出を求めるものとする。

　なお、当該自動車の所有者が軌道兼用車として道路運送車両法第71条に規定する予備検査を受ける場合においては、交付申請時に当該書面の写しの提出を求め確認を行うものとする。

有　効　期　間

【積載量がない場合又は積載量が500kg以下の場合】
　有効期間　**２年**
【積載量が500kg超の場合】
　有効期間　・車両総重量８トン未満　**初回２年　以降１年**
　　　　　　・車両総重量８トン以上　**１年**
　ただし、乗車定員が11人以上の場合は**１年**

図書館車（597）

図書館法第２条に規定する地方公共団体、日本赤十字社又は一般社団法人若しくは一般財団法人が設置する図書館において、図書館法第３条第５号の自動車文庫を行うために使用する自動車であって、次の各号に掲げる構造上の要件を満足しているものをいう。

・ 当該自動車の使用者が、地方公共団体、日本赤十字社となる場合は、その者が使用者となることを委任状等の書面により確認する。
・ 使用者が、地方公共団体、日本赤十字社以外となる場合は、図書館法第２条に規定する一般社団法人若しくは一般財団法人であることを証する書面の写しの提出を求め確認する。

なお、用途区分通達４－１(3)②の規定は、本車体の形状には適用しないものとする。

１から６の構造要件を満足するものにあっては、平床荷台が２分の１を超える構造であっても図書館車とすることができる。

1 図書を搭載するための専用の書棚を有すること。

・ 搭載する図書は車両重量に含め、積載量を算定しない。

2 １の書棚は、図書が走行中の振動等により移動等することがないような構造であること。

3 図書を閲覧するため及び図書館事務を行うための机、椅子を有すること。

ただし、１の書棚が大部分を占めていることにより、図書を閲覧するため及び図書館事務を行うための机、椅子を設けることができない場合にあっては、この限りでない。

・ 原則として、図書を閲覧するための設備を設けることを規定している。
・ ３の椅子は、乗車定員を算定しない。

4 図書を閲覧又は図書館事務を行う場所には、適当な室内照明灯を有すること。

5 次に掲げる寸法等を満足する乗降口が当該自動車の右側面以外の面に１ヶ所以上設けられており、かつ、通路と連結されていること。ただし、利用者が車室外からのみ利用する図書貸出し形態の構造のものにあっては、この限りでない。

ア　乗降口は、有効幅300㎜以上、かつ、有効高さ1,600㎜（イの規定において通路の有効高さを1,200㎜とすることができる場合は、1,200㎜）以上あること。

イ　乗降口から１及び３の設備に至るための通路は、有効幅300㎜以上、かつ、有効高さ1,600㎜（当該通路に係る１及び３の設備の端部と乗降口との車両中心線方向の最遠距離が２ｍ未満である場合は、1,200㎜）以上あること。

ウ　空車状態において床面の高さが450㎜を超える乗降口には、一段の高さが400㎜（最下段の踏段にあっては、450㎜）以下の踏段を有するか又は踏台を備えること。

この場合における踏台は、走行中の振動等により移動することがないよう所定の格納場所に確実に収納できる構造であること。

エ　ウの踏段又は踏台は、滑り止めを施したものであること。

オ　ウの乗降口には、安全な乗降ができるように乗降用取手及び照明灯を有すること。

・　車室内で図書を利用する場合、利用する者の安全性及び利便性を確保するため、乗降口と通路を備えることを規定したもの。

乗降口

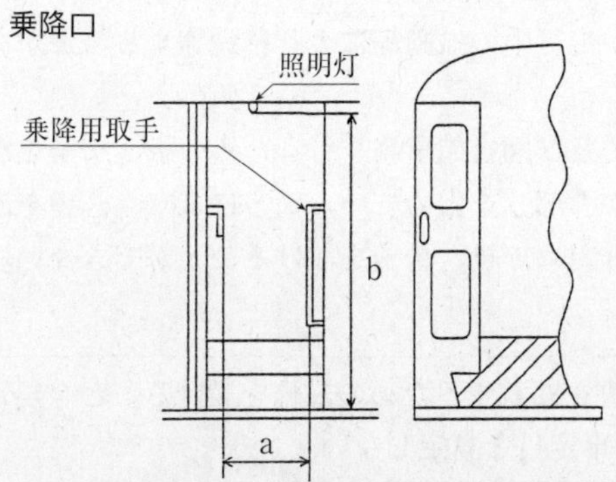

a：有効幅　300㎜以上
b：有効高さ1,600㎜（設備の端部と乗降口との車両中心線方向の最遠距離が2m未満である場合は、有効高さ1,200㎜）以上

⑵　法令等で特定される事業を遂行するための自動車

通路

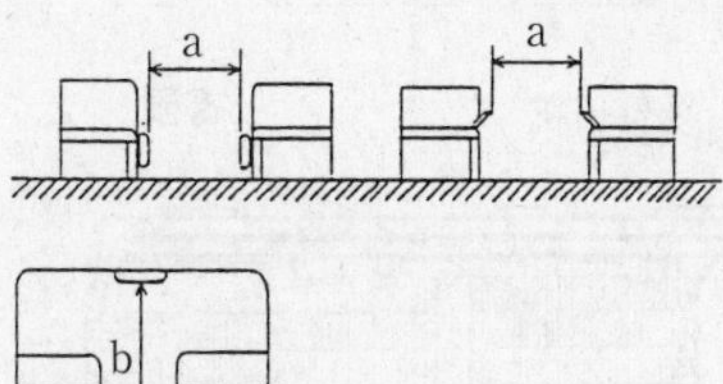

a：有効幅　300㎜以上
b：有効高さ1,600㎜（設備の端部と乗降口との車両中心線方向の最遠距離が2m未満である場合は、有効高さ1,200㎜）以上

踏段

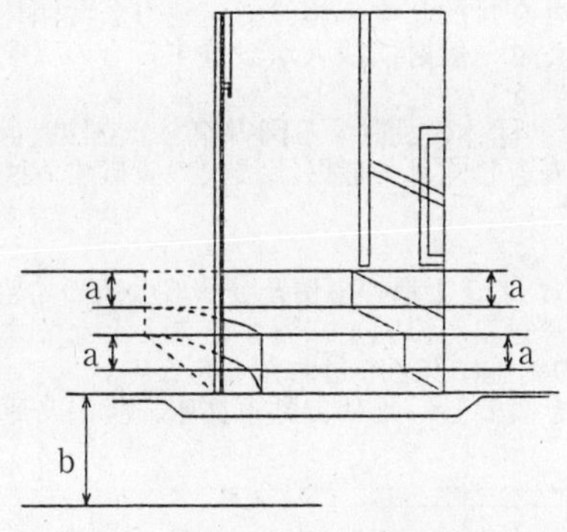

a　：一段の高さ　400㎜以下
b　：最下段の踏段の高さ　450㎜以下
（地上から床面までの高さが450㎜を超える場合に必要）

6　物品積載設備を有していないこと。

・　物品積載設備を備えないこととし、積載する図書等は車両重量に含める。

⑵ 法令等で特定される事業を遂行するための自動車

図書館車（597）

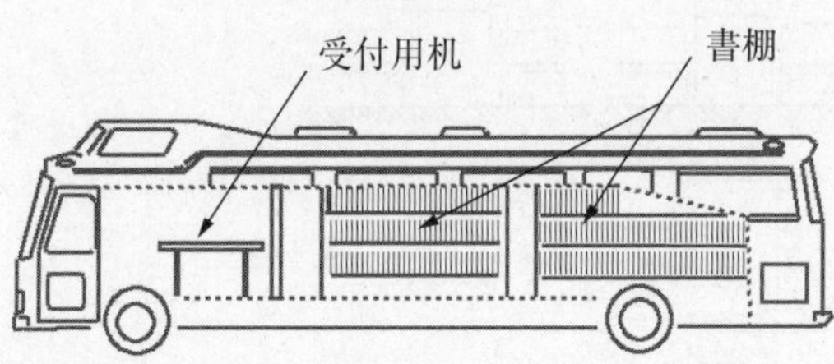

【使用者の事業を特定する法令】

図書館法（昭和25年4月30日法律第118号）

（定義）

第2条 この法律において「図書館」とは、図書、記録その他必要な資料を収集し、整理し、保存して、一般公衆の利用に供し、その教養、調査研究、レクリエーション等に資することを目的とする施設で、地方公共団体、日本赤十字社又は一般社団法人若しくは一般財団法人が設置するもの（学校に附属する図書館又は図書室を除く。）をいう。

2 前項の図書館のうち、地方公共団体の設置する図書館を公立図書館といい、日本赤十字社又は一般社団法人若しくは一般財団法人の設置する図書館を私立図書館という。

（図書館奉仕）

第3条 図書館は、図書館奉仕のため、土地の事情及び一般公衆の希望に沿い、更に学校教育を援助し、及び家庭教育の向上に資することとなるように留意し、おおむね次に掲げる事項の実施に努めなければならない。

⑸ 分館、閲覧所、配本所等を設置し、及び自動車文庫、貸出文庫の巡回を行うこと。

留 意 事 項

・ 積載する図書は、車両重量に含むものとする。
・ 3の椅子は、乗車定員を算定しないものとする。
・ 地方公共団体、日本赤十字社が使用者となる場合にあっては、その者が使用者となることを委任状等の書面により確認を行うものとする。
・ 地方公共団体、日本赤十字社以外が使用者となる場合にあっては、当該自動車の使用者が図書館法（昭和25年法律第118号）第2条に規定する一般社団法人若しくは一般財団法人であることを証する書面の写しの提出を求めるものとする。

なお、当該自動車の所有者が図書館車として道路運送車両法第71条に規定する予備検査を受ける場合においては、交付申請時に当該書面の写し（地方公共団体、日本赤十字社が使用者となる場合にあっては委任状等）の提出を求め確認を行うものとする。

有 効 期 間

有効期間 **2年**

ただし、乗車定員が11人以上の場合は**1年**

⑵　法令等で特定される事業を遂行するための自動車

郵便車（598）

郵便業務に使用する自動車であって、次の各号に掲げる構造上の要件を満足しているものをいう。

・　当該自動車の使用者が、日本郵便株式会社であることを委任状等の書面により確認する。

なお、用途区分通達４－１⑶②の規定は、本車体の形状には適用しないものとする。

１から４の構造要件を満足するものにあっては、平床荷台が２分の１を超える構造であっても郵便車とすることができる。

1　郵便差出箱、切手等の販売等の郵便業務を行うために必要な設備を有すること。

・　郵便業務を行うための最小限必要な構造設備を有していることを規定している。
・　郵便業務のための設備としての椅子がある場合は、定員を算定しない。

2　車室外からのみ直接利用できる場合以外の１の設備にあっては、適当な室内照明灯を有すること。

車室外から利用できるが車室内でも利用できる構造の自動車については、適当な室内照明灯が必要である。

3　次に掲げる寸法等を満足する乗降口が当該自動車の右側面以外の面に１ヶ所以上設けられており、かつ、通路と連結されていること。ただし、車室外からのみ直接利用する形態の構造のものにあっては、この限りでない。

ア　乗降口は、有効幅300㎜以上、かつ、有効高さ1,600㎜（イの規定において通路の有効高さを1,200㎜とすることができる場合は、1,200㎜）以上あること。

イ　乗降口から１の設備に至るための通路は、有効幅300㎜以上、かつ、有効高さ1,600㎜（当該通路に係る１の設備の端部と乗降口との車両中心線方向の最遠距離が２ｍ未満である場合は、1,200㎜）以上あること。

ウ　空車状態において床面の高さが450㎜を超える乗降口には、一段の高さが400㎜（最下段の踏段にあっては、450㎜）以下の踏段を有するか又は踏台を備えること。

この場合における踏台は、走行中の振動等により移動することがないよう所定の格納場所に確実に収納できる構造であること。

エ　ウの踏段又は踏台は、滑り止めを施したものであること。

オ　ウの乗降口には、安全な乗降ができるように乗降用取手及び照明灯を有すること。

車室内で郵便業務を利用する場合、利用する者の安全性及び利便性を確保するため、乗降口と通路を備えることを規定したもの。

乗降口

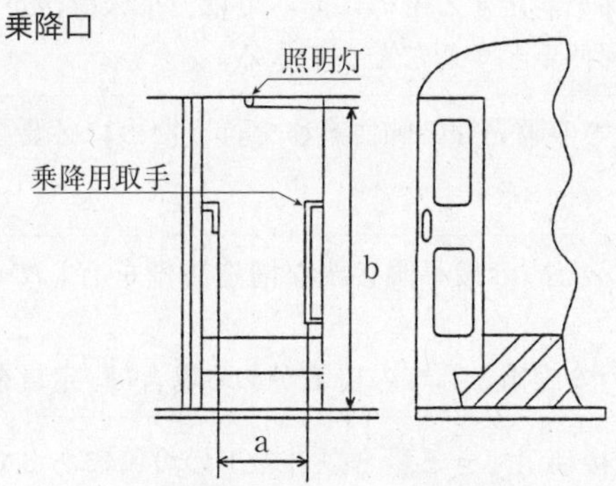

a：有効幅　300㎜以上
b：有効高さ1,600㎜（設備の端部と乗降口との車両中心線方向の最遠距離が2m未満である場合は、有効高さ1,200㎜）以上

通路

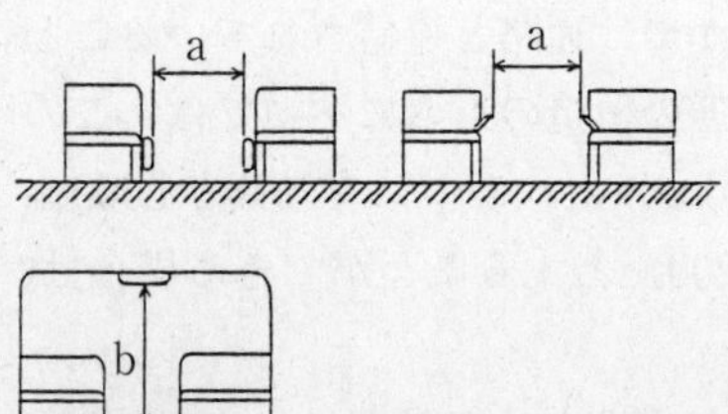

a：有効幅　300㎜以上
b：有効高さ1,600㎜（設備の端部と乗降口との車両中心線方向の最遠距離が2m未満である場合は、有効高さ1,200㎜）以上

⑵　法令等で特定される事業を遂行するための自動車

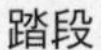

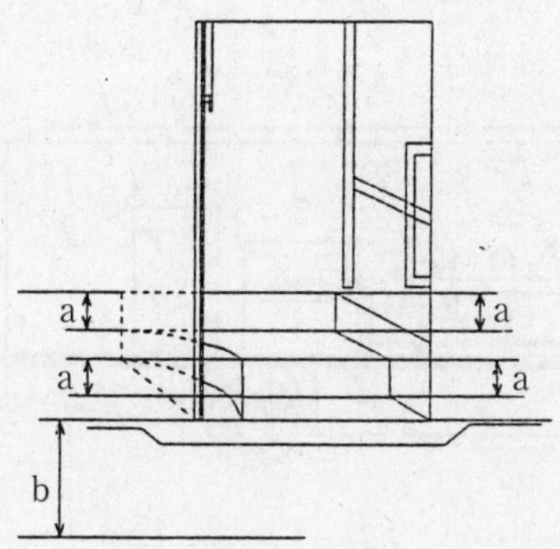

a　：一段の高さ　400㎜以下
b　：最下段の踏段の高さ　450㎜以下
（地上から床面までの高さが450㎜を
超える場合に必要）

4　物品積載設備を有していないこと。

・　物品積載設備を備えていなく、郵便業務に必要な工具等は車両重量に含め、積載量は算定しない。

(2) 法令等で特定される事業を遂行するための自動車

郵便車（598）

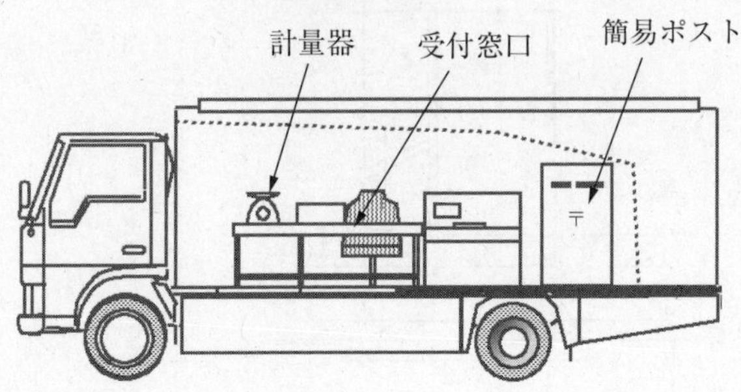

【使用者の事業を特定する法令】

郵便法（昭和22年12月12日法律第165号）

（この法律の目的）

第1条　この法律は、郵便の役務をなるべく安い料金で、あまねく、公平に提供することによつて、公共の福祉を増進することを目的とする。

（事業の独占）

第4条　会社以外の者は、何人も、郵便の業務を業とし、また、会社の行う郵便の業務に従事する場合を除いて、郵便の業務に従事してはならない。ただし、会社が、契約により会社のため郵便の業務の一部を委託することを妨げない。

2　会社（契約により会社から郵便の業務の一部の委託を受けた者を含む。）以外の者は、何人も、他人の信書（特定の受取人に対し、差出人の意思を表示し、又は事実を通知する文書をいう。以下同じ。）の送達を業としてはならない。二以上の人又は法人に雇用され、これらの人又は法人の信書の送達を継続して行う者は、他人の信書の送達を業とする者とみなす。

3　運送営業者、その代表者又はその代理人その他の従業者は、その運送方法により他人のために信書の送達をしてはならない。ただし、貨物に添付する無封の添え状又は送り状は、この限りでない。

4　何人も、第2項の規定に違反して信書の送達を業とする者に信書の送達を委託し、又は前項に掲げる者に信書（同項ただし書に掲げるものを除く。）の送達を委託してはならない。

（利用の公平）

第5条　何人も、郵便の利用について差別されることがない。

⑵ 法令等で特定される事業を遂行するための自動車

郵便車（598）

留 意 事 項

・　郵便業務とは、郵便法（昭和22年法律第165号）等の規定による郵便物の送達、ハガキ、切手の販売等の事業をいう。

・　当該自動車の使用者が、日本郵便株式会社であることを委任状等の書面により確認を行うものとする。

・　当該自動車の所有者が郵便車として道路運送車両法第71条に規定する予備検査を受ける場合においては、交付申請時にその使用者が日本郵便株式会社であることを委任状等の書面により確認を行うものとする。

有 効 期 間

有効期間　**2年**

ただし、乗車定員が11人以上の場合は**1年**

移動電話車（599）

電気通信事業法に基づく電気通信事業者が、他人の需要に応じ電気通信業務を行うために使用する自動車であって、次の各号に掲げる構造上の要件を満足しているものをいう。

ただし、専ら電話の電波の中継を行うことを目的とする自動車にあっては、交換機を有し、かつ、アンテナ等電波の中継に必要な設備を有していればよい。

当該自動車の使用者が、電気通信事業法に基づく電気通信事業者であることを証する書面の写しの提出を求め確認する。

1　電話機（携帯電話を除く。）、交換機その他電気通信業務に必要な通信機器又は電報の取りつぎ業務等を行うための机、椅子、カウンター等を有すること。

・　車室内に電話機等を設置して電気通信業務を行うための最小限必要な構造設備を有していることを規定している。
・　携帯電話等のいわゆるモバイル通信機器は、1の通信機器に該当しない。

2　1の椅子及び利用者の用に供する椅子は、乗車設備の座席と兼用でないこと。

・　電気通信業務のための椅子には、乗車定員を算定しない。

3　車室外からのみ直接利用できる場合以外の1及び2の設備にあっては、適当な室内照明灯を有すること。

車室外、車室内の両方から利用できる構造の自動車については、車室内に適当な室内照明灯が必要である。

4　次に掲げる寸法等を満足する乗降口が当該自動車の右側面以外の面に1ヶ所以上設けられており、かつ、通路と連結されていること。ただし、車室外からのみ直接利用する形態の構造のものにあっては、この限りでない。

ア　乗降口は、有効幅300㎜以上、かつ、有効高さ1,600㎜（イの規定において通路の有効高さを1,200㎜とすることができる場合は、1,200㎜）以上あること。

(2) 法令等で特定される事業を遂行するための自動車

イ　乗降口から１及び２の設備に至るための通路は、有効幅300㎜以上、かつ、有効高さ1,600㎜（当該通路に係る１及び２の設備の端部と乗降口との車両中心線方向の最遠距離が２ｍ未満である場合は、1,200㎜）以上あること。

ウ　空車状態において床面の高さが450㎜を超える乗降口には、一段の高さが400㎜（最下段の踏段にあっては、450㎜）以下の踏段を有するか又は踏台を備えること。

この場合における踏台は、走行中の振動等により移動することがないよう所定の格納場所に確実に収納できる構造であること。

エ　ウの踏段又は踏台は、滑り止めを施したものであること。

オ　ウの乗降口には、安全な乗降ができるように乗降用取手及び照明灯を有すること。

車室内で電話機等を利用する場合、利用する者の安全性及び利便性を確保するため、乗降口と通路を備えることを規定したもの。

乗降口

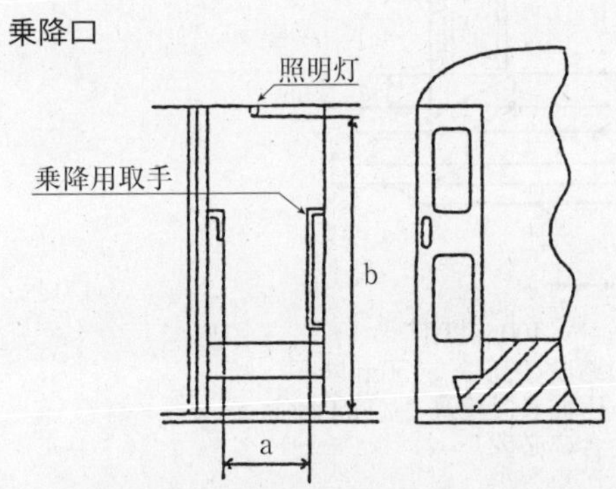

a：有効幅　300㎜以上
b：有効高さ1,600㎜（設備の端部と乗降口との車両中心線方向の最遠距離が2m未満である場合は、有効高さ1,200㎜）以上

(2) 法令等で特定される事業を遂行するための自動車

通路

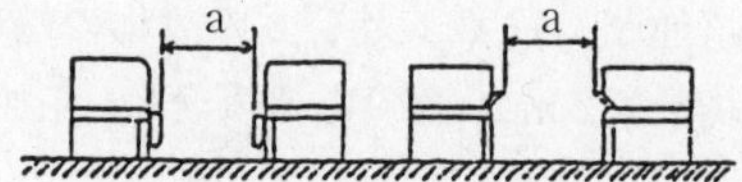

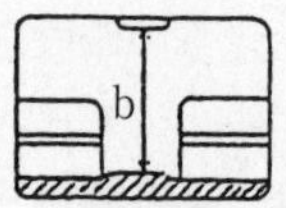

a：有効幅　300㎜以上
b：有効高さ1,600㎜（設備の端部と乗降口との車両中心線方向の最遠距離が2m未満である場合は、有効高さ1,200㎜）以上

踏段

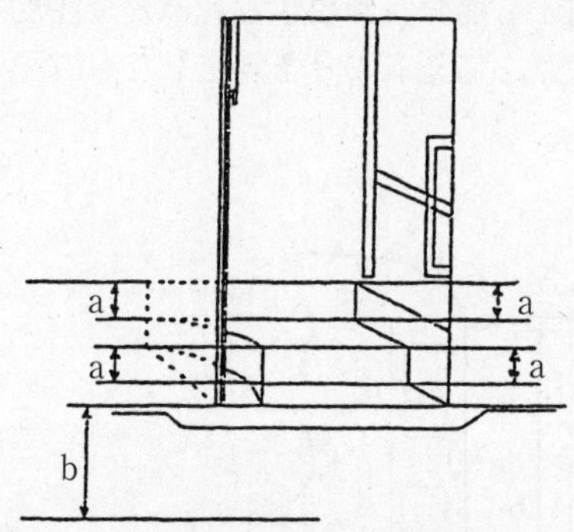

a　：一段の高さ　400㎜以下
b　：最下段の踏段の高さ　450㎜以下（地上から床面までの高さが450㎜を超える場合に必要）

5　物品積載設備を有していないこと。

・　物品積載設備を備えていなく、通信業務に必要な工具等は車両重量に含め、積載量は算定しない

⑵ 法令等で特定される事業を遂行するための自動車

移動電話車（599）

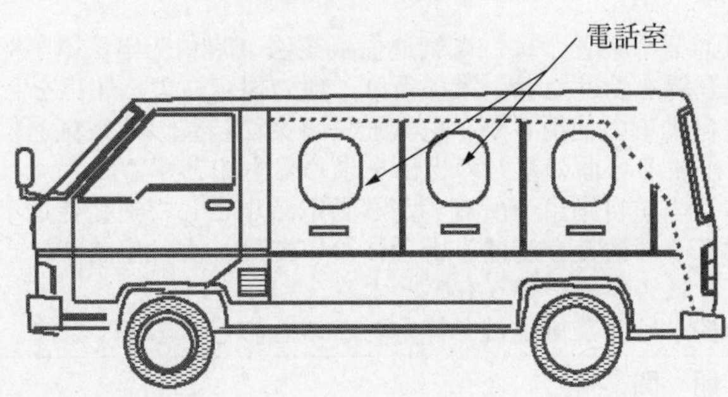

【使用者の事業を特定する法令】

電気通信事業法（昭和59年12月25日法律第86号）

第９条　電気通信事業を営もうとする者は、総務大臣の登録を受けなければならない。ただし、次に掲げる場合は、この限りでない。

（以下略）

（電気通信事業の届出）

第16条　電気通信事業を営もうとする者（第９条の登録を受けるべき者を除く。）は、総務省令で定めるところにより、次の事項を記載した書類を添えて、その旨を総務大臣に届け出なければならない。

⑴　氏名又は名称及び住所並びに法人にあつては、その代表者の氏名

⑵　外国法人等にあつては、国内における代表者又は国内における代理人の氏名又は名称及び国内の住所

⑶　業務区域

⑷　電気通信設備の概要（第44条第１項の事業用電気通信設備を設置する場合に限る。）

⑸　その他総務省令で定める事項

２　前項の届出をした者は、同項第１号、第２号又は第５号の事項に変更があつたときは、遅滞なく、その旨を総務大臣に届け出なければならない。

⑵　法令等で特定される事業を遂行するための自動車

移動電話車（599）

留　意　事　項

・　電気通信事業者とは、電気通信事業法（昭和59年法律第86号）第９条第１項の登録を受けた者、第16条第１項の規定による届出をした者をいう。

・　当該自動車の使用者が、電気通信事業法に基づく電気通信事業者であることを証する書面の写しの提出を求めるものとする。

なお、当該自動車の所有者が移動電話車として道路運送車両法第71条に規定する予備検査を受ける場合においては、交付申請時に当該書面の写しの提出を求め確認を行うものとする。

・　１の椅子は、乗車定員を算定しないものとする。

有　効　期　間

有効期間　**２年**

ただし、乗車定員が11人以上の場合は**１年**

⑵　法令等で特定される事業を遂行するための自動車

路上試験車（601）

道路交通法第97条第２項（同法第100条の２第３項において準用する場合を含む。）の規定に基づく技能試験に使用する自動車であって、助手席にて操作できる補助ブレーキを有するものをいう。

・　当該自動車の使用者が、公安委員会となる場合は、その者が使用者となることを委任状等の書面により確認する。
・　公安委員会が路上において自動車の運転について必要な技能試験に使用する自動車である。
・　使用者が、公安委員会以外となる場合は、道路交通法第97条第２項（同法第100条の２第３項において準用する場合も含む。）の規定に基づく技能試験を行うため、公安委員会が指定した自動車の使用者であることを証する書面の写しの提出を求め確認する。

なお、用途区分通達４－１⑶の規定は、本車体の形状には適用しないものとする。

車体の形状が箱型、平床荷台が物品積載設備の荷台部分の２分の１を超える構造であっても路上試験車とすることができる。

・　物品積載設備を有している場合は、細目告示第81条・第159条・第237条各第２項第９号及び審査事務規程７－124⑽の規定により最大に積載量を算定する。
・　当該特種自動車の本来の用途に使用するために最小限必要な工具等を積載するための500kg以下の積載量の場合にあっては、使用者が何を積載するのかの申告による積載量とすることができる。

(2)　法令等で特定される事業を遂行するための自動車

路上試験車（601）

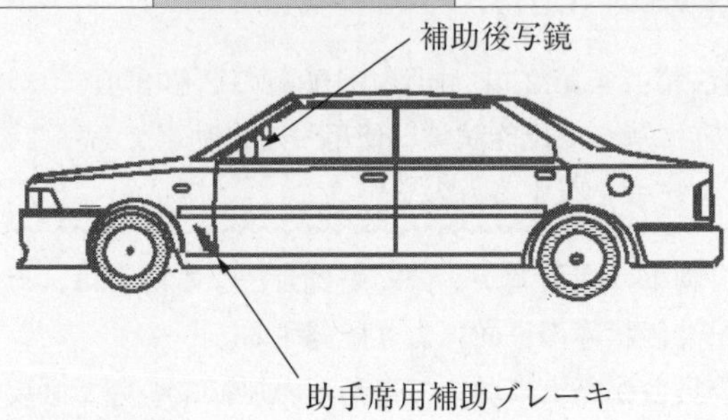

【使用者の事業を特定する法令】

道路交通法（昭和35年６月25日法律第105号）

（運転免許試験の方法）

第97条第２項　前項第２号に掲げる事項について行う大型免許、中型免許、準中型免許、普通免許、大型第二種免許、中型第二種免許及び普通第二種免許の運転免許試験は、道路において行うものとする。ただし、道路において行うことが交通の妨害となるおそれがあるものとして内閣府令で定める運転免許試験の項目については、この限りでない。

（再試験）

第100条の２第３項　第97条第２項から第４項までの規定は、公安委員会が行う再試験について準用する。

道路交通法施行規則（昭和35年12月３日総理府令第60号）

（技能試験）

第24条第７項　技能試験においては、公安委員会が提供し、又は指定した自動車を使用するものとする。　（以下略）

(2) 法令等で特定される事業を遂行するための自動車

路上試験車（601）

留 意 事 項

・　道路交通法（昭和35年法律第105号）第97条第２項（道路における運転技能検定試験）
・　同条第100条の２第３項（公安委員会が行う再試験）
・　公安委員会が使用者となる場合にあっては、その者が使用者となることを委任状等の書面により確認を行うものとする。
・　公安委員会以外が使用者となる場合にあっては、道路交通法第97条第２項（同法第100条の２第３項において準用する場合も含む。）の規定に基づく技能試験を行うため、公安委員会が指定した自動車の使用者であることを証する書面の写しの提出を求めるものとする。
　なお、当該自動車の所有者が路上試験車として道路運送車両法第71条に規定する予備検査を受ける場合においては、交付申請時に当該書面の写し（公安委員会が使用者となる場合にあっては、委任状等）の提出を求め確認を行うものとする。

有 効 期 間

【積載量がない場合又は積載量が500kg以下の場合】
　有効期間　２年
【積載量が500kg超の場合】
　有効期間　・車両総重量８トン未満　初回２年　以降１年
　　　　　　・車両総重量８トン以上　１年
　ただし、乗車定員が11人以上の場合は１年

教習車（623）

道路交通法第98条の自動車教習所又は同法第99条の指定自動車教習所において使用し、かつ、専ら自動車の運転に関する技能の検定又は教習の用に供する自動車、又は道路交通法第108条の4第1項に定める指定講習機関において使用し、かつ、初心運転者に対し運転について必要な技能の講習の用に供する自動車であって、助手席にて操作できる補助ブレーキを有するものをいう。

当該自動車の使用者に対し公安委員会から交付された、指定自動車教習所路上教習用自動車証明書又は届出自動車教習所路上教習用自動車証明書の写しの提出を求め確認する。

なお、用途区分通達4－1(3)の規定は、本車体の形状には適用しないものとする。

車体の形状が箱型、平床荷台が物品積載設備の荷台部分の2分の1を超える構造であっても教習車とすることができる。

- 物品積載設備を有している場合は、細目告示第81条・第159条・第237条各第2項第9号及び審査事務規程7－124(10)の規定により最大に積載量を算定する。
- 当該特種自動車の本来の用途に使用するために最小限必要な工具等を積載するための500kg以下の積載量の場合にあっては、使用者が何を積載するのかの申告による積載量とすることができる。

⑵　法令等で特定される事業を遂行するための自動車

教習車（623）

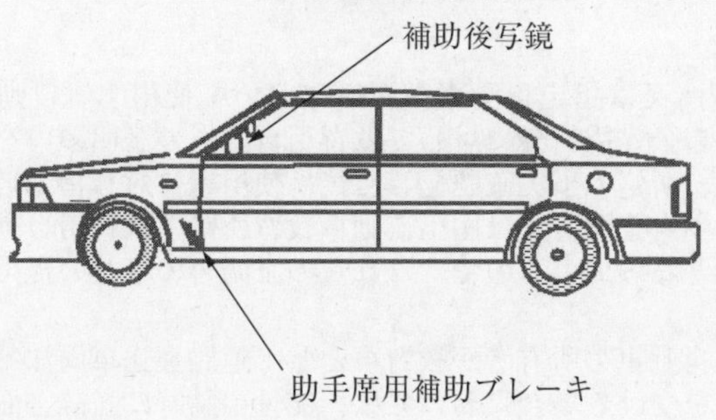

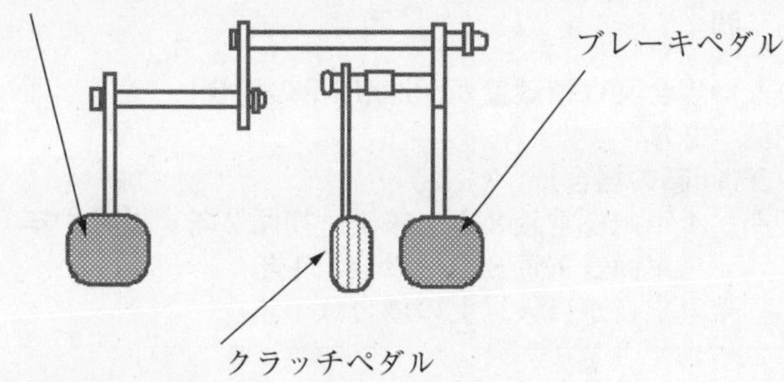

【使用者の事業を特定する法令】

道路交通法（昭和35年６月25日法律第105号）

（自動車教習所）

第98条第２項　自動車教習所を設置し、又は管理する者は、内閣府令で定めるところにより、当該自動車教習所の所在地を管轄する公安委員会に、次に掲げる事項を届け出ることができる。

⑴　氏名又は名称及び住所並びに法人にあつては、その代表者の氏名

⑵　自動車教習所の名称及び所在地

⑶　前２号に掲げるもののほか、内閣府令で定める事項

（指定自動車教習所の指定）

第99条　公安委員会は、前条第２項の規定による届出をした自動車教習所のうち、一定の種類の免許（政令で定めるものに限る。）を受けようとする者に対し自動車の運転に関する技能及び知識について教習を行うものであつて当該免許に係る教習について職員、設備等に関する次に掲げる基準に適合するものを、当該自動車教習所を設置し、又は管理する者の申請に基づき、指定自動車教習所として指定することができる。

⑴　政令で定める要件を備えた当該自動車教習所を管理する者が置かれていること。

⑵　次条第４項の技能検定員資格者証の交付を受けており、同条第１項の規定により技能検定員として選任されることとなる職員が置かれていること。

（以下略）

⑵　法令等で特定される事業を遂行するための自動車

教習車(623)

留　意　事　項

・　自動車教習所又は指定自動車教習所において使用する自動車については、使用者から公安委員会に対して教習用自動車の証明願いをした場合、公安委員会は、所定の事実確認をした後、使用者に対し指定自動車教習所路上教習用自動車証明書又は届出自動車教習所路上教習用自動車証明書を交付することとなっているので、これらの証明書の写しの提出を求めるものとする。

なお、当該自動車の所有者が教習車として道路運送車両法第71条に規定する予備検査を受ける場合においては、交付申請時に当該書面の写しの提出を求め確認を行うものとする。

有　効　期　間

【積載量がない場合又は積載量が500kg以下の場合】

有効期間　2年

【積載量が500kg超の場合】

有効期間　・車両総重量８トン未満　初回２年　以降１年

・車両総重量８トン以上　１年

ただし、乗車定員が11人以上の場合は１年

⑵ 法令等で特定される事業を遂行するための自動車

霊柩車（621）

地方自治体、貨物自動車運送事業法に基づく一般貨物自動車運送事業の許可を受けた者等が、専ら柩又は遺体を運搬するために使用する自動車であって、柩又は遺体を収容するための担架を収納する専用の場所（長さ1.8m以上、幅0.5m以上、高さ0.5m以上）を有しており、かつ、柩又は担架を確実に固定できる装置を有するものをいう。

・　当該自動車の使用者が、地方自治体となる場合は、その者が使用者となることを委任状等の書面により確認する。
・　使用者が、貨物自動車運送事業法に基づく一般貨物自動車運送事業の許可を受けた者にあっては、霊柩事業を行う者であることを、その旨を証する書面の写しの提出、又は輸送担当課からの連絡票等で確認する。（使用者が地方自治体である場合は不要）

なお、用途区分通達４－１⑶②の規定は、本車体の形状には適用しないものとする。

・　構造要件を満足するものにあっては、平床荷台が２分の１を超える構造であっても霊柩車とすることができる。
・　用途区分通達　注10⑵に掲げる部位又は当該部位に設けられた設備は、「柩又は遺体を収容するための担架を収納する専用の場所」に該当しない。従って、単に長さ1.8m以上、幅0.5m以上の床面スペースを有しているだけでは構造要件を満足しないと判断する。
・「一般貨物自動車運送事業の許可を受けた者等」の「等」とは、貨物運送事業者を指す。

・　積載をする柩又は担架については、その重量を100kgと仮定し、その状態での安全性等を確認すること。
　この場合において、当該重量（100kg）は車両重量に含めないこととし、また積載量も算定しない。

(2) 法令等で特定される事業を遂行するための自動車

霊柩車(621)

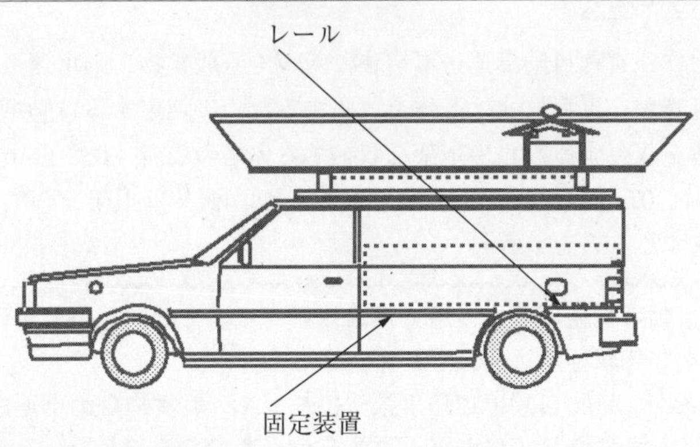

【使用者の事業を特定する法令】

貨物自動車運送事業法(平成元年12月19日法律第83号)
(一般貨物自動車運送事業の許可)
第3条 一般貨物自動車運送事業を経営しようとする者は、国土交通大臣の許可を受けなければならない。

留 意 事 項

- 貨物自動車運送事業法(平成元年法律第83号)第3条(一般貨物自動車運送事業の許可)
- 柩又は担架については、その重量を100kgとして安全性等の確認をする。
  この場合において、当該重量は車両重量に含めないこととし、また、積載量も付与しないこととする。
- 地方自治体が使用者となる場合にあっては、その者が使用者となることを委任状等の書面により確認を行うものとする。
- 地方自治体以外が使用者となる場合にあっては、当該自動車の使用者が、貨物自動車運送事業法に基づく一般貨物自動車運送事業の許可を受けた者等にあっては、霊柩事業を行う者である旨の書面の写しの提出を求めるものとする。
  なお、当該自動車の所有者が霊柩車として道路運送車両法第71条に規定する予備検査を受ける場合においては、交付申請時に当該書面の写し(地方自治体が使用者となる場合にあっては、委任状等)の提出を求め確認を行うものとする。
- 最大積載量は算定しないものとする。

有 効 期 間

有効期間 **2年**
ただし、乗車定員が11人以上の場合は**1年**

広報車（650）

国、地方自治体、公益社団法人、公益財団法人又は電気、ガス等の公益企業（公益企業の団体を含む。）が、施策や業務内容等を広く一般の人に知らせるために使用する自動車であって、次の各号に掲げる構造上の要件を満足しているものをいう。

- 当該自動車の使用者が、国、地方自治体となる場合は、その者が使用者となることを委任状等の書面により確認する。
- 使用者が、公益社団法人、公益財団法人又は公益企業である場合には、当該法人等の定款等で広報業務を行うこととしている書面の写しの提出を求め確認する。（使用者が国、地方自治体である場合は不要）

なお、用途区分通達４－１⑶②の規定は、本車体の形状には適用しないものとする。

１から５の構造要件を満足するものにあっては、平床荷台が２分の１を超える構造であっても広報車とすることができる。

1　広報を行うための設備（以下「広報設備」という。）を有すること。

＜広報設備の例＞

- JAF 等で使用するシートベルトの効果を体験させる装置
- スピーカー、アンプ、マイク等音声により広報を行うための装置。ただし、いわゆるカーオーディオ類、家庭用 AV 機器等は含まない。

2　広報するための者の用に供する座席を有する場合には、この座席が固定された床面から上方に1,200㎜以上の空間を有すること。

床面から上方の寸法については、前面衝突試験に使用するダミーの座高（878㎜～889㎜）に頭上の空間100㎜及び座席の高さ200㎜程度を加えたものである

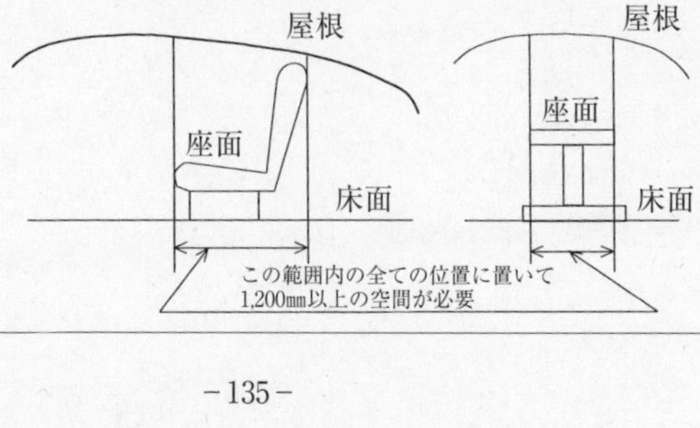

3　広報設備のうち、車室外に放送するための設備は、車室内において操作可能であり、かつ、車体の外側に固定された拡声器により、車室外に放送できること。

4　当該自動車の車体の両側面には、当該自動車の使用者を示す表示がなされていること。

・　車体両側面への表示文字は、一文字の一辺が８cm以上の大きさであること。
・　一時的に貼付できるもの、拭く等により容易に消えるもの等は表示しているに当たらないものとする。

5　物品積載設備を有していないこと。

・　広報業務に使用するものであることから、物品積載設備を備えていないことと規定している。
・　広報業務に使用する最小限必要な道具等を積載する500kg以下の積載量にあっては、使用者が何を積載するのかの申告による積載量とすることができる。

⑵　法令等で特定される事業を遂行するための自動車

広報車（650）

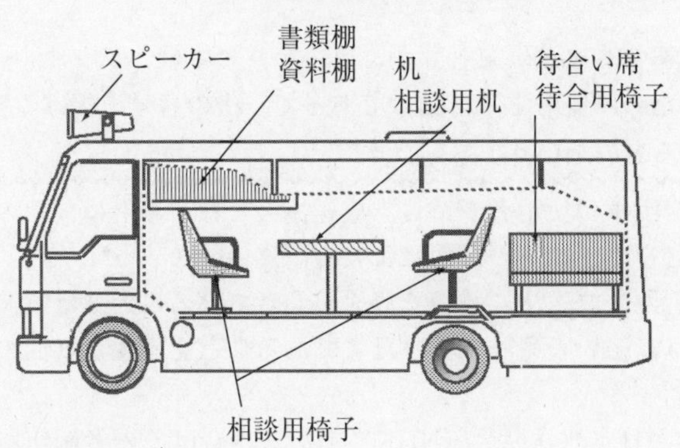

【使用者の事業を特定する法令】

民法（明治29年４月27日法律第89号）
第33条第２項　学術、技芸、慈善、祭祀、宗教その他の公益を目的とする法人、営利事業を営むことを目的とする法人その他の法人の設立、組織、運営及び管理については、この法律その他の法律の定めるところによる。

留　意　事　項

- 　広報業務を伴って使用する必要最小限の道具等を積載するための最大積載量500kg以下の装置は、この場合の物品積載設備と見なさないものとする。
- 　国、地方自治体が使用者となる場合にあっては、その者が使用者となることを委任状等の書面により確認を行うものとする。
- 　国、地方自治体以外が使用者となる場合にあっては、当該自動車の使用者が、公益社団法人、公益財団法人又は公益企業である場合には、当該法人等の定款等で広報業務を行うこととしている書面の写しの提出を求めるものとする。

  　なお、当該自動車の所有者が広報車として道路運送車両法第71条に規定する予備検査を受ける場合においては、交付申請時に当該書面の写し（国、地方自治体が使用者となる場合にあっては、委任状等）の提出を求め確認を行うものとする。
- 　車体両側面への表示文字は、一辺が８cm以上の大きさであり、かつ、容易に消えないもので地色と同色でないこと。

有　効　期　間

有効期間　**２年**
ただし、乗車定員が11人以上の場合は**１年**

放送中継車（673）

放送法に基づく放送事業者等が、専らテレビ中継、ラジオ中継等の放送中継業務を行うために使用する自動車であって、次の各号に掲げる構造上の要件を満足しているものをいう。

・　当該自動車の使用者が、日本放送協会となる場合は、その者が使用者となることを委任状等の書面により確認する。
・　使用者が、放送法に基づく放送事業者であること又は電波法に基づく放送を行う無線局の免許を受けた者であることを証する書面の写しの提出を求め確認する。
（使用者が日本放送協会（NHK）である場合はその者が使用者となることを委任状等の書面により確認する）
・　放送事業者以外の使用者とは、教育の一環として放送にかかる学部を擁する大学及び放送事業者の委託により放送中継業務を行う番組を制作する法人に限られ、その旨を証する書面の写しの提出を求め確認する。

1　テレビ中継を行う自動車はテレビ中継を行うために必要な設備を有し、ラジオ中継を行う自動車はラジオ中継に必要な設備を有し、音声中継等を行う自動車は音声中継等に必要な設備を有し、かつ、画像、音量調整等を行うための専用の調整室を有すること。
2　放送中継地まで送信することができる送信設備等を有すること。
3　放送中継設備を作動させるための動力源及び操作装置を有すること。
ただし、外部から動力の供給を受けることにより放送中継設備を作動させるのものにあっては、動力受給装置及び操作装置を有するものであること。

・　テレビ中継等を行うための最小限必要な構造設備を有していることを規定している。

4　当該自動車の車体の両側面には、当該自動車の使用者を示す表示がなされていること。

・　車体両側面への表示文字は、一文字の一辺が８㎝以上の大きさであること。
・　一時的に貼付できるもの、拭く等により容易に消えるもの等は表示しているに当たらないものとする。

(2) 法令等で特定される事業を遂行するための自動車

・　物品積載設備を有する場合は、細目告示第81条・第159条・第237条各第２項第９号及び審査事務規程７－124⑽の規定により最大に積載量を算定する。

・　当該特種自動車の本来の用途に使用するために最小限必要な工具等を積載するための500kg以下の積載量の場合にあっては、使用者が何を積載するのかの申告による積載量とすることができる。

放送中継車 (673)

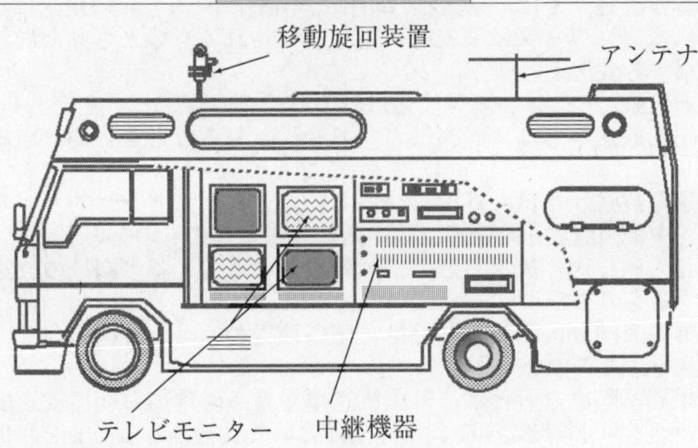

【使用者の事業を特定する法令】

電波法（昭和25年５月２日法律第131号）

（無線局の開設）

第４条　無線局を開設しようとする者は、総務大臣の免許を受けなければならない。ただし、次の各号に掲げる無線局については、この限りでない。

（以下略）

（免許状）

第14条　総務大臣は、免許を与えたときは、免許状を交付する。

２　免許状には、次に掲げる事項を記載しなければならない。

(1)　免許の年月日及び免許の番号

(2)　免許人（無線局の免許を受けた者をいう。以下同じ。）の氏名又は名称及び住所

(3)　無線局の種別

(4)　無線局の目的（主たる目的及び従たる目的を有する無線局にあつては、その主従の区別を含む。）

(5)　通信の相手方及び通信事業

(6)　無線設備の設置場所

(7)　免許の有効期間

(8)　識別信号

(9) 電波の型式及び周波数
(10) 空中線電力
(11) 運用許容時間

放送法（昭和25年５月２日法律第132号）
（定義）
第２条　この法律及びこの法律に基づく命令の規定の解釈に関しては、次の定義に従うものとする。
(1) 「放送」とは、公衆によつて直接受信されることを目的とする電気通信（電気通信事業法（昭和59年法律第86号）第２条第１号に規定する電気通信をいう。）の送信（他人の電気通信設備（同条第２号に規定する電気通信設備をいう。以下同じ。）を用いて行われるものを含む。）をいう。
(2) 「基幹放送」とは、電波法（昭和25年法律第131号）の規定により放送をする無線局に専ら又は優先的に割り当てられるものとされた周波数の電波を使用する放送をいう。
(3) 「一般放送」とは、基幹放送以外の放送をいう。
(4) 「国内放送」とは、国内において受信されることを目的とする放送をいう。
(5) 「国際放送」とは、外国において受信されることを目的とする放送であつて、中継国際放送及び協会国際衛星放送以外のものをいう。
(6) 「邦人向け国際放送」とは、国際放送のうち、邦人向けの放送番組の放送をするものをいう。
(7) 「外国人向け国際放送」とは、国際放送のうち、外国人向けの放送番組の放送をするものをいう。
(8) 「中継国際放送」とは、外国放送事業者（外国において放送事業を行う者をいう。以下同じ。）により外国において受信されることを目的として国内の放送局を用いて行われる放送をいう。
(9) 「協会国際衛星放送」とは、日本放送協会（以下「協会」という。）により外国において受信されることを目的として基幹放送局（基幹放送をする無線局をいう。以下同じ。）又は外国の放送局を用いて行われる放送（人工衛星の放送局を用いて行われるものに限る。）をいう。
(10) 「邦人向け協会国際衛星放送」とは、協会国際衛星放送のうち、邦人向けの放送番組の放送をするものをいう。
(11) 「外国人向け協会国際衛星放送」とは、協会国際衛星放送のうち、外国人向けの放送番組の放送をするものをいう。
(12) 「内外放送」とは、国内及び外国において受信されることを目的とする放送をいう。
(13) 「衛星基幹放送」とは、人工衛星の放送局を用いて行われる基幹放送をいう。
(14) 「移動受信用地上基幹放送」とは、自動車その他の陸上を移動するものに設置して使用し、又は携帯して使用するための受信設備により受信されることを目的とする基幹放送であつて、衛星基幹放送以外のものをいう。
(15) 「地上基幹放送」とは、基幹放送であつて、衛星基幹放送及び移動受信用地上基幹放送以外のものをいう。
(16) 「中波放送」とは、526・５キロヘルツから1606・５キロヘルツまでの周波数を使用して音声その他の音響を送る放送をいう。

⒄　「超短波放送」とは、30メガヘルツを超える周波数を使用して音声その他の音響を送る放送（文字、図形その他の影像又は信号を併せ送るものを含む。）であつて、テレビジョン放送に該当せず、かつ、他の放送の電波に重畳して行う放送でないものをいう。
⒅　「テレビジョン放送」とは、静止し、又は移動する事物の瞬間的影像及びこれに伴う音声その他の音響を送る放送（文字、図形その他の影像（音声その他の音響を伴うものを含む。）又は信号を併せ送るものを含む。）をいう。
⒆　「多重放送」とは、超短波放送又はテレビジョン放送の電波に重畳して、音声その他の音響、文字、図形その他の影像又は信号を送る放送であつて、超短波放送又はテレビジョン放送に該当しないものをいう。
⒇　「放送局」とは、放送をする無線局をいう。
㉑　「認定基幹放送事業者」とは、第93条第１項の認定を受けた者をいう。
㉒　「特定地上基幹放送事業者」とは、電波法の規定により自己の地上基幹放送の業務に用いる放送局（以下「特定地上基幹放送局」という。）の免許を受けた者をいう。
㉓　「基幹放送事業者」とは、認定基幹放送事業者及び特定地上基幹放送事業者をいう。
㉔　「基幹放送局提供事業者」とは、電波法の規定により基幹放送局の免許を受けた者であつて、当該基幹放送局の無線設備及びその他の電気通信設備のうち総務省令で定めるものの総体（以下「基幹放送局設備」という。）を認定基幹放送事業者の基幹放送の業務の用に供するものをいう。
㉕　「一般放送事業者」とは、第126条第一項の登録を受けた者及び第133条第１項の規定による届出をした者をいう。
㉖　「放送事業者」とは、基幹放送事業者及び一般放送事業者をいう。
（以下略）

第３章　日本放送協会

（目的）
第15条　協会は、公共の福祉のために、あまねく日本全国において受信できるように豊かで、かつ、良い放送番組による国内基幹放送（国内放送である基幹放送をいう。以下同じ。）を行うとともに、放送及びその受信の進歩発達に必要な業務を行い、あわせて国際放送及び協会国際衛星放送を行うことを目的とする。
（法人格）
第16条　協会は、前条の目的を達成するためにこの法律の規定に基づき設立される法人とする。
（業務）
第20条　協会は、第15条の目的を達成するため、次の業務を行う。
⑴　次に掲げる放送による国内基幹放送（特定地上基幹放送局を用いて行われるものに限る。）を行うこと。
（以下略）

⑵　法令等で特定される事業を遂行するための自動車

放送中継車（673）

留　意　事　項

・　日本放送協会が使用者となる場合にあっては、その者が使用者となることを委任状等の書面により確認を行うものとする。

・　日本放送協会以外が使用者となる場合にあっては、当該自動車の使用者が、放送法（昭和25年法律第132号）に基づく放送事業者等であることを証する書面（電波法（昭和25年法律第131号）に基づく放送を行う無線局の免許状）の写しの提出を求めるものとする。

　また、放送事業者以外の使用者（放送事業者以外の者には、教育の一環として放送にかかる学部を擁する大学及び放送事業者の委託により放送中継業務を行う番組を制作する法人に限られる。）の場合には、当該自動車の使用目的と使用者の業務の関連を記載した書面の提出を求めるものとする。

　なお、当該自動車の所有者が放送中継車として道路運送車両法第71条に規定する予備検査を受ける場合においては、交付申請時に当該書面の写し（日本放送協会が使用者となる場合にあっては、委任状等）の提出を求め確認を行うものとする。

・　車体両側面への表示文字は、一辺が８㎝以上の大きさであり、かつ、容易に消えないもので地色と同色でないこと。

有　効　期　間

【積載量がない場合又は積載量が500kg以下の場合】

　有効期間　２年

【積載量が500kg超の場合】

　有効期間　・車両総重量８トン未満　初回２年　以降１年

　　　　　　・車両総重量８トン以上　１年

　ただし、乗車定員が11人以上の場合は１年

理容・美容車（629）

理容師法又は美容師法の規定に基づき、都道府県知事に理容所又は美容所として届出をした者が、理容業務又は美容業務（以下「理容業務等」という。）を行うために使用する自動車であって、次の各号に掲げる構造上の要件を満足しているものをいう。

・　当該自動車の使用者が次に掲げる者であることを証する書面の写しの提出を求め確認すること。
イ　理容師法（昭和22年法律第234号）第11条（理容所の開設の届出）に基づき、都道府県知事に理容所として届出をした者
ロ　美容師法（昭和32年法律第163号）第11条（美容所の位置等の届出）に基づき、都道府県知事に美容所として届出をした者

なお、用途区分通達４－１⑶②の規定は、本車体の形状には適用しないものとする。

１から５の構造要件を満足するものにあっては、平床荷台が２分の１を超える構造であっても理容・美容車とすることができる。

1　理容業務等を行うために必要な理容器具、美容器具、消毒用具等の設備を有すること。

・　理容業務等を行うための最小限必要な構造設備（理容器具、美容器具、洗髪台、備品棚、理容・美容用椅子、鏡、待合用椅子又は消毒用具等）を有することを規定している。

2　１の設置場所は、採光、照明及び換気装置を有すること。

・　理容業務等を行う場所は、採光・照明装置及び動力による換気装置を備えることが必要である。

3　理容業務等を受ける者の用に供する椅子を有しており、当該椅子は乗車装置の座席と兼用でないこと。

・　理容業務等を受けるための者の用に供するための椅子を備えなけれらないこととしている。
・　理容業務等を受けるための者の用に供するための椅子は乗車用の座席

でないことが必要である。（乗車定員を算定しない。）

・　この場合の「理容業務等を行うための椅子」に該当しない例

Ⅰ　容易に着脱が可能なもの

Ⅱ　折り畳み式のもの

Ⅲ　車体に固定されていないもの　　等

4　理容業務等を受けるための者の用に供する椅子の付近には、一辺が30㎝の正方形を含む0.5㎡以上の作業用床面積を有しており、かつ、当該床面から上方1,600㎜以上の空間を有すること。

・　理容業務等を行うのに最小限必要な空間を定めたものである。

・　理容師等が作業するための空間は、一辺が30㎝以上の正方形を含む0.5㎡以上の面積が、理容業務等を受けるための者の用に供する椅子の付近にあり、かつ、当該床面から上方1,600㎜以上の空間を有すること。

理容等の椅子の全周にわたり１辺が30㎝の正方形が取れ、その合計床面積が0.5㎡以上あり、かつ、その作業床面積（理容等の椅子を含む。）全ての位置において、床面に垂直に測定して1,600㎜以上の空間があること。

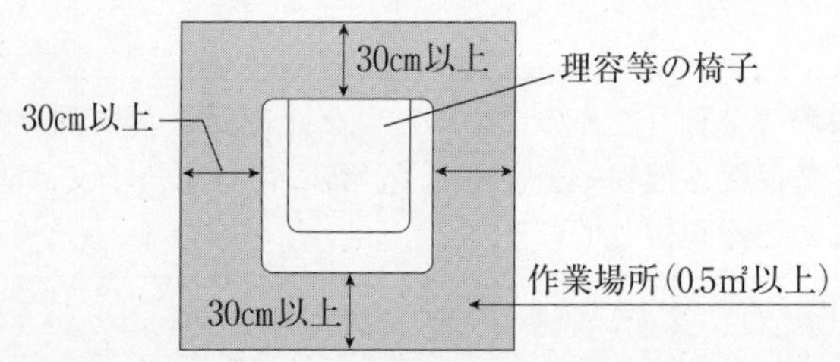

5　物品積載設備を有していないこと。

・　理容・美容車は、理容業務等に使用するものであることから、物品積載設備を備えていないこととしている。

・　理容・美容車は、理容業務等に最小限必要な工具等を積載する500kg以下の積載量にあっては、使用者が何を積載するのかの申告による積載量とすることができる。

(2) 法令等で特定される事業を遂行するための自動車

理容・美容車(629)

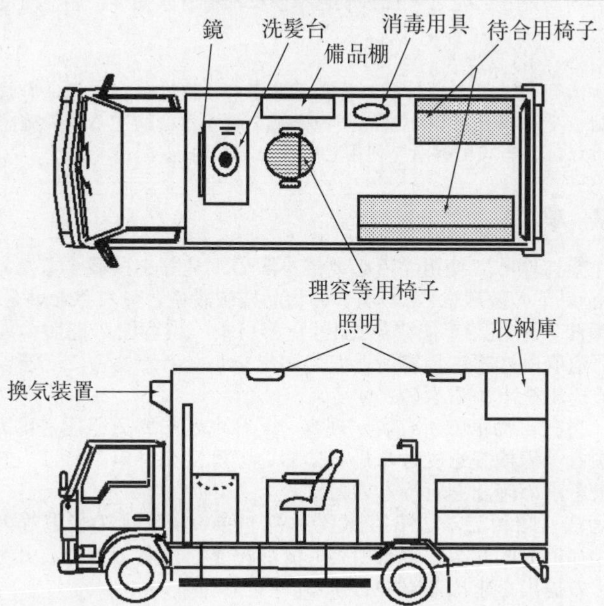

【使用者の事業を特定する法令】

・〔理容車〕

理容師法(昭和22年12月24日法律第234号)

第11条　理容所を開設しようとする者は、厚生労働省令の定めるところにより、理容所の位置、構造設備、第11条の4第1項に規定する管理理容師その他の従業者の氏名その他必要な事項をあらかじめ都道府県知事に届け出なければならない。

2　理容所の開設者は、前項の規定による届出事項に変更を生じたとき、又はその理容所を廃止したときは、すみやかに都道府県知事に届け出なければならない。

第11条の2　前条第1項の届出をした理容所の開設者は、その構造設備について都道府県知事の検査を受け、その構造設備が第12条の措置を講ずるに適する旨の確認を受けた後でなければ、これを使用してはならない。

・〔美容車〕

美容師法(昭和32年6月3日法律第163号)

(美容所の位置等の届出)

第11条　美容所を開設しようとする者は、厚生労働省令の定めるところにより、美容所の位置、構造設備、第12条の3第1項に規定する管理美容師その他の従業者の氏名その他必要な事項をあらかじめ都道府県知事に届け出なければならない。

2　美容所の開設者は、前項の規定による届出事項に変更を生じたとき、又はその美容所を廃止したときは、すみやかに都道府県知事に届け出なければならない。

（美容所の使用）

第12条　美容所の開設者は、その美容所の構造設置について都道府県知事の検査を受け、その構造設備が第13条の措置を講ずるに適する旨の確認を受けた後でなければ、当該美容所を使用してはならない。

留意事項

・　理容作業に伴って使用する必要最小限の工具等を積載するための最大積載量500kg以下の装置は、この場合の物品積載設備と見なさないものとする。

・　理容師法（昭和22年法律第234号）第11条（理容所の開設の届出）に基づき、都道府県知事に理容所として届出をした者であることを証する書面の写しの提出を求めるものとする。

なお、当該自動車の所有者が理容・美容車として道路運送車両法第71条に規定する予備検査を受ける場合においては、交付申請時に当該書面の写しの提出を求め確認を行うものとする。

・　美容師法（昭和32年法律第163号）第11条（美容所の位置等の届出）に基づき、都道府県知事に美容所として届出をした者であることを証する書面の写しの提出を求めるものとする。

なお、当該自動車の所有者が理容・美容車として道路運送車両法第71条に規定する予備検査を受ける場合においては、交付申請時に当該書面の写しの提出を求め確認を行うものとする。

有効期間

【積載量がない場合又は積載量が500kg以下の場合】

有効期間　**2年**

ただし、乗車定員が11人以上の場合は**1年**

⑶　特種な物品を運送するための特種な物品積載設備を有する自動車

（用途区分通達４－１－３⑴の自動車）

粉粒体運搬車（512）

タンク車（513）

現金輸送車（540）

アスファルト運搬車（550）

コンクリートミキサー車（555）

冷蔵冷凍車（632）

活魚運搬車（637）

保温車（638）

販売車（620）

散水車（640）

塵芥車（641）

糞尿車（643）

ボートトレーラ（611）

オートバイトレーラ（213）

スノーモービルトレーラ（214）

粉粒体運搬車（512）

粉粒体物品を専用に輸送する自動車であって、次の各号に掲げる構造上の要件を満足しているものをいう。

1　粉粒体物品（バラセメント、フライアッシ、飼料、カーボンブラック等）を収納する密閉された物品積載設備を有すること。

・　ダンプ車等の普通荷台に堅ろうな蓋をし、煽り部分もパッキングにより完全に密閉したものは、「密閉された物品積載設備」に該当するものとする。

2　1の物品積載設備には、粉粒体物品を積み込むための適当な大きさの投入口を有し、かつ、粉粒体物品を排出するための適当な大きさの排出口を有すること。

3　排出するためのポンプ等を作動させるための動力源及び操作装置を有すること。

ただし、自然落下により粉粒体物品を排出する構造又は粉粒体物品を排出するための動力を外部から供給を受けて行う構造のものにあっては、この限りでない。

・　物品積載設備は、細目告示第81条・第159条・第237条各第2項第9号及び審査事務規程7－124⑽の規定により最大に積載量を算定する。

(3) 特種な物品を運送するための特種な物品積載設備を有する自動車

粉粒体運搬車（512）

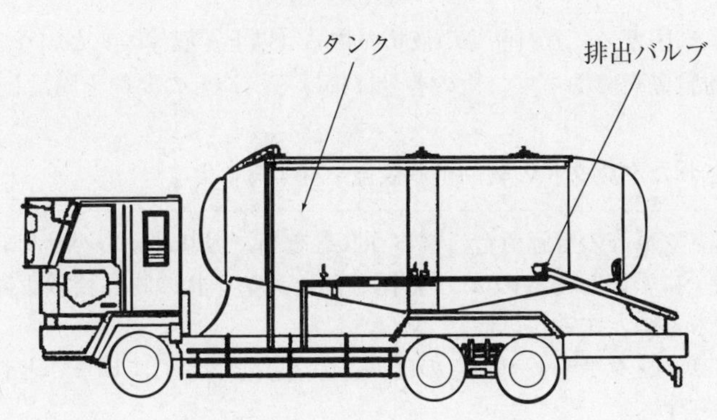

留　意　事　項

・　道路運送車両の保安基準の細目を定める告示第81条第２項第８号、第159条第２項第８号又は第237条第２項第８号参照

有　効　期　間

有効期間　・車両総重量８トン未満　**初回２年、以降１年**
　　　　　・車両総重量８トン以上　**１年**
ただし、乗車定員が11人以上の場合は**１年**

⑶　特種な物品を運送するための特種な物品積載設備を有する自動車

タンク車（513）

危険物、高圧ガス、食料品等の液状の物品（以下「液体等」という。）を専用に輸送する自動車であって、次の各号に掲げる構造上の要件を満足しているものをいう。

1　密閉されたタンク状の物品積載設備を有すること。

・　ダンプ車等の普通荷台に堅ろうな蓋をし、煽り部分もパッキングにより完全に密閉したものは、「密閉されたタンク状の物品積載設備」に該当するものとする。
・　ポリタンク等を並べたものは、この要件を満足していないと判断するものとする。

2　1の物品積載設備には、液体等を積み込むための適当な大きさの投入口を有し、かつ、液体等を排出するための適当な大きさの排出口を有すること。

3　排出するためのポンプ等を作動させるための動力源及び操作装置を有すること。

ただし、自然落下方式により液体等を排出する構造又は液体等を排出するための動力を外部から供給を受ける構造のものにあっては、この限りでない。

・　物品積載設備は、細目告示第81条・第159条・第237条各第２項第９号及び審査事務規程７－124⑸の規定により最大に積載量を算定する。

⑶　特種な物品を運送するための特種な物品積載設備を有する自動車

タンク車（513）

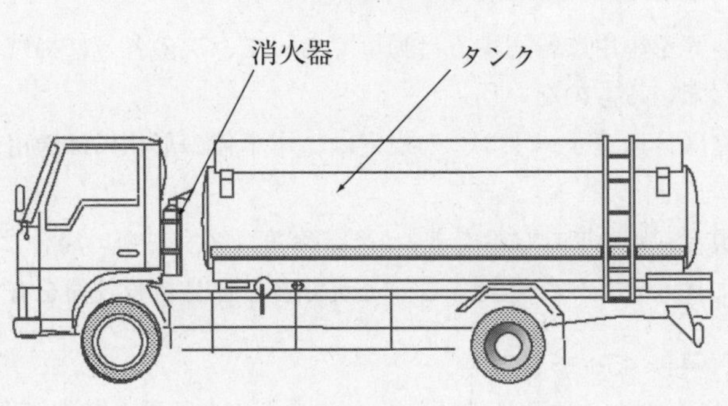

留　意　事　項

・　道路運送車両の保安基準の細目を定める告示第81条第２項第４号、５号又は６号、第159条第２項第４号、５号又は６号若しくは第237条第２項第４号、５号又は６号参照

・　タンク状の物品積載設備に積載した物品を自らの燃料として使用するものその他当該自動車の運行に当たり使用するものは、タンク車として取り扱わないものとする。

有　効　期　間

有効期間　・車両総重量８トン未満　**初回２年、以降１年**
　　　　　・車両総重量８トン以上　**１年**

ただし、乗車定員が11人以上の場合は１年

(3) 特種な物品を運送するための特種な物品積載設備を有する自動車

現金輸送車（540）

現金、証券等を専用に輸送する自動車であって、次の各号に掲げる構造上の要件を満足しているものをいう。

なお、用途区分通達４－１(3)②の規定は、本車体の形状には適用しないものとする。

1 大量の現金、証券等を収納でき、かつ、客室（客室がない場合は運転者席）と隔壁により区分された施錠することができる物品積載設備を有すること。

- 客室：44・45ページ参照
- この場合の物品積載設備は、荷台そのものが特種な設備であるものとする。従って、用途区分通達４－１(3)②のバン型荷台とはみなさない。
- 南京錠、家庭用の手提げ金庫、自転車の盗難防止用に用いるチェーン式の鍵等簡易な鍵は、この場合の「施錠することができる設備」に該当しないものとする。
- 「隔壁」は、工具等を使用しても容易にはずれない強固なものであること。
- 隔壁の一部に設けられた窓に、人の手が入らない程度の間隔で強固な鉄棒等を設けたものは、この場合の「隔壁により区分」されていると判断して差し支えない。

2 防犯用の警報装置を有すること。

現金輸送車が襲われた場合等緊急時の防犯対策用装置（警報音、エンジン停止等）が備えられていること。

3 １の物品積載設備の側面又は後面には、現金、証券等を積卸するための適当な大きさの開口部を有する積卸口を有すること。なお、乗員の乗降のための扉は、この場合の積卸口には該当しないものとする。

- 物品積載設備は、細目告示第81条・第159条・第237条各第２項第９号及び審査事務規程７－124⑽の規定により最大に積載量を算定する。

(3) 特種な物品を運送するための特種な物品積載設備を有する自動車

現金輸送車（540）

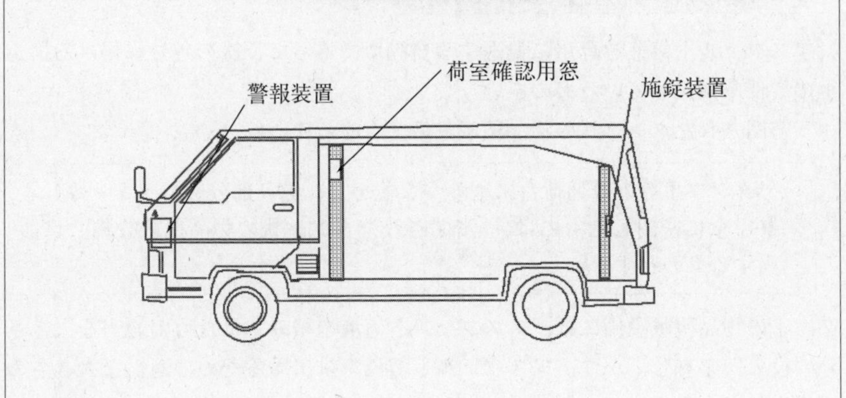

留　意　事　項
・　南京錠等の簡易な鍵等は、１の施錠することができる設備に該当しないものとする。

有　効　期　間
有効期間　・車両総重量８トン未満　初回２年、以降１年 ・車両総重量８トン以上　１年 ただし、乗車定員が11人以上の場合は１年

アスファルト運搬車（550）

アスファルト溶液を専用に輸送する自動車であって、次の各号に掲げる構造上の要件を満足しているものをいう。

1　密閉されたタンク状の物品積載設備を有すること。

・　ダンプ車等の普通荷台に堅ろうな蓋をし、煽り部分もパッキン等により完全に密閉したものは、「密閉されたタンク状の物品積載設備」に該当するものとする。

2　１の物品積載設備には、アスファルト溶液を積み込むための適当な大きさの投入口を有し、かつ、アスファルト溶液を排出するための適当な大きさの排出口を有すること。

3　排出するためのポンプ等を作動させるための動力源及び操作装置を有すること。

ただし、自然落下方式によりアスファルト溶液を排出する構造又はアスファルト溶液を排出するための動力を外部から供給を受ける構造のものにあっては、この限りでない。

・　物品積載設備は、細目告示第81条・第159条・第237条各第２項第９号及び審査事務規程７－124⑽の規定により最大に積載量を算定する。

⑶　特種な物品を運送するための特種な物品積載設備を有する自動車

アスファルト運搬車（550）

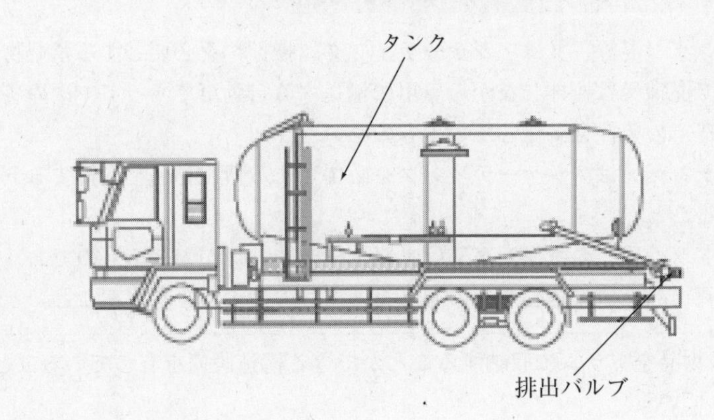

留　意　事　項

・　道路運送車両の保安基準の細目を定める告示第81条第２項第４号、第159条第２項第４号又は第237条第２項第４号参照

有　効　期　間

有効期間　・車両総重量８トン未満　**初回２年、以降１年**
　　　　　・車両総重量８トン以上　**１年**
ただし、乗車定員が11人以上の場合は**１年**

(3)　特種な物品を運送するための特種な物品積載設備を有する自動車

コンクリートミキサー車（555）

ミキシング（混練）又はアジテーティング（攪拌）を必要とする積載物品をドラム内で混練又は攪拌しながら専用に輸送する自動車であって、次の各号に掲げる構造上の要件を満足しているものをいう。

1　ミキシング又はアジテーティングを必要とする積載物品を収納するドラムを有すること。

2　1のドラムは、ミキシング又はアジテーティングができるものであり、かつ、積載物品を積み込むための適当な大きさの投入口を有すること。

> 積載物品をドラムに収納することができる構造設備を有していることを規定している。

3　ミキサー又はアジテータは、当該自動車が有する動力源により作動させることができるものであること。

> ミキサー又はアジテータは走行しながらも行うことから、その作動のための動力源を自動車自体に備えることを規定している。

4　ドライ方式ミキサーにあっては、ドラムに水を注入するための適当な容量を有する水タンク及び注水装置を有すること。

> ドライ方式ミキサーは、プラントでセメント、骨材を計量投入し、走行途中で水を加えて攪拌しながら目的地に輸送するものであることから、このための構造設備を有していることを規定している。

5　ドラム内の積載物品は、当該自動車が有する動力源により排出させることができるものであること。

6　セメント、骨材及び水を混ぜた生コンクリート以外のものを積載物品とするものにあっては、最大積載容積及び積載物品名を車体の後面の見やすい位置に表示すること。

> ・　物品積載設備は、細目告示第81条・第159条・第237条各第２項第９号及び審査事務規程７－124⑽の規定により最大に積載量を算定する。
> ・　洗浄用の水タンクを有する場合には、当該水タンクの水は積載量として算定する。

(3) 特種な物品を運送するための特種な物品積載設備を有する自動車

コンクリートミキサー車（555）

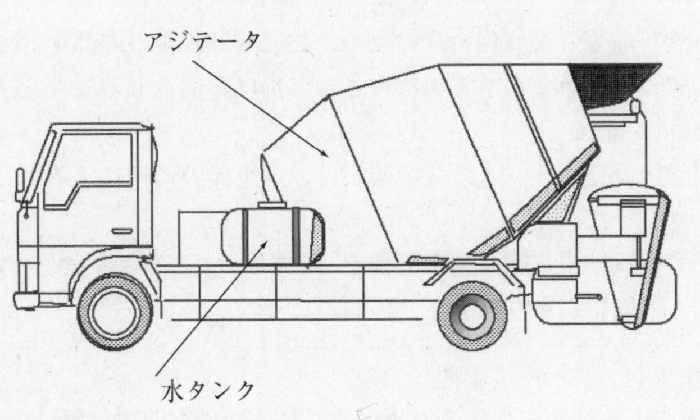

留意事項

・　道路運送車両の保安基準の細目を定める告示第81条第２項第７号、第159条第２項第７号又は第237条第２項第７号参照
・　洗浄用の水タンクを有する場合には、当該水タンクの水は積載量として算定するものとする。

有効期間

有効期間　・車両総重量８トン未満　**初回２年、以降１年**
　　　　　・車両総重量８トン以上　**１年**
ただし、乗車定員が11人以上の場合は**１年**

冷蔵冷凍車（632）

輸送する食料品等の品質保持等のため、物品積載設備の内部を低温に保って専用に輸送する自動車であって、次の各号に掲げる構造上の要件を満足しているものをいう。

なお、用途区分通達４－１(3)②の規定は、本車体の形状には適用しないものとする。

1　食料品等を収納する物品積載設備を有し、かつ、客室（客室がない場合は、運転者席）と隔壁により区分されていること。

> ・　客室：44・45ページ参照
> ・　客室の安全性を確保するため、物品積載設備と明確に区分することが必要である。
> ・　この場合の物品積載設備は、荷台そのものが特種な設備であるものとする。従って、用途区分通達４－１(3)②のバン型荷台とはみなさない。

2　１の物品積載設備には、外気温に関わらず食料品等を冷蔵又は冷凍できる冷蔵冷凍装置を有すること。

> ・　冷蔵冷凍装置は指定部品であるエア・コンディショナーではないこと。

3　物品積載設備内の水が、走行等による揺動により漏洩、飛散することを有効に防止することができる構造を有すること。

> ・　物品積載設備内の水抜き用穴をふさぐ栓は、チェーン等により車体若しくは物品積載設備に確実に固定されていること。
> ・　走行中に水を垂れ流して走行することは、他の交通等の安全性を妨げることとなることから、これを規定している。
> ・　物品積載設備内で発生した水を導管で集めタンクに一時収納する等の構造のものは、この規定に適合するものとする。

4　冷蔵冷凍装置は、自動車に備えた動力源により作動させることができるか、又は自動車に備えた冷媒液等により作動させることができるものであること。

> 外部から動力の供給を受けて冷蔵冷凍装置を作動させるものは、３の要件を満足しないと判断する。

5　物品積載設備には、適当な大きさの開口部を有する積卸口を有すること。

(3) 特種な物品を運送するための特種な物品積載設備を有する自動車

なお、乗員の乗降のための扉は、この場合の積卸口には該当しないものとする。

・ 物品積載設備は、細目告示第81条・第159条・第237条各第２項第９号及び審査事務規程７－124⑽の規定により最大に積載量を算定する。

冷蔵冷凍車（632）

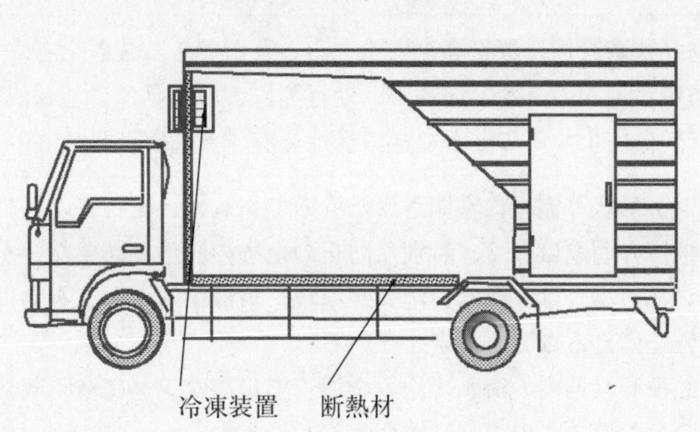

留 意 事 項

・ 冷媒液等の重量は、車両重量に含めるものとする。

有 効 期 間

有効期間 ・車両総重量８トン未満 **初回２年、以降１年**
・車両総重量８トン以上 **１年**

ただし、乗車定員が11人以上の場合は**１年**

活魚運搬車（637）

魚介類を生きたまま専用に輸送する自動車であって、次の各号に掲げる構造上の要件を満足しているものをいう。

1　魚介類が生存するに十分な海水等を貯蔵することができる物品積載設備を有し、かつ、客室（客室がない場合は、運転者席）と隔壁により区分されていること。

> 観賞用の水槽、金魚鉢等は、１の要件を満足していないと判断すること。

2　１の物品積載設備に酸素等を供給することができる装置を有すること。

3　物品積載設備内の海水、泡等が、走行等による揺動により漏洩、飛散することを有効に防止することができる構造を有すること。

> ・　タンク形状等完全に密閉されたものであれば、走行等の振動による漏洩、飛散の問題はなく、特別な防止のための設備は必要ないが、密閉されていない場合は、海水、泡等が漏洩、飛散することを有効に防止できる設備を備えることを規定している。
>
> ・　物品積載設備内の海水・泡等を導管で集めタンクに一時収納する等の構造のものは、この規定に適合するものとする。

4　物品積載設備には、適当な大きさの開口部を有する積卸口を有し、かつ、海水等を排出するための排出口を有すること。

5　海水等を排出するためのポンプを有する場合には、当該ポンプを作動させるための動力源及び操作装置を有すること。

6　密閉されていない物品積載設備にあっては、積載できる最大水位（最大積載量を算定する際の容器の上限）を示す線等を物品積載設備の側面又は後面に明確に表示してあること。

> 密閉されていない物品積載設備であって、車軸及びタイヤの許容限度等の関係から、その物品積載設備に満杯に海水等を積載することができない場合は、過積載を防止するため積載できる最大水位を明確に表示することを規定したものである。

(3) 特種な物品を運送するための特種な物品積載設備を有する自動車

・　物品積載設備は、細目告示第81条・第159条・第237条各第２項第９号及び審査事務規程７－124⑽の規定により最大に積載量を算定する。
・　魚介類を生かせるために海水等に酸素等を供給する装置、消泡する装置等は、車両重量に含めるものとする。

活魚運搬車（637）

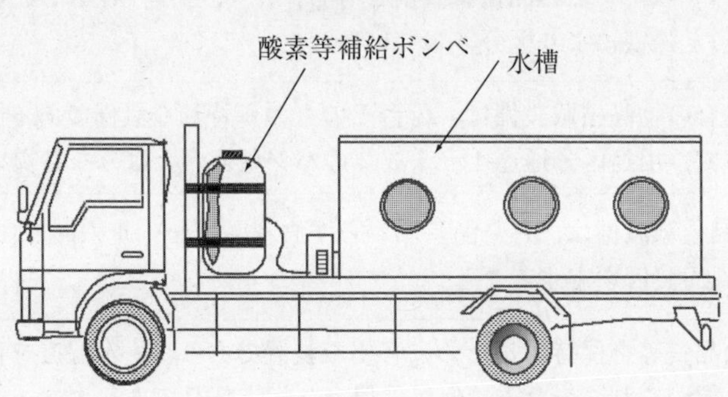

留　意　事　項

・　密閉された容器の最大積載量の算定は、道路運送車両の保安基準の細目を定める告示第81条第２項第４号、第159条第２項第４号又は第237条第２項第４号を準用する。
・　酸素等を供給する装置は、車両重量に含めるものとする。

有　効　期　間

有効期間　・車両総重量８トン未満　**初回２年、以降１年**
　　　　　・車両総重量８トン以上　**１年**
ただし、乗車定員が11人以上の場合は**１年**

保温車（638）

輸送する食料品等の品質保持等のため、物品積載設備の内部の温度を一定に保って専用に輸送する冷蔵冷凍車以外の自動車であって、次の各号に掲げる構造上の要件を満足しているものをいう。

なお、用途区分通達４－１⑶②の規定は、本車体の形状には適用しないものとする。

1　食料品等を収納する物品積載設備を有し、かつ、客室（客室がない場合は、運転者席）と隔壁により区分されていること。

この場合の物品積載設備は、荷台そのものが特種な設備であるものとする。従って、用途区分通達４－１⑶②のバン型荷台とはみなさない。

2　１の物品積載設備は、外気温に関わらず食料品等を一定の温度に保つことができる保温装置を有すること。

食品の品質等を保持するために必要な装置であり、一定温度を保つヒーター等の類がこれに当たる。保温装置は、指定部品であるエア・コンディショナーではないこと。

3　物品積載設備内の水が、走行等による揺動により漏洩、飛散することを有効に防止することができる構造を有すること。

- 走行中に水を垂れ流して走行することは、他の交通等の安全性を妨げることとなることから、これを規定している。
- 物品積載設備内で発生した水を導管で集めタンクに一時収納する等の構造のものは、この規定に適合するものとする。

4　保温装置は、自動車に備えた動力源により作動させることができるものであること。

外部から動力の供給を受けて保温装置を作動させるものは、この要件を満足していないと判断する。

5　物品積載設備には、適当な大きさの開口部を有する積卸口を有すること。

- 物品積載設備は、細目告示第81条・第159条・第237条各第２項第９号及び審査事務規程７－124⑽の規定により最大に積載量を算定する。

(3) 特種な物品を運送するための特種な物品積載設備を有する自動車

保温車（638）

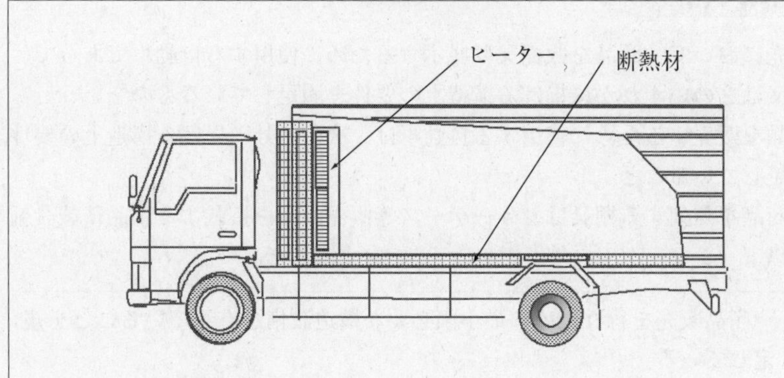

有 効 期 間

有効期間　・車両総重量８トン未満　**初回２年、以降１年**
　　　　　・車両総重量８トン以上　**１年**
ただし、乗車定員が11人以上の場合は**１年**

(3)　特種な物品を運送するための特種な物品積載設備を有する自動車

販売車（620）

移動先において、商品を販売又は展示するために使用する自動車であって、次の１又は２のいずれかに掲げる構造上の要件を満足しているものをいう。

1　商品を販売するために使用する自動車は、次の各号に掲げる構造上の要件を満足していること。

(1)　商品を陳列する棚又はショーケース等販売商品を搭載する物品積載設備（以下「ショーケース等」という。）を有すること。

> ・　商品販売を行うための最小限必要な構造設備を有していることを規定している。
> ・　陳列棚等の商品を確認することができることが必要であり、床面に商品を並べたもの、普通荷台に蓋をして商品を並べたものは、この要件を満足していないと判断するものとする。

(2)　(1)のショーケース等は、積載物品が走行中の振動等により移動することがないよう、仕切り等を有すること。

> 走行中に商品が散乱しないような構造設備を有していることを規定している。

(3)　(1)のショーケース等は、適当な明るさの照明灯を有すること。

> 商品購入希望者が、商品を品定めすることができることを規定したものである。

(4)　ショーケース等には、適当な大きさの開口部を有する積卸口を有すること。

> 商品の積み卸しが可能な大きさの積卸口を有していることを規定している。

> ・　ショーケース等は、細目告示第81条・第159条・第237条各第２項第９号及び審査事務規程７-124(10)の規定により最大に積載量を算定する。

(5)　次に掲げる寸法等を満足する乗降口が当該自動車の右側面以外の面に１ヶ所以上設けられており、かつ、通路と連結されていること。ただし、車室外のみから直接利用できる場合は、この限りでない。

(3) 特種な物品を運送するための特種な物品積載設備を有する自動車

ア　乗降口は、有効幅300㎜以上、かつ、有効高さ1,600㎜（イの規定において通路の有効高さを1,200㎜とすることができる場合は、1,200㎜）以上あること。

イ　通路は、有効幅300㎜以上、かつ、有効高さ1,600㎜（ショーケース等の端部と乗降口との車両中心線方向の最遠距離が２ｍ未満である場合は、1,200㎜）以上あること。

ウ　空車状態において床面の高さが450㎜を超える乗降口には、一段の高さが400㎜（最下段の踏段にあっては、450㎜）以下の踏段を有するか又は踏台を備えること。

この場合における踏台は、走行中の振動等により移動することがないよう所定の格納場所に確実に収納できる構造であること。

エ　ウの踏段又は踏台は、滑り止めを施したものであること。

オ　ウの乗降口には、安全な乗降ができるように乗降用取手及び照明灯を有すること。

利用者の安全性及び利便性を確保するため、乗降口と通路を構えることを規定している。

乗降口

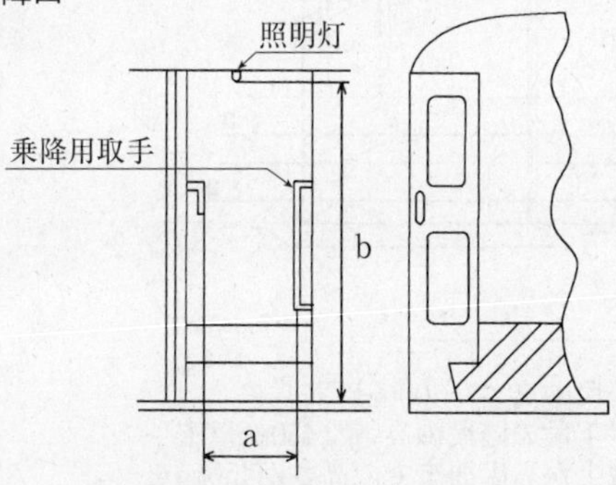

a：有効幅　300㎜以上
b：有効高さ1,600㎜
（設備の端部と乗降口との車両中心線方向の最遠距離が2m未満である場合は、有効高さ1,200㎜）以上

(3) 特種な物品を運送するための特種な物品積載設備を有する自動車

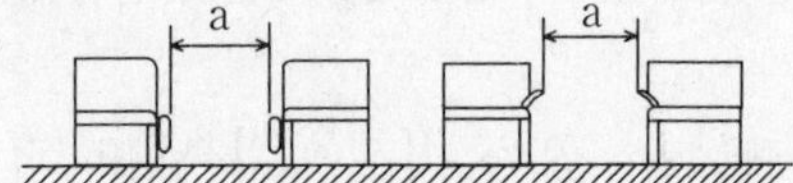

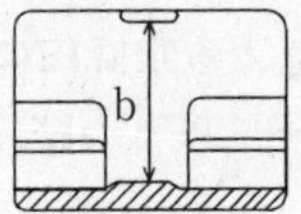

a：有効幅　300㎜以上
b：有効高さ1,600㎜
（設備の端部と乗降口との車両中心線方向の最遠距離が2m未満である場合は、有効高さ1,200㎜）以上

踏段

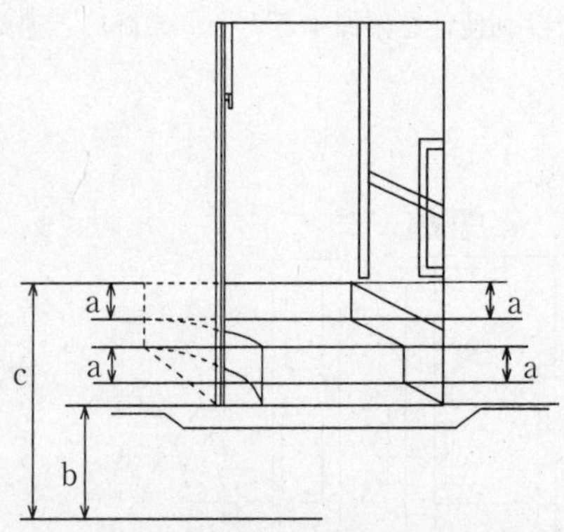

a ：一段の高さ　400㎜以下
b ：最下段の踏段の高さ　450㎜以下
（地上から床面までの高さが450㎜を超える場合に必要）

2　商品を展示するための設備を有する自動車は、次の各号に掲げる構造上の要件を満足していること。

(1) 商品を展示する棚等商品を展示するための物品積載設備（以下「展示設備」という。）を有すること。

(3)　特種な物品を運送するための特種な物品積載設備を有する自動車

なお、自動車の車体の外表面は、この場合の展示設備には当たらないものとする。

・　陳列棚等の商品を確認することができ、展示に支障ないものであることが必要であり、床面に商品を並べたもの、普通荷台に蓋をして商品を並べたものは、この要件を満足していないと判断するものとする。

・　「外表面」とはボディーの外表面すべてをいい、外表面に商品等の写真、絵、文字等を記載したものは展示設備には当たらない。

また、車両運搬車の物品積載設備、普通トラック等の荷台についても、車体の外表面となるので展示設備には当たらない。

・　ステーションワゴンの後部座席を取り外したことのみで「展示設備」とはならない。

(2)　1(2)から(5)の要件を満足すること。この場合において、「ショーケース等」は「展示設備」と読み替えるものとする。

・　展示設備は、細目告示第81条・第159条・第237条各第2項第9号及び審査事務規程7－124(10)、8－124(10)の規定により最大に積載量を算定する。

販売車（620）

1．商品を販売するために使用する自動車

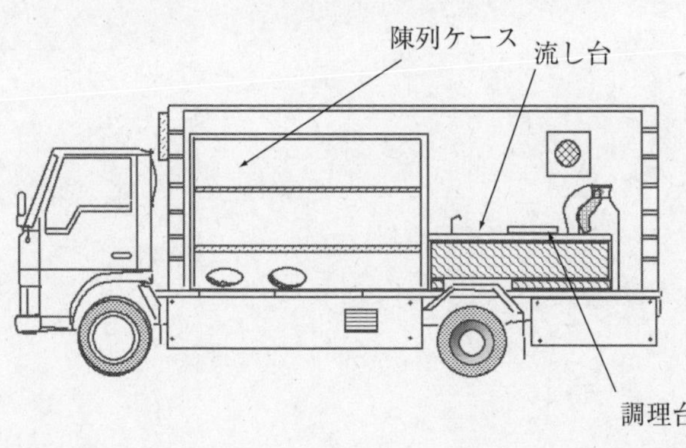

(3) 特種な物品を運送するための特種な物品積載設備を有する自動車

2．商品を展示するための設備を有する自動車

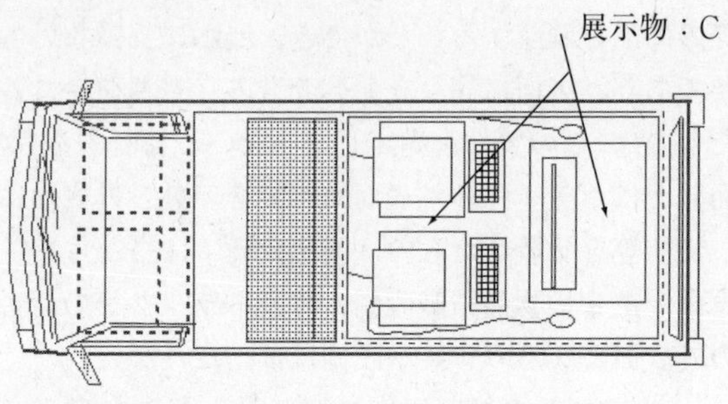

留 意 事 項

・　1(1)及び2(1)の物品積載設備は、最大積載量を算定するものとする。

有 効 期 間

有効期間　・車両総重量８トン未満　**初回２年、以降１年**
　　　　　・車両総重量８トン以上　**１年**
ただし、乗車定員が11人以上の場合は**１年**

(3)　特種な物品を運送するための特種な物品積載設備を有する自動車

散水車（640）

散水作業を行うために使用する自動車であって、次の各号に掲げる構造上の要件を満足しているものをいう。

1　散水作業に用いる水を収納する密閉されたタンク状の物品積載設備を有すること。

2　1の物品積載設備には、水を積み込むための適当な大きさの投入口を有し、かつ、当該物品積載設備の水を走行中に散水することができるノズル等の装置を車体に有すること。

3　2の設備を作動させるための操作装置を運転者席等に有すること。

散水作業を適切に遂行するための最小限必要な構造設備を有していることを規定している。

・　物品積載設備は、細目告示第81条・第159条・第237条各第2項第9号及び審査事務規程7－124⑽の規定により最大に積載量を算定する

散水車（640）

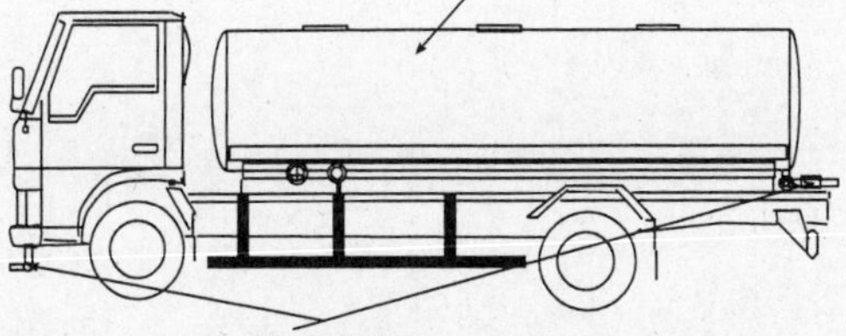

留　意　事　項

・　1の物品積載設備は、最大積載量を算定するものとする。
・　道路運送車両の保安基準の細目を定める告示第81条第2項第4号、第159条第2項第4号又は第237条第2項第4号参照

有　効　期　間

有効期間　・車両総重量8トン未満　**初回2年、以降1年**
　　　　　・車両総重量8トン以上　**1年**
ただし、乗車定員が11人以上の場合は**1年**

塵芥車（641）

塵芥を専用に運搬するために使用する自動車であって、次の各号に掲げる構造上の要件を満足しているものをいう。

1　塵芥を収納する物品積載設備を有し、かつ、客室（客室がない場合は、運転者席）と隔壁により区分されていること。

2　1の物品積載設備には、収集した塵芥を積み込むための適当な大きさの投入口を有すること。

3　1の物品積載設備には、投入された塵芥を1の物品積載設備に送り込む装置等及び収納した塵芥を排出するための機構を有すること。

4　3の設備を作動させる動力源及び操作装置を有すること。

塵芥を適切に収集し運搬するための最小限必要な構造設備を有していることを規定している。

・　物品積載設備は、細目告示第81条・第159条・第237条各第2項第9号及び審査事務規程7－124⑽の規定により最大に積載量を算定する。

(3)　特種な物品を運送するための特種な物品積載設備を有する自動車

塵芥車（641）

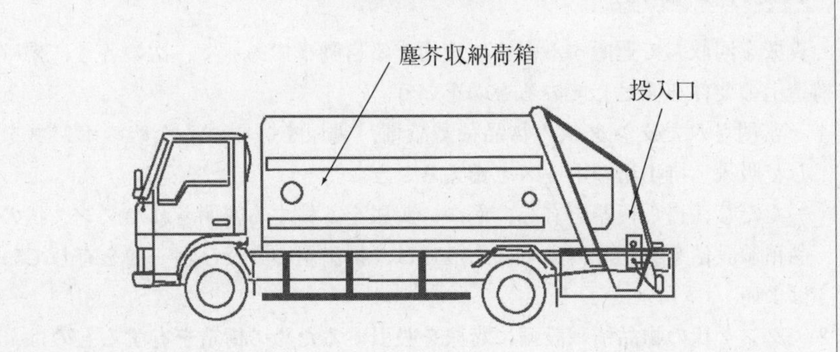

留　意　事　項

・　塵芥を収納する物品積載設備は、最大積載量を算定するものとする。

有　効　期　間

有効期間　・車両総重量８トン未満　初回２年、以降１年
　　　　　・車両総重量８トン以上　１年
ただし、乗車定員が11人以上の場合は１年

糞尿車（643）

糞尿を回収して運搬するために使用する自動車であって、次の各号に掲げる構造上の要件を満足しているものをいう。

1　密閉されたタンク状の物品積載設備、糞尿を吸引するためのポンプを有し、吸入・排出用のホースを備えること。

ただし、自ら便器を有し、かつ、糞尿を蓄積する密閉されたタンク状の物品積載設備を有する自動車にあっては、排出用の弁及びホースを有していればよい。

2　タンク状の物品積載設備に糞尿を吸引するための構造を有するものは、吸入ホースを接続できる構造であること。

3　1の吸引ポンプ（1のただし書きの自動車を除く。）を作動させるための動力源及び操作装置を有すること。

糞尿を回収し、収納して運搬するための最小限必要な構造設備を有していることを規定している。

・　物品積載設備は、細目告示第81条・第159条・第237条各第2項第9号及び審査事務規程7－124⑽の規定により最大に積載量を算定する。

(3) 特種な物品を運送するための特種な物品積載設備を有する自動車

糞尿車（643）

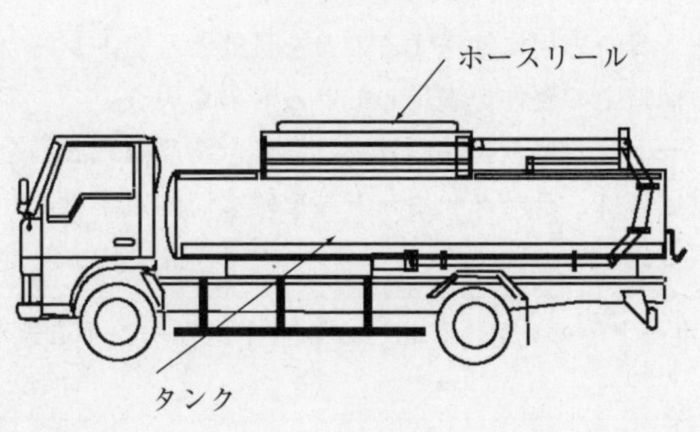

留 意 事 項

・　1の物品積載設備は、最大積載量を算定するものとする。
・　道路運送車両の保安基準の細目を定める告示第81条第2項第4号、第159条第2項第4号又は第237条第2項第4号参照

有 効 期 間

有効期間　・車両総重量8トン未満　**初回2年、以降1年**
　　　　　・車両総重量8トン以上　**1年**
ただし、乗車定員が11人以上の場合は**1年**

ボートトレーラ（611）

モーターボート等を専用に輸送することを目的としたトレーラであって、次の各号に掲げる構造上の要件を満足しているものをいう。

1　モーターボート等の積載物品の外形に応じた物品積載設備を有すること。

2　物品積載設備には、モーターボート等を確実に固定することができる金具等を有すること。

モーターボート等の「等」には、ジェットスキー、手こぎボート等が該当する。

・　物品積載設備は、細目告示第81条・第159条・第237条各第2項第9号及び審査事務規程7－124(10)の規定により最大に積載量を算定する。

ボートトレーラ（611）

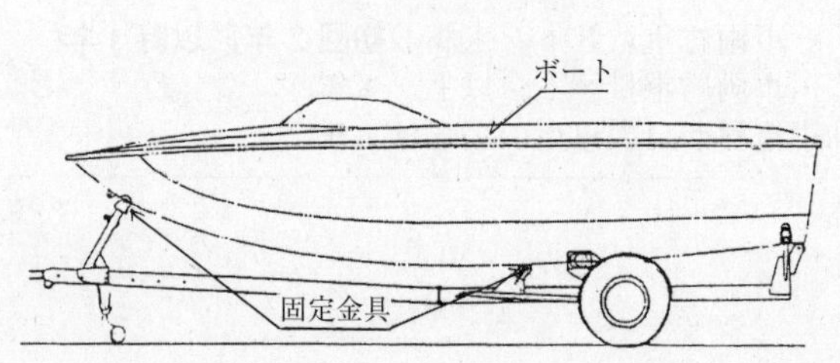

有　効　期　間

有効期間　・車両総重量８トン未満　**初回２年、以降１年**
　　　　　・車両総重量８トン以上　**１年**

ただし、乗車定員が11人以上の場合は**１年**

(3)　特種な物品を運送するための特種な物品積載設備を有する自動車

オートバイトレーラ（213）

オートバイを専用に輸送することを目的としたトレーラであって、次の各号に掲げる構造上の要件を満足しているものをいう。

1　オートバイの外形に応じた物品積載設備を有すること。

2　物品積載設備には、オートバイを確実に固定することができる金具等を有すること。

・　物品積載設備は、細目告示第81条・第159条・第237条各第２項第９号及び審査事務規程７－124⑽の規定により最大に積載量を算定する。

オートバイトレーラ（213）

有　効　期　間

有効期間　・車両総重量８トン未満　**初回２年、以降１年**

　　　　　・車両総重量８トン以上　**１年**

ただし、乗車定員が11人以上の場合は**１年**

スノーモービルトレーラ（214）

スノーモービルを専用に輸送することを目的としたトレーラであって、次の各号に掲げる構造上の要件を満足しているものをいう。

1　スノーモービルの外形に応じた物品積載設備を有すること。

2　物品積載設備には、スノーモービルを確実に固定することができる金具等を有すること。

・　物品積載設備は、細目告示第81条・第159条・第237条各第２項第９号及び審査事務規程７－124⑽の規定により最大に積載量を算定する。

スノーモービルトレーラ（214）

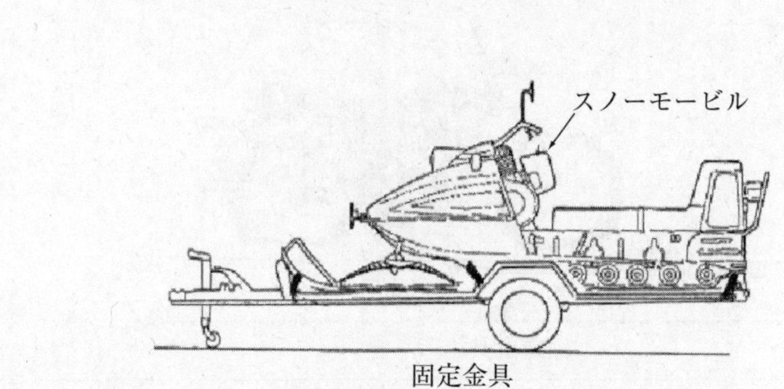

有　効　期　間

有効期間　・車両総重量８トン未満　**初回２年、以降１年**
　　　　　・車両総重量８トン以上　**１年**
ただし、乗車定員が11人以上の場合は**１年**

⑷ 高齢者、車いす利用者等を輸送するための特種な乗車装置を有する自動車

（用途区分通達４－１－３⑵の自動車）

患者輸送車（501）

車いす移動車（531）

(4) 高齢者、車いす利用者等を輸送するための特種な乗車装置を有する自動車

患者輸送車（501）

医療機関等において医療等の提供を受ける者（以下「患者等」という。）を輸送する自動車であって、次の各号に掲げる構造上の要件を満足しているものをいう。

なお、特種な目的に使用するための床面積を算定するための設備には、寝台又は担架の他、患者等１人につき介護人１人までの乗車設備を含めることができる。この場合における介護人の乗車設備は、１の設備の近くに設けられていること。

> 本規定は、１の設備の近くに設けられた介護人の乗車設備について、患者等１人につき介護人１人までの乗車設備に限り、特種な目的に使用する床面積に含めることができるとするものであり、１の設備の近くに介護人の乗車設備を設けることを義務付けているものではない。

また、用途区分通達４－１(3)の規定は、本車体の形状には適用しない。

> １から６の構造要件を満足しているものは、車体の形状が箱型等であっても患者輸送車と判断するものとする。

1　車室には、患者等の輸送のための専用の寝台又は担架及び当該担架を固定するための設備を有すること。

> ・　車室：63～65ページ参照
> ・　患者等を寝台又は担架で輸送するため、車室に寝台を備えるか、若しくは担架及びそれを固定するための設備を備えることを規定している。
> ・　ラゲッジスペースや普通荷台などの単なる平面、及びこれらの場所にマット等を敷いたものは、１の要件を満足していないと判断するものとする。

2　寝台又は担架の就寝部の上面は連続した平面であり、クッション材等により走行中の路面等からの衝撃が緩和されるものであること。

> 寝台又は担架に載った患者等に配慮した構造設備を有していることを規定している。

3　寝台及び担架の固定場所は、乗車設備の座席と兼用でないこと。

(4) 高齢者、車いす利用者等を輸送するための特種な乗車装置を有する自動車

・ 寝台及び担架を固定するための専用の場所が確保されており、乗車設備の座席の設置場所と兼用でなく、かつ、寝台及び担架と乗車設備の座席とが兼用でない設備であることを規定している。

4 寝台又は担架の就寝部の寸法は、患者等1人につき長さ1.8m以上、幅0.5m以上であり、かつ、就寝部の上方は、寝台又は担架を固定した状態において、当該寝台又は担架の上面から0.5m以上の空間を有すること。

患者等を安全に輸送するため、寝台又は担架の大きさと就寝部（寝台又は固定設備に固定した担架）の上方の空間寸法を確保することを規定している。

5 寝台又は担架に患者等を載せた状態で、容易に乗降できる適当な寸法を有する乗降口を当該自動車の右側面以外の面に1ヶ所以上設けられていること。

高齢者等の増加により、寝台又は担架を利用して患者等を輸送するニーズが存在すること、一方、道路構造による制約等からできるだけ小型の自動車のニーズが強くあること等から、乗降口の寸法を定量的に規定しないこととしたが、患者の乗降の安全性を確保するため、右側面以外の面に設けることを規定している。

なお、乗降口の寸法は、担架等に患者が載った状態で安全に乗降できることが求められているものである。

6 物品積載設備を有していないこと。

・ 患者輸送車は、患者等輸送を行うものであることから、物品積載設備を備えていないことを規定したものである。なお、輸送業務に伴って必要な用具等がある場合には、それは車両重量に含め積載量は算定しないこととする。

・ 患者等の看護のために必要な薬品等を収納する棚等が設置された部分については、物品積載設備には該当しないものとする。

薬品等を収納する棚等は、特種な設備と見なさない。

⑷　高齢者、車いす利用者等を輸送するための特種な乗車装置を有する自動車

患者輸送車（501）

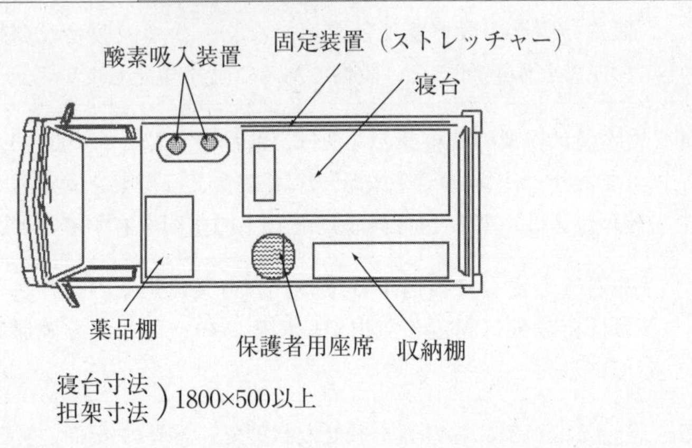

寝台寸法
担架寸法 ）1800×500以上

留　意　事　項

・　患者等の輸送の用に供する寝台又は担架等は、乗車定員を算定するものとする。

・　折りたたみ式座席等を設けている場所に設けられた担架の固定装置は、特種な目的に使用するための床面積を算定するための設備に含まないものとする。

・　上記を除き、複数の位置で担架を固定するための固定装置は、そのすべてを特種な目的に使用するための面積を算定するための設備に含むものとする。

・　患者等の看護のために必要な薬品等を収納する棚等が設置された部分については、物品積載設備には該当しないものとする。

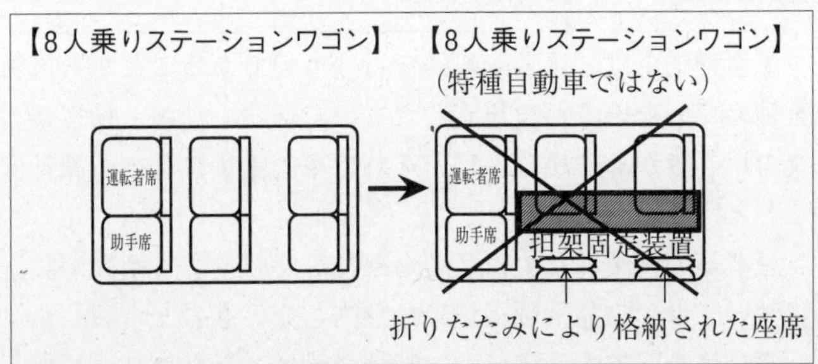

有　効　期　間

有効期間　2年
ただし、乗車定員が11人以上及び旅客運送事業用自動車の場合は1年

(4) 高齢者、車いす利用者等を輸送するための特種な乗車装置を有する自動車

車いす移動車（531）

車いすに着座した状態で乗降でき、かつ、車いすを固定することにより、専ら車いす利用者の移動の用に供する自動車であって、次の各号に掲げる構造上の要件を満足しているものをいう。

なお、特種な目的に使用するための床面積を算定するための設備には、車いすの利用者１人につき介護人１人までの乗車設備を含めることができる。この場合における介護人の乗車設備は、車いすの近くに設けられていること。

> 本規定は、１の設備の近くに設けられた介護人（車いす利用者への付添い人）の乗車設備について、車いすの利用者１人につき介護人１人までの乗車設備に限り、特種な目的に使用する床面積に含めることができるとするものであり、１の設備の近くに介護人の乗車設備を設けることを義務付けているものではない。

また、用途区分通達４－１(3)の規定は、本車体の形状には適用しないものとする。

> １から６の構造要件を満足しているものは、車体の形状が箱型等であっても車いす移動車と判断することとする。スロープ又はリフトゲート等は車枠又は車体に確実に固定されていること。

1　車室には、車いすを確実に車体に固定することができる装置を有すること。
2　車いす利用者が容易に乗降できるスロープ又はリフトゲート等の装置を有すること。

> 輸送中及び乗降中の車いす利用者の安全を確保するための最小限必要な構造設備を有していることを規定している。

3　車いすを固定する場所は、車いす利用者の安全な乗車を確保できるよう、必要な空間を有すること。
4　車いすに車いす利用者が着座した状態で、容易に乗降できる適当な寸法を有する乗降口を１ヶ所以上設けられていること。
5　４の乗降口から１の車いす固定装置に至るための適当な寸法を有する通路を有すること。

(4) 高齢者、車いす利用者等を輸送するための特種な乗車装置を有する自動車

> 高齢者の増加等により、車いす利用者の外出の機会の増加に対応するため、福祉施設、NPO（民間非営利組織）、ボランティア団体等による移送サービスも増加してきており、これらの車いす固定装置を備える自動車は大型バスから軽自動車まで様々なニーズが存在する。一方、道路構造による制約等からできるだけ小型の自動車のニーズが強くあること、車いすの寸法、障害者の体格等も千差万別であること等の実態であり、国内外で成熟した状況には至っていない。
>
> このため、車いすを固定する場所の上方空間、並びに乗降口及び通路の有効幅及び有効高さの寸法について、定量的に規定しないこととしたが、車いす利用者の乗降が安全に行える構造設備を有していることは当然のことである。

6　車いす利用者の安全を確保するため、車いす利用者が装着することができる座席ベルト等の安全装備を有すること。

> 輸送中の車いす利用者の安全を確保するため、座席ベルト等を装備することを規定している。
>
> 座席ベルト等の安全装備品とは、衝突等による衝撃を受けた場合において、車いす利用者が前方に移動することを防止することができる座席ベルト、追突等による衝撃を受けた場合において、車いす利用者の頭部の過度の後傾を有効に抑止することができるヘッドレストなどをいう。
>
> なお、座席ベルト等は、自動車又は車いすのどちらかに装備されていればよいと考える。

7　物品積載設備を有していないこと。

> ・　車いす移動車は、車いす利用者の移動を行うものであることから、物品積載設備を備えていないことを規定したものである。なお、車いす利用者の移動に伴って必要な用具等がある場合には、それは車両重量に含め積載量は算定しないこととする。

⑷ 高齢者、車いす利用者等を輸送するための特種な乗車装置を有する自動車

車いす移動車（531）

（参考）「身体障害者輸送車における車いすの取扱いについて」

（地技第284号　昭和60年９月13日）

身体障害者輸送車における車いすは身体障害者が安全な乗車を確保するために用いる補助的用具であると考えられる。

従って、道路運送車両の保安基準上は、車いすに対して座席に係る要件は課せられていないと解釈されるが、保安基準第20条（乗車装置）の規定に基づき乗車人員が動揺、衝撃等により転落又は転倒することなく安全な乗車を確保するため、車いすを車両に固定するための固定バンド等を車両へ備え付けること等が必要である。

なお、座席ベルト、頭部後傾抑止装置については、次により取扱うことが望ましい。

⑴　座席ベルトについては、可能な限り車いす用の二点式又は三点式の座席ベルトを備えるよう当該車両の使用者に対し指導すること。

⑵　頭部後傾抑止装置については、当該車両の被追突時における乗員保護（特にむち打ち症等の頸部損傷防止）対策として有効な手段であり、安全上車いす用の頭部後傾抑止装置を装備することが望ましい旨当該車両の使用者に対し啓蒙を図ること。

車体の形状が車いす移動車における特種な設備の占有する面積の算定方法について

（国自技第184号　平成14年１月15日）

特種用途自動車の取扱いについては、「自動車の用途等の区分について（依命通達）」（昭和35年９月６日付け自動車第452号。以下「用途区分通達」という。）及び「「自動車の用途等の区分について（依命通達）」の細部取扱いについて」（平成13年４月６日付け国自技第50号。以下「細部取扱通達」という。）により行っているところであるが、乗車定員が11人以上で、かつ、常時２基以上の車いす固定装置を専用に有する自動車であって、車体形状が「車いす移動車」となる場合の特種な設備の占有する面積の算定は、用途区分通達６に基づき、下記により取り扱うこととしたので、了知されたい。

なお、本取扱いを踏まえた特種な設備の占有する面積の算定事例を別添のとおり添付するので、検査業務の参考とされたい。

記

１．細部取扱通達「車いす移動車」の構造要件で規定する設備の他、車いす利用者に付帯する車いすを折り畳んで収納する場所、車いす利用者の用に供するヘッドレスト等の納入設備は、特種な設備の占有する面積に含めるものとする。

2．車いす利用者が車いすに乗ったまま乗降するために利用する車体に確実に固定されているリフト、スロープ等の設備については、これを展開した状態における基準面への投影面積を、特種な設備の占有する面積に含めるものとする。
3．運転者席を除く客室の床面積から、車いす利用者（介護人を含む）と健常者等が共通で利用する設備（乗降口、通路（非常口の通路を含む）、立席を算定する床面等）の基準面への投影面積は減じることができるものとする。

⑷　高齢者、車いす利用者等を輸送するための特種な乗車装置を有する自動車

車いす移動車（事例１）

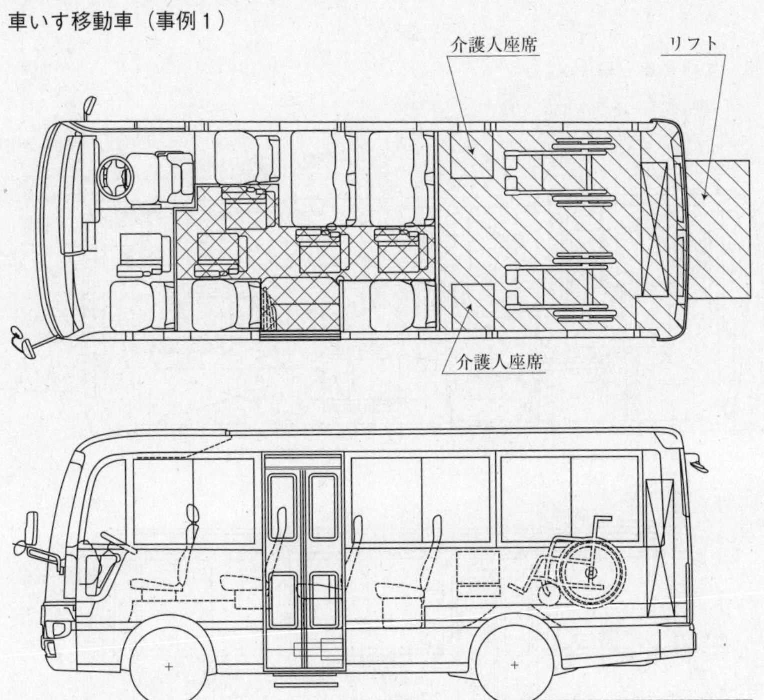

客室の面積から除外することができる面積

特種な設備の占有する面積

(4) 高齢者、車いす利用者等を輸送するための特種な乗車装置を有する自動車

車いす移動車（事例２）

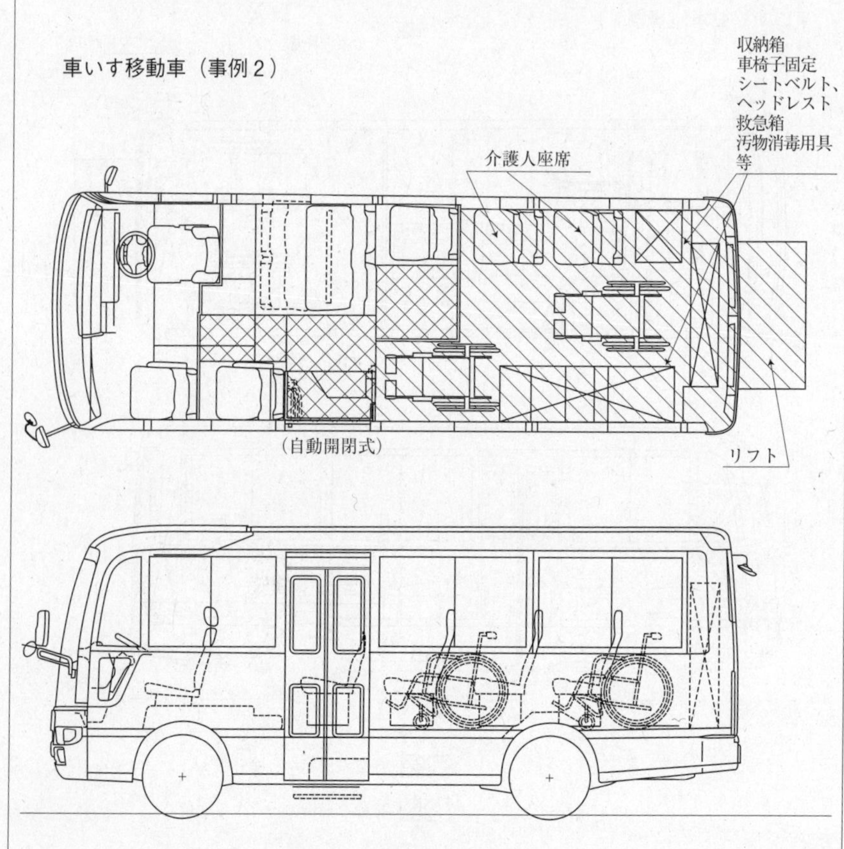

客室の面積から除外することができる面積

特種な設備の占有する面積

(4) 高齢者、車いす利用者等を輸送するための特種な乗車装置を有する自動車

車いす移動車（事例３）

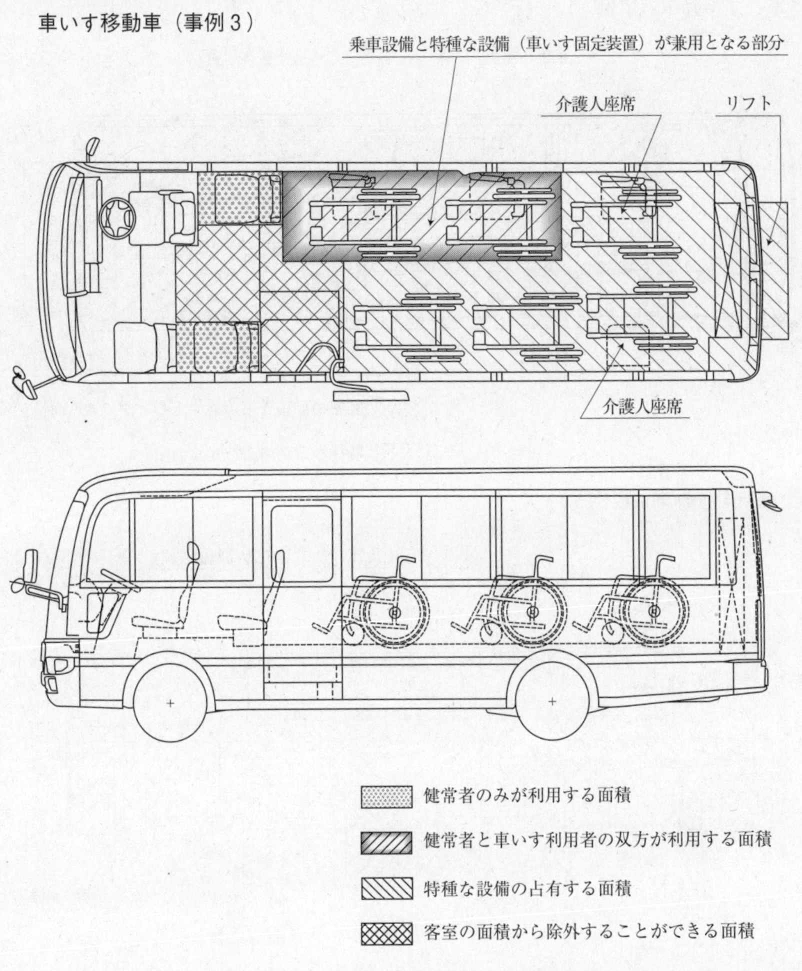

⑷ 高齢者、車いす利用者等を輸送するための特種な乗車装置を有する自動車

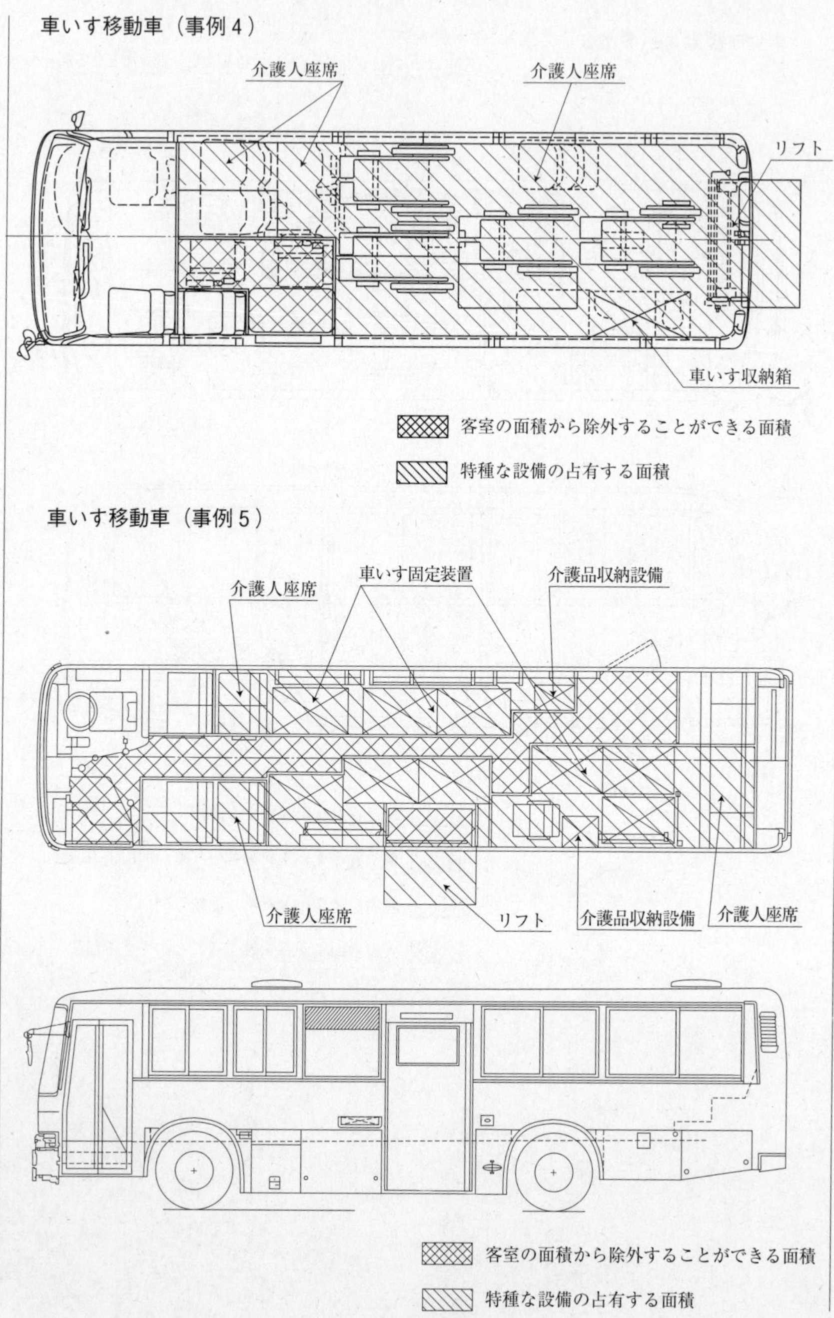

(4)　高齢者、車いす利用者等を輸送するための特種な乗車装置を有する自動車

車いす移動車（事例６）

脱着式座席を最大に利用した状態（一般22名＋車いす2名）

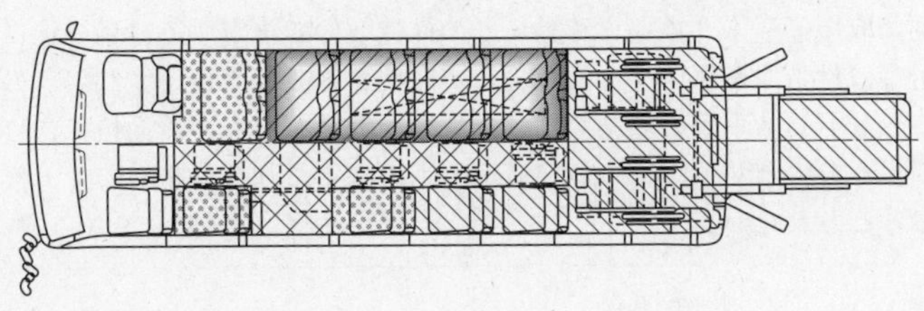

車いすを最大に利用した状態（一般12名＋車いす4名）

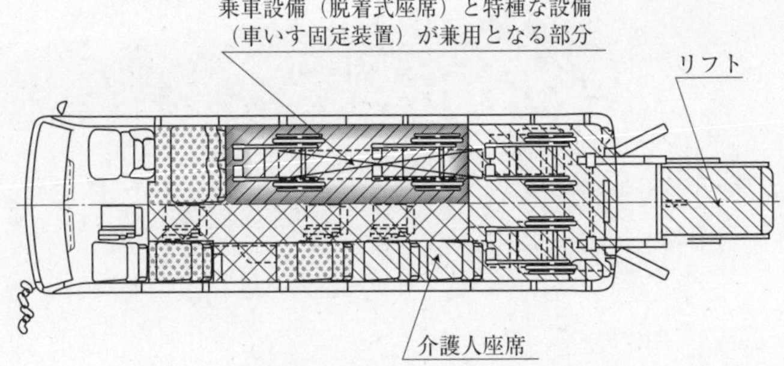

健常者のみが利用する面積

健常者と車いす利用者の双方が利用する面積

特種な設備の占有する面積

客室の面積から除外することができる面積

(参考)

脱着式座席を有し、脱着式座席を取り外した部位に脱着式座席を固定する装置を利用して車いすを装着できる乗車定員11人以上の自動車にあっては、脱着式座席を最大に利用した状態において定めた乗車定員を記載するほか、車いすを最大に利用した状態において定めた乗車定員をかっこ書で附記する。(記載例：24（16))

⑷ 高齢者、車いす利用者等を輸送するための特種な乗車装置を有する自動車

特種用途自動車の構造要件に係る取扱いについて（No.02）
—車いす移動車の構造要件—

（平成13年12月21日）

車いす移動車となる場合の特種な設備の占有する面積の算定については、細部取扱通達中「車いす移動車」の構造要件で規定する設備の他、車いす利用者に付帯する車いすを折り畳んで収納する設備、車いす利用者の用に供するヘッドレスト等の収納設備は、特種な設備の占有する面積に含めることができるものとして、その算定事例を別添のとおり添付するので、検査業務の参考とされたい。

⑷　高齢者、車いす利用者等を輸送するための特種な乗車装置を有する自動車

車いす移動車（事例１）

車いす移動車　床面積計画書

⑴　占有部分床面積

・車いす固定装置　　1260×890＝1121400㎟　－　A

⑵　客室床面積

・運転者席後方には乗車設備面積はなし　　0 ㎟　－　B

⑶　特種な設備の占有する面積

A÷（A＋B）＝1121400÷（1121400＋０）＝1.00＞0.5

⑷　検討結果

占有部分床面積は客室床面積の１／２を超えており、特種用途自動車の面積要件を満たしております。

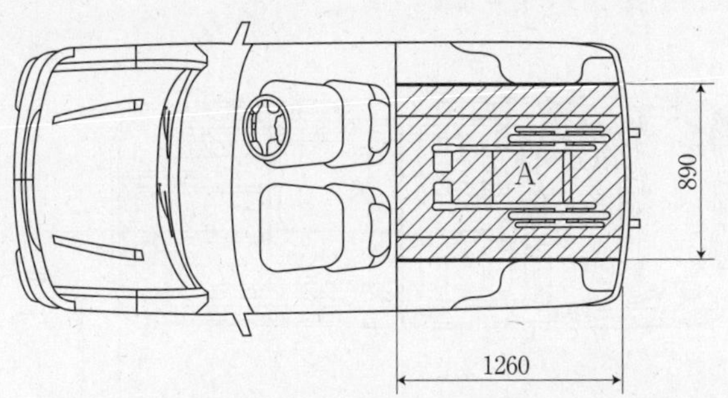

▨部…リフター及び車いす固定装置

(4)　高齢者、車いす利用者等を輸送するための特種な乗車装置を有する自動車

車いす移動車（事例２）

車いす移動車　床面積計画書

(1)　客室床面積　　1070×730＝781100㎟　－　B

(2)　占有部分床面積

・車いす乗降用リフター及び車いす固定装置

1020×1470＝1499400㎟

・介護人席　　730×400＝292000㎟

占有部分床面積合計　1791400㎟　－　A

(3)　特種な設備の占有する面積

A ÷（A＋B）＝1791400÷（1791400＋781100）＝0.696＞0.5

(4)　検討結果

占有部分床面積は客室床面積の１/２を超えており、特種用途自動車の面積要件を満たしております。

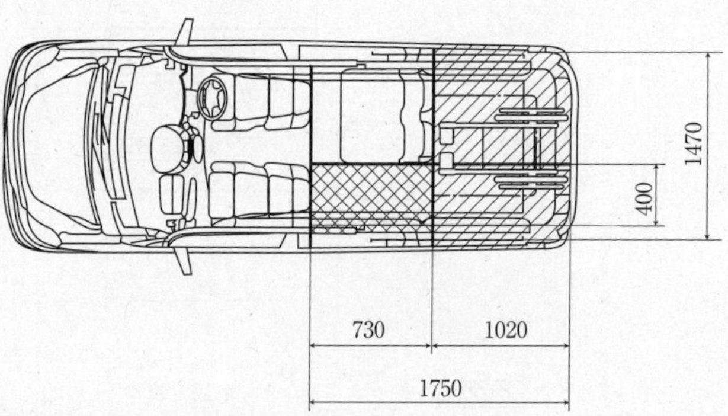

部…リフター及び車いす固定装置

部…介護人席

⑷　高齢者、車いす利用者等を輸送するための特種な乗車装置を有する自動車

車いす移動車（事例３）

車いす移動車　床面積計画書

⑴　後室床面積　　2975×1510＝4492250㎟　－　①

⑵　占有部分床面積

・車いす乗降用リフター及び車いす固定装置

1505×1510＝2272550㎟

770×　995＝　766150㎟

・介護人席　　1040×　465＝　463600㎟

占有部分床面積合計　3522300㎟　－　②

⑶　後室床面積に対する占有部分床面積の割合

②　÷　①　＝0.784＞0.5

⑷　検討結果

占有部分床面積は後室床面積の１／２を超えており、特種用途自動車の面積要件を満たしております。

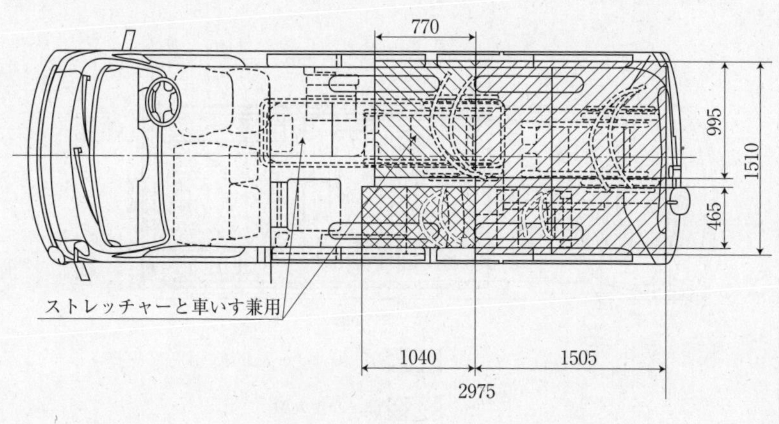

と　部…リフター及び車いす固定装置

部…介護人席

⑷　高齢者、車いす利用者等を輸送するための特種な乗車装置を有する自動車

車いす移動車（事例４）

車いす移動車　床面積計画書

⑴　占有部分床面積

①　介護人席
②　リフター、車いす固定装置
③　リフター（モーター部）
④　車いす収納台

1410×1510＝2129100㎟
830×　400＝　332000㎟

占有部分床面積合計　2461100㎟　－　A

⑵　客室床面積　1610×1510－332000＝2099100㎟　－　B
（介護人席）

⑶　特種な設備の占有する面積

A÷（A＋B）＝2461100÷（2461100＋2099100）＝0. 539＞0. 5

⑷　検討結果

占有部分床面積は客室床面積の１/２を超えており、特種用途自動車の面積要件を満たしております。

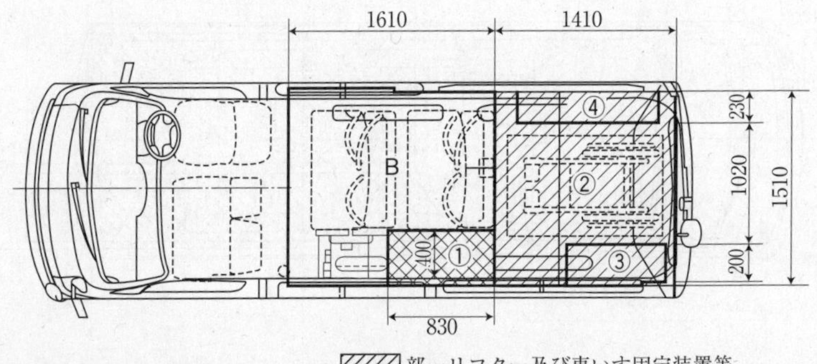

部…リフター及び車いす固定装置等

部…介護人席

⑷　高齢者、車いす利用者等を輸送するための特種な乗車装置を有する自動車

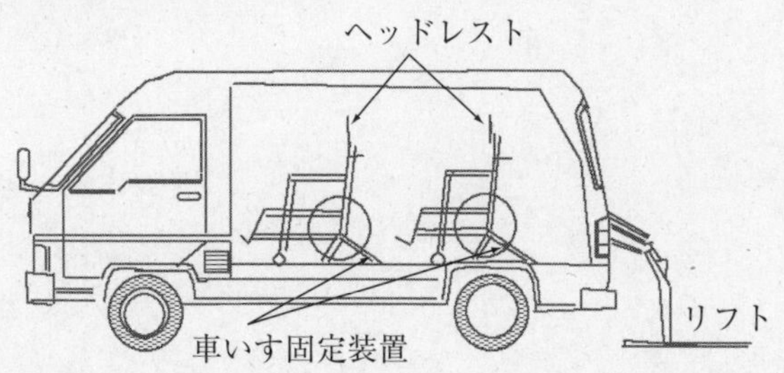

留　意　事　項

・　車いすの利用者は、乗車定員として算定するものとする。
・　折りたたみ式座席等を設けている場所に設けられた車いす固定装置は、特種な目的に使用するための床面積を算定するための設備に含まないものとする。

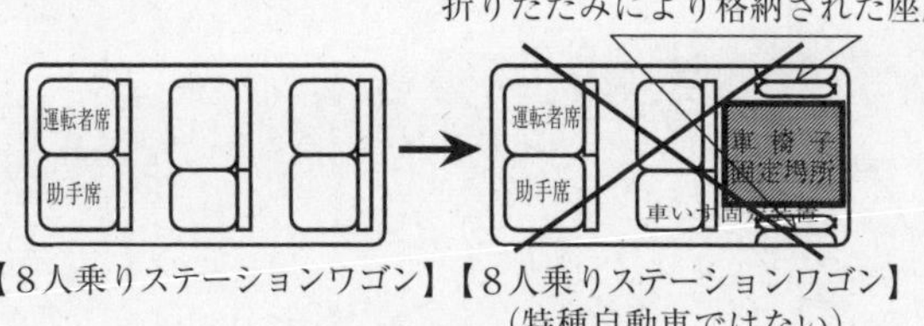

有　効　期　間

有効期間　２年
ただし、乗車定員が11人以上及び旅客運送事業用自動車の場合は１年

(5) 特種な作業を行うための特種な設備を有する自動車

(用途区分通達４－１－３(3)の自動車)

消毒車（504）
寝具乾燥車（505）
入浴車（508）
ボイラー車（535）
検査測定車（545）
穴掘建柱車（551）
ウインチ車（552）
クレーン車（553）
くい打車（554）
コンクリート作業車（556）
コンベア車（557）
道路作業車（558）
梯子車（559）
ポンプ車（560）
コンプレッサー車（561）
農業作業車（562）
クレーン用台車（563）
空港作業車（580）
構内作業車（585）
工作車（590）
工業作業車（592）
レッカー車（622）
写真撮影車（624）
事務室車（625）
加工車（630）
食堂車（631）
清掃車（642）
電気作業車（660）
電源車（661）
照明車（663）
架線修理車（670）
高所作業車（671）

消毒車（504）

消毒剤等の薬剤を散布等するために使用する自動車であって、次の各号に掲げる構造上の要件を満足しているものをいう。

1　消毒剤等を収納する容器及び消毒剤等を散布等するためのポンプ、噴射ノズル等の設備を有すること。

- 消毒剤等を収納する容器には、積載量を算定する。
- 家庭用又は携帯用散布機器は、1の設備には該当しない。

2　ポンプを作動させるための動力源及び操作装置を有すること。

手動により蓄積した圧縮空気を動力源とするものは、この要件を満足していないと判断する。

3　消毒剤等を散布等するための装置は、ノズル部の伸縮及びバルブの開閉等が行える構造であること。

- 構造要件1の消毒剤等を収納する容器には、容量に見合った積載量を算定する。
  この場合、消毒剤等を収納する容器の占める床面積は「特種な設備の占有する床面積」とする。
- 消毒剤等を収納する容器以外に物品積載設備を有している場合には、細目告示第81条・第159条・第237条各第2項第9号及び審査事務規程7－124（10）の規定により最大に積載量を算定する。
- 当該特種自動車の本来の用途に使用するために最小限必要な工具等を積載するための500kg以下の積載量の場合にあっては、使用者が何を積載するのかの申告による積載量とすることができる。
  この場合における物品積載設備の占める床面積は、「特種な設備の占有する床面積」とは判断しない。

⑸　特種な作業を行うための特種な設備を有する自動車

消毒車（504）

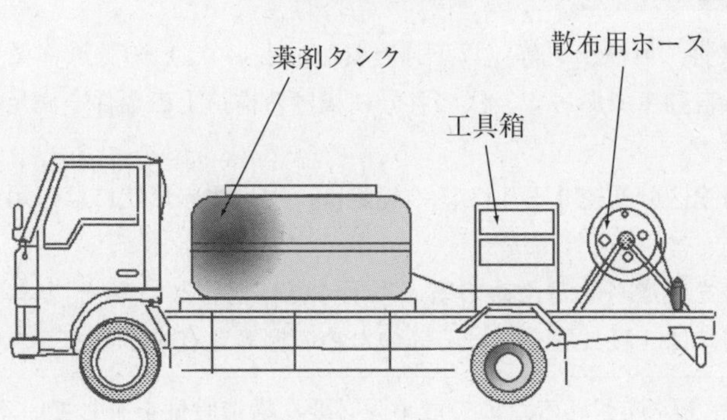

留　意　事　項

・　消毒剤等の薬剤は積載量として算定するものとする。
・　１の噴射ノズル等の設備は、車両重量に含めるものとする。
・　家庭用薬剤散布器、携帯用薬剤散布器、及びこれらに類するものは、１の設備には該当しないものとする。

有　効　期　間

【積載量がない場合又は積載量が500kg以下の場合】
　有効期間　2年
【積載量が500kg超の場合】
　有効期間　・車両総重量８トン未満　初回2年、以降1年
　　　　　　・車両総重量８トン以上　1年
　ただし、乗車定員が11人以上の場合は1年

寝具乾燥車（505）

寝具、衣料、カーテン等（以下「寝具等」という。）の乾燥作業を行うために使用する自動車であって、次の各号に掲げる構造上の要件を満足しているものをいう。

なお、用途区分通達4－1(3)②の規定は、本車体の形状には適用しないものとする。

1　寝具等を乾燥させるための室（以下「乾燥室」という。）を有し、かつ、乾燥室内には、寝具等を掛ける等のための棚等を有すること。

> 寝具等を乾燥させるための最小限必要な構造設備を有していることを規定している。
>
> なお、寝具等を掛ける等のための棚等は、乾燥させる寝具等を掛けるためのものであり、物品積載設備には該当しないものと判断する。
>
> また、この場合の乾燥室は、荷台そのものが特種な設備であるものとする。従って、用途区分通達4－1(3)②のバン型荷台とはみなさない。

2　乾燥室は、客室（客室がない場合は、運転者席）と隔壁により区分されていること。

> ・　客室：63～65ページ参照
>
> ・　客室の安全性を確保するため、乾燥室と明確に区分することを規定したものである。

3　乾燥室は、寝具等を出し入れするための適当な大きさの扉を有すること。

4　電熱器等で発生させた温風を、乾燥室に送風することができる構造であること。

5　電熱器等の乾燥装置及びこれを作動させるための動力源及び操作装置を有すること。

ただし、外部から動力の供給を受けることにより電熱器等の乾燥装置を作動させるものにあっては、動力の受給装置及び操作装置を有するものであること。

> 寝具乾燥車の要件と入浴車の要件の両方の機能を備えている場合には、面積の大きい方の車体形状とする。

⑸　特種な作業を行うための特種な設備を有する自動車

・　物品積載設備を有している場合は、細目告示第81条・第159条・第237条各第2項第9号及び審査事務規程7－124⑽の規定により最大に積載量を算定する。

・　当該特種自動車の本来の用途に使用するために最小限必要な工具等を積載するための500kg 以下の積載量の場合にあっては、使用者が何を積載するのかの申告による積載量とすることができる。

　この場合における物品積載設備の占める床面積は、「特種な設備の占有する床面積」とは判断しない。

寝具乾燥車（505）

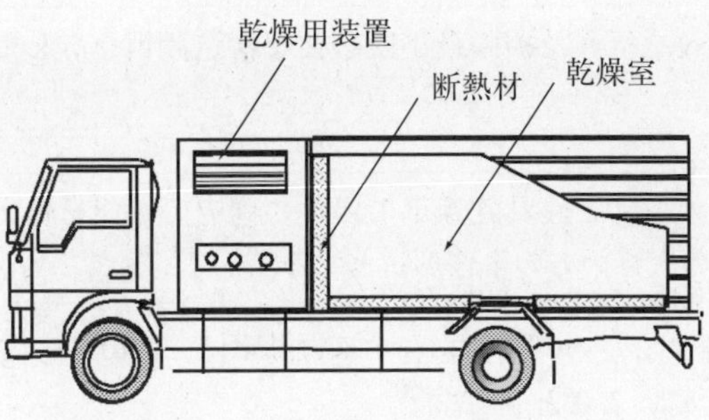

留　意　事　項

・　家庭用の寝具乾燥機、暖房用電熱器、セラミックヒータ、エアコンディショナ、ヘアドライヤ若しくは当該自動車に備えられた乗員用のエアコン、ヒータ等の冷暖房装置等その他これらに類するものは、この場合の電熱器等には該当しないものとする。

有　効　期　間

【積載量がない場合又は積載量が500kg以下の場合】
　有効期間　2年
【積載量が500kg超の場合】
　有効期間　・車両総重量8トン未満　初回2年、以降1年
　　　　　　・車両総重量8トン以上　1年
　ただし、乗車定員が11人以上の場合は1年

入浴車（508）

入浴介護等のために使用する自動車であって、次の１又は２のいずれかに掲げる構造上の要件を満足しているものをいう。

1 入浴介護を行うための設備を有する自動車は、次の各号に掲げる構造上の要件を満足していること。

(1) 成人が入浴できる浴槽を有し、かつ、温水器等を有すること。
なお、浴槽は着脱式であってもよい。

(2) 浴槽を満たすための十分な容量を有する水タンク等を有するか、又は最寄りの水道栓から水を取り入れて温水器等に給水することができる構造であり、かつ、温水器からの温水を浴槽に導くことができる構造を有すること。

> 入浴介護を行うための最小限必要な構造設備を有していることを規定している。

> 入浴車の要件と寝具乾燥車の要件の両方の機能を備えている場合には、面積の大きい方の車体形状とする。

2 遺体を湯灌するための設備を有する自動車は、次の各号に掲げる構造上の要件を満足していること。

(1) 成人の遺体を湯灌できる浴槽を有し、かつ、温水器等を有すること。
なお、浴槽は着脱式であってもよい。

(2) 浴槽を満たすための十分な容量を有する水タンク等を有するか、又は最寄りの水道栓から水を取り入れて温水器等に給水することができる構造であり、かつ、温水器からの温水を浴槽に導くことができる構造を有すること。

(3) 使用済みの排水を回収し、収納することができるタンクを有すること。

> 遺体を湯灌するための最小限必要な構造設備を有していることを規定している。

> ・ 構造要件１(2)、２(2)の水タンク等の浴用水は車両重量に含め、積載量を算定しない。
>
> この場合、水タンク等の占める床面積は、「特種な設備の占有する

面積」と判断する。

・　水タンク等以外の物品積載設備を有している場合には、細目告示第81条・第159条・第237条各第２項第９号及び審査事務規程７－124(10)の規定により最大に積載量を算定する。

・　当該特種自動車の本来の用途に使用するために最小限必要な工具等を積載するための500kg 以下の積載量の場合にあっては、使用者が何を積載するのかの申告による積載量とすることができる。

この場合における物品積載設備の占める床面積は、「特種な設備の占有する床面積」とは判断しない。

・　遺体を湯灌するための浴槽が着脱できる設備であっても、運行時において浴槽を設置する専用の場所及び着脱専用の設備（浴槽側及び車体側）を有しているものにあっては、入浴車（湯灌）の構造要件で規定する「成人が入浴する浴槽を有する」に該当するものとして取り扱って差し支えない。

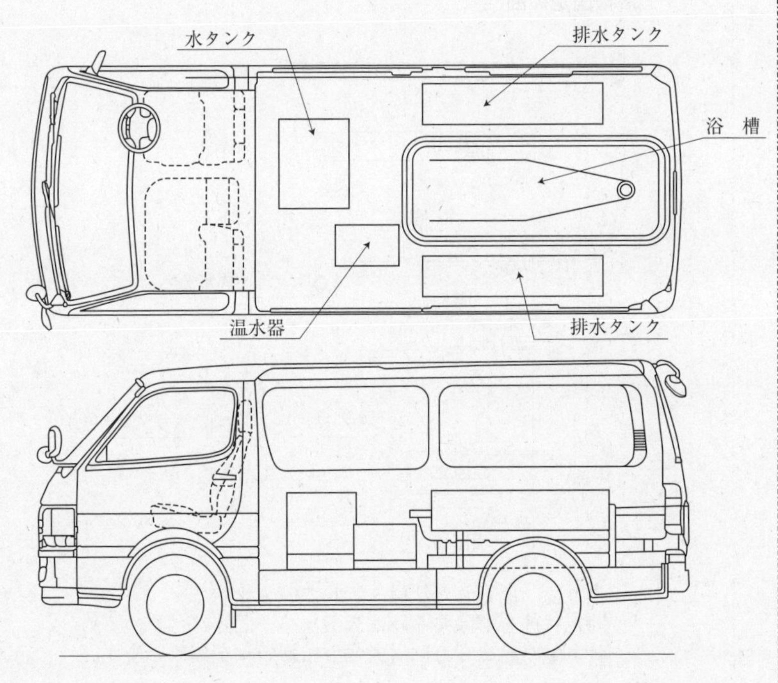

(5) 特種な作業を行うための特種な設備を有する自動車

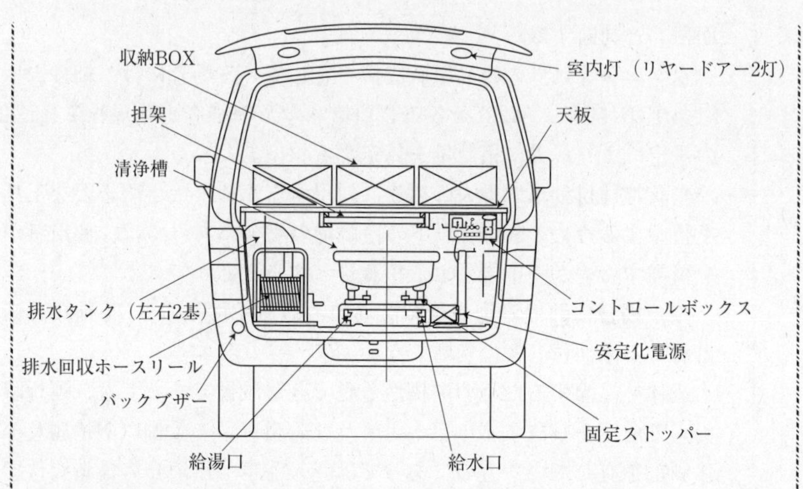

浴槽固定の図

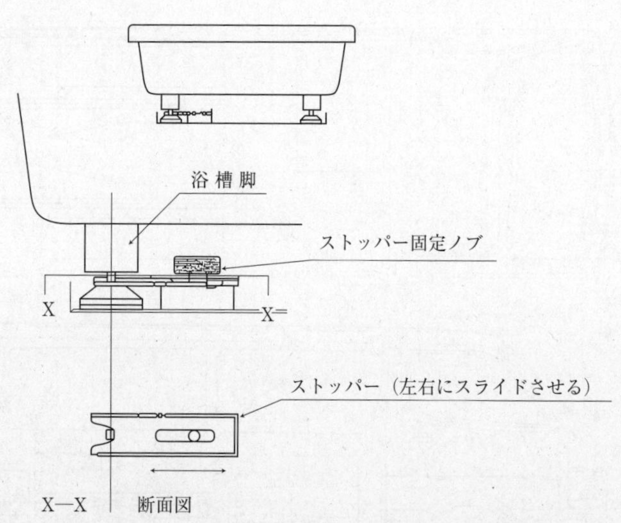

これは　固定した状態を示しています。
固定状態を解除する時はストッパー固定ノブをゆるめ
ストッパーを右方向に引き浴槽脚の軸を開放します。

(5) 特種な作業を行うための特種な設備を有する自動車

入浴車（508）

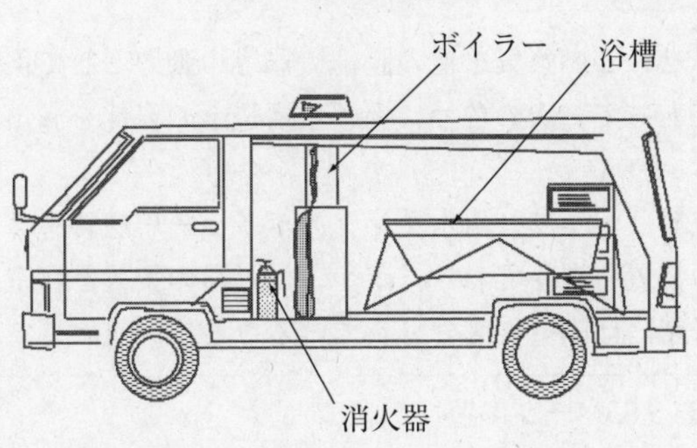

留　意　事　項

・　水タンク等の浴用水は、車両重量に含め、積載量を算定しないものとする。

有　効　期　間

【積載量がない場合又は積載量が500kg以下の場合】
　有効期間　２年
【積載量が500kg超の場合】
　有効期間　・車両総重量８トン未満　初回２年、以降１年
　　　　　　・車両総重量８トン以上　１年
　ただし、乗車定員が11人以上の場合は１年

ボイラー車（535）

蒸気を発生させ、この蒸気を他の設備機器等の動力として供給するために使用する自動車であって、次の各号に掲げる構造上の要件を満足しているものをいう。

1 ボイラー装置、ボイラー用水タンク、ボイラー用燃料タンク及び蒸気を供給するための装置を有しており、かつ、これらの装置と客室（客室がない場合は、運転者席）は隔壁で区分されていること。

・ 客室：63～65ページ参照
・ ボイラー用の装置に係る構造設備を有していることを規定している。

2 ボイラー装置には、圧力に応じて作動する安全弁を有すること。
3 ボイラー装置を作動させるための動力源及び操作装置を有すること。

・ 構造要件１のボイラー用水タンク、ボイラー用燃料タンクの装置には、容量に見合った積載量を算定する。
この場合、ボイラー用水タンク、ボイラー用燃料タンクの装置の占める床面積は、「特種な設備の占有する床面積」と判断する。
・ ボイラーの水、燃料等のボイラー装置以外の物品積載設備を有している場合には、細目告示第81条・第159条・第237条各第２項第９号及び審査事務規程７－124⑽の規定により最大に積載量を算定する。
・ 当該特種自動車の本来の用途に使用するために最小限必要な工具等を積載するための500kg 以下の積載量の場合にあっては、使用者が何を積載するのかの申告による積載量とすることができる。
この場合における物品積載設備の占める床面積は、「特種な設備の占有する床面積」とは判断しない。

(5) 特種な作業を行うための特種な設備を有する自動車

ボイラー車（535）

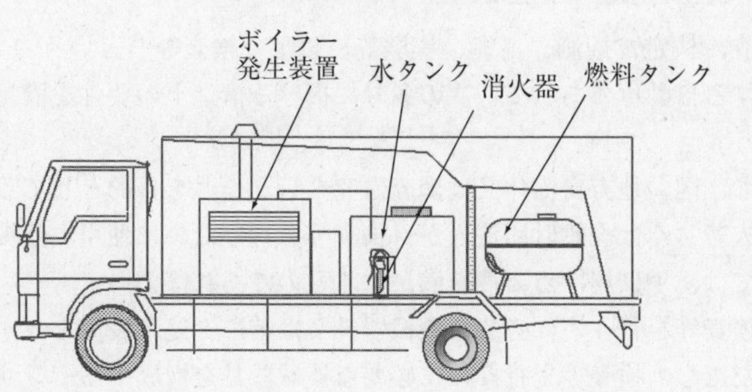

留　意　事　項

・　ボイラー用の水、燃料等は、積載量を算定するものとする。
・　発生させた蒸気を自ら走行又は当該自動車に搭載した設備機器等に供給して消費するものは、ボイラー車として扱わないものとする。

有　効　期　間

【積載量がない場合又は積載量が500kg以下の場合】
　有効期間　2年
【積載量が500kg超の場合】
　有効期間　・車両総重量８トン未満　初回２年、以降１年
　　　　　　・車両総重量８トン以上　１年
　ただし、乗車定員が11人以上の場合は１年

検査測定車（545）

検査、検定、観測、計測、実験等（以下「検査等」という。）を行うために使用する自動車であって、次の各号に掲げる構造上の要件を満足しているものをいう。

なお、国、地方自治体又は調査研究を行うことを目的として設立した一般社団法人若しくは一般財団法人が、検査等を行うために使用する被牽引自動車にあっては、1に掲げる要件を満足するものであればよい。

1　検査等を行うのに必要な機械器具又はデータ処理装置を有すること。

ただし、検査等を行うのに必要な機械器具を構成するセンサー、アンテナ等、検出部は自動車の車室外に設置、展開して使用するものであってもよい。この場合において、特種な目的に使用するための面積には、車室外において検出部を調整するために自動車の車体外表面に設置された作業スペースを含めることができる。

なお、ノギス、マイクロメータ等、手に持って検査等を行うことができる機械器具は、この場合の検査等に必要な機械器具に該当しないものとする。

- 検査等を行うための最小限必要な構造設備を有していることを規定している。
- 固定的な装置を有することが必要であり、手持ちの検査用の機械器具等はこの要件の「機械器具及びデータ処理装置」に該当しない。

2　1の作業スペースが屋根部に設けられている場合にあっては、作業スペースに至るための安全に昇降できる階段、はしご等を有していること。

3　1の機械器具及びデータ処理装置の付近には、これを用いて検査等に携わる者の作業空間として床面から上方に1,200㎜以上が確保されていること。

検査等の測定及びデータ処理を行うために必要な空間を規定している。
なお、作業空間の測定は、次のとおり行う。

【作業空間の測定】

作業者が操作を必要とする機械器具及びデータ処理装置が設置されている床面の正面部分の位置において作業空間が確保されているかどうか計測する。

(5) 特種な作業を行うための特種な設備を有する自動車

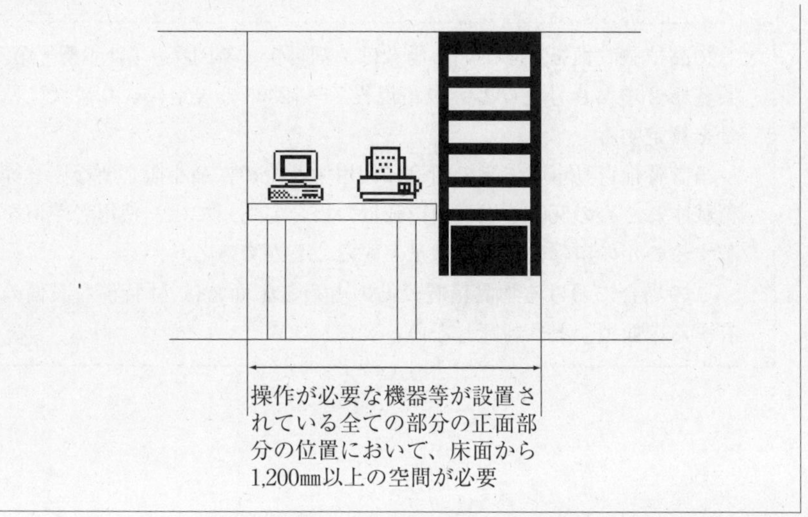

4　検査等の作業で使用する椅子は、乗車装置の座席と兼用でないこと。

ただし、専ら走行中に検査等を行う自動車にあっては、この限りでない。

この場合において、特種な目的に使用するための面積を算定するための設備には、検査等を行う機械器具又はデータ処理装置の近くに設けられた１人分の乗車設備を含めることができる。

- 基本的には乗車設備と検査作業用椅子の兼用は認めないが、検査の性質上その作業が走行中に行われると判断されるものについては兼用することができることとした。
- 乗車設備と兼用でない（乗車定員を算定しない）検査作業用椅子が専用に設けられている場合には、その占める床面積は、「特種な設備の占有する面積」と判断する。
- 乗車設備と兼用する（乗車定員を算定する）検査作業用椅子の占める床面積は、検査器具等の近くに設けられた１人分のみ「特種な設備の占有する面積」と判断することができる。（検査器具等の設備が２ヶ所以上に設置されている場合は各々１人分）
- 乗車定員を算定する椅子（乗車設備）は保安基準に適合したものであること。

⑸　特種な作業を行うための特種な設備を有する自動車

・　物品積載設備を有している場合は、細目告示第81条・第159条・第237条各第2項第9号及び審査事務規程7－124⑽の規定により最大に積載量を算定する。

・　当該特種自動車の本来の用途に使用するために最小限必要な工具等を積載するための500kg以下の積載量の場合にあっては、使用者が何を積載するのかの申告による積載量とすることができる。

この場合における物品積載設備の占める床面積は、「特種な設備の占有する床面積」とは判断しない。

⑸　特種な作業を行うための特種な設備を有する自動車

検査測定車（545）

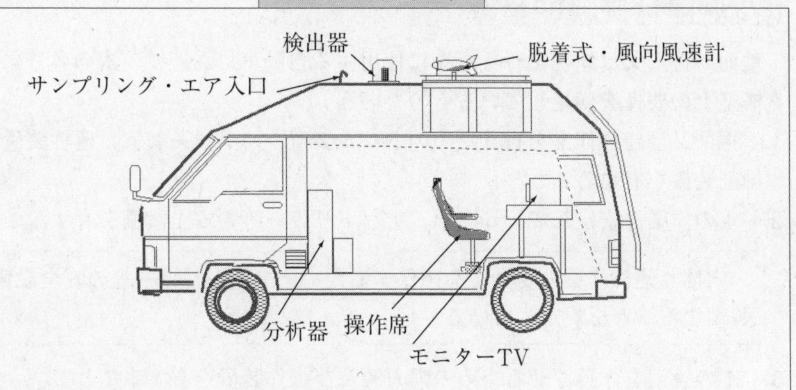

留　意　事　項

・　構造要件中なお書きに定める自動車であって、かつ、国又は地方自治体が使用者となる場合にあっては、その者が使用者となることを委任状等の書面により確認を行うものとする。

・　構造要件中なお書きに定める自動車であって、かつ、当該自動車の使用者が調査研究を行うことを目的として設立した一般社団法人又は一般財団法人となる場合には、当該法人の定款等で検査等を行うこととしている書面の写しの提出を求めるものとする。

なお、当該自動車の所有者が検査測定車として道路運送車両法第71条に規定する予備検査を受ける場合においては、交付申請時に当該書面の写しの提出を求め確認を行うものとする。

・　ルーフラック・キャリア等の各種ラック類、ボンネット、トランク、屋根本体及びこれらに類する部位は、1「自動車の車体外表面に設置された作業スペース」に該当しないものとする。

有　効　期　間

【積載量がない場合又は積載量が500kg以下の場合】

有効期間　２年

【積載量が500kg超の場合】

有効期間　・車両総重量８トン未満　初回２年、以降１年

・車両総重量８トン以上　１年

ただし、乗車定員が11人以上の場合は１年

穴掘建柱車（551）

地面の掘削又は建柱を行うために使用する自動車であって、次の各号に掲げる構造上の要件を満足しているものをいう。

1　掘削又は建柱作業を行うためのドリル装置、ハンマー装置、建柱装置又は掘削装置を有すること。

2　1の作業を安定して行うため、アウトリガー等の安全設備を有すること。

> 穴掘り建柱作業の安全性を確保するため、アウトリガー等の安全設備を装備することを規定している。

3　1の設備を作動させるための動力源及び操作装置を有すること。

> ・　物品積載設備を有している場合は、細目告示第81条・第159条・第237条各第2項第9号及び審査事務規程7－124⑽の規定により最大に積載量を算定する。
>
> ・　当該特種自動車の本来の用途に使用するために最小限必要な工具等を積載するための500kg以下の積載量の場合にあっては、使用者が何を積載するのかの申告による積載量とすることができる。
>
> 　この場合における物品積載設備の占める床面積は、「特種な設備の占有する床面積」とは判断しない。
>
> ・　最大に積載量を算定した場合、積載物を後方に突出して積載できない構造である場合を除き、リヤオーバーハングが最遠軸距の2分の1（小型車にあっては20分の11）以下の規定が適用になることに注意が必要である。

(5) 特種な作業を行うための特種な設備を有する自動車

穴掘建柱車（551）

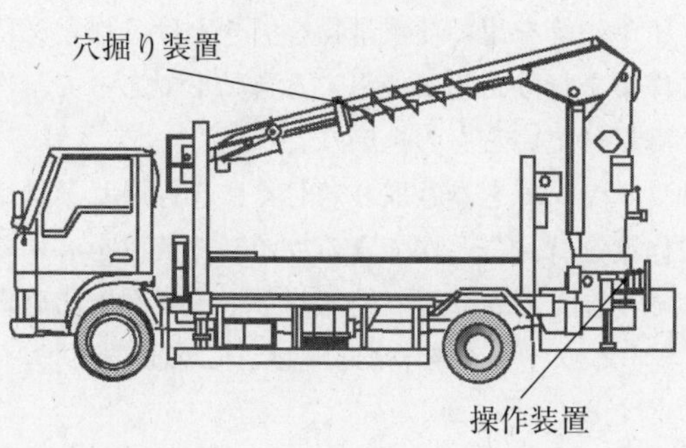

有　効　期　間

【積載量がない場合又は積載量が500kg以下の場合】
有効期間　２年
【積載量が500kg超の場合】
有効期間　・車両総重量８トン未満　初回２年、以降１年
　　　　　・車両総重量８トン以上　１年
ただし、乗車定員が11人以上の場合は１年

⑸　特種な作業を行うための特種な設備を有する自動車

ウインチ車（552）

ロープ又はワイヤー等を用いて重量物を引き上げる作業又は電力ケーブルの引き入れ・撤去作業を行うために使用する自動車であって、次の各号に掲げる構造上の要件を満足しているものをいう。

1　ロープ又はワイヤー等を巻き取り若しくは巻き戻し又は電力ケーブルの引き入れ・撤去作業を行うことができるウインチ装置を有すること。

　ただし、車両の前部又は車両の後部若しくは荷役用に荷台等に備えたウインチ（これに類するウインチを含む。）は、この場合のウインチ装置には該当しないものとする。

2　巻き取り等の作業を安定して行うため、アウトリガー等の安全設備を有すること。

3　ウインチを作動させるための動力源及び操作装置を有すること。

・　重量物の巻き取り等のための最小限必要な構造設備を有しており、重量物の巻き取り等の作業の安全性を確保するため、アウトリガー等の安全設備を装備することを規定している。

・　ここでいう「ウインチ装置」に該当しない例

⑴　RV 車等の前部又は後部に備えられたウインチ

⑵　荷台に設けられた荷役用のウインチ

・　物品積載設備を有している場合は、細目告示第81条・第159条・第237条各第２項第９号及び審査事務規程７－124⑽の規定により最大に積載量を算定する。

・　当該特種自動車の本来の用途に使用するために最小限必要な工具等を積載するための500kg以下の積載量の場合にあっては、使用者が何を積載するのかの申告による積載量とすることができる。

　この場合における物品積載設備の占める床面積は、「特種な設備の占有する床面積」とは判断しない。

・　最大に積載量を算定した場合、積載物を後方に突出して積載できない構造である場合を除き、リヤオーバーハングが最遠軸距の２分の１（小型車にあっては20分の11）以下の規定が適用になることに注意が必要である。

(5) 特種な作業を行うための特種な設備を有する自動車

ウインチ車（552）

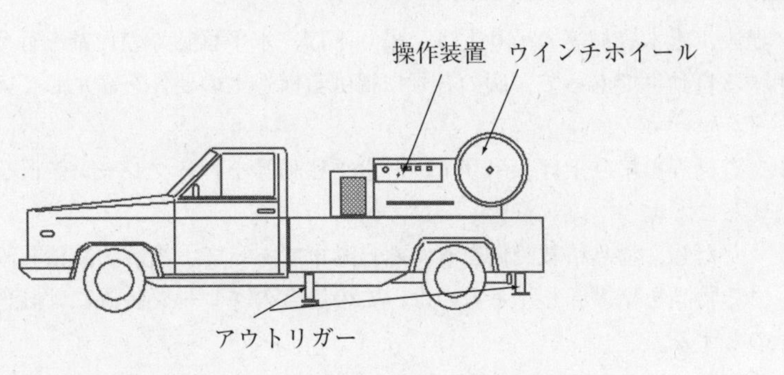

有 効 期 間

【積載量がない場合又は積載量が500kg以下の場合】
　有効期間　2年
【積載量が500kg超の場合】
　有効期間　・車両総重量８トン未満　初回2年、以降1年
　　　　　　・車両総重量８トン以上　1年
　ただし、乗車定員が11人以上の場合は1年

クレーン車（553）

建設、土木資材等の吊り上げ、吊り下げ、水平移動等の作業を行うために使用する自動車であって、次の各号に掲げる構造上の要件を満足しているものをいう。

1　資材等を吊り上げ、吊り下げ、水平移動等を行うクレーン装置を車台に有すること。

ただし、物品積載設備を有する自動車であって、当該物品積載設備に積載する物品を積み卸しするものは、この場合のクレーン装置には該当しないものとする。

> 自車の貨物を積み卸しするためのものは、この場合のクレーン装置に当たらないものとする。

2　クレーン作業を安定して行うため、アウトリガー等の安全設備を有すること。

> クレーン作業の安全性を確保するため、アウトリガー等の安全設備を装備することを規定している。

3　クレーンを作動させるための動力源及び操作装置を有すること。

> ・　物品積載設備を有している場合は、細目告示第81条・第159条・第237条各第2項第9号及び審査事務規程7－124⑽の規定により最大に積載量を算定する。
>
> ・　当該特種自動車の本来の用途に使用するために最小限必要な工具等を積載するための500kg以下の積載量の場合にあっては、使用者が何を積載するのかの申告による積載量とすることができる。
>
> 　この場合における物品積載設備の占める床面積は、「特種な設備の占有する床面積」とは判断しない。
>
> ・　最大に積載量を算定した場合、積載物を後方に突出して積載できない構造である場合を除き、リヤオーバーハングが最遠軸距の2分の1（小型車にあっては20分の11）以下の規定が適用になることに注意が必要である。

(5) 特種な作業を行うための特種な設備を有する自動車

クレーン車（553）

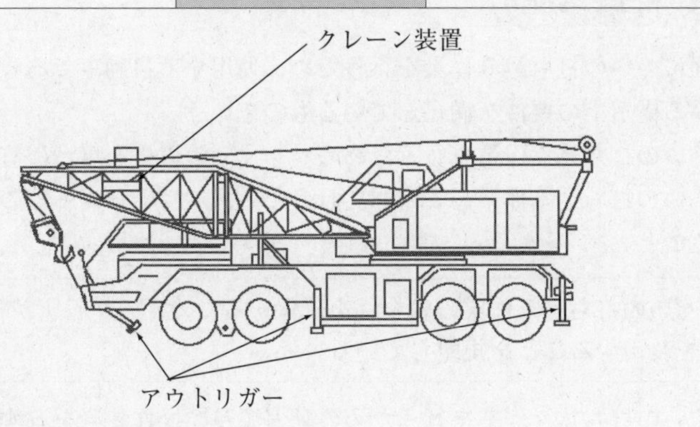

有 効 期 間

【積載量がない場合又は積載量が500kg以下の場合】
　有効期間　2年
【積載量が500kg超の場合】
　有効期間　・車両総重量8トン未満　初回2年、以降1年
　　　　　　・車両総重量8トン以上　1年
　ただし、乗車定員が11人以上の場合は1年

くい打車（554）

地面にくいの打ち込み作業を行うために使用する自動車であって、次の各号に掲げる構造上の要件を満足しているものをいう。

1　くいの打ち込み作業を行うためのハンマー装置等を車台に有すること。

2　くいの打ち込み作業を安定して行うため、アウトリガー等の安全設備を有すること。

くいの打ち込み作業の安全性を確保するため、アウトリガー等の安全設備を装備することを規定している。

3　くいの打ち込み作業を行うための動力源及び操作装置を有すること。

・　物品積載設備を有している場合は、細目告示第81条・第159条・第237条各第2項第9号及び審査事務規程7－124⑽の規定により最大に積載量を算定する。

・　当該特種自動車の本来の用途に使用するために最小限必要な工具等を積載するための500kg以下の積載量の場合にあっては、使用者が何を積載するのかの申告による積載量とすることができる。

この場合における物品積載設備の占める床面積は、「特種な設備の占有する床面積」とは判断しない。

・　最大に積載量を算定した場合、積載物を後方に突出して積載できない構造である場合を除き、リヤオーバーハングが最遠軸距の2分の1（小型車にあっては20分の11）以下の規定が適用になることに注意が必要である。

⑸　特種な作業を行うための特種な設備を有する自動車

くい打車（554）

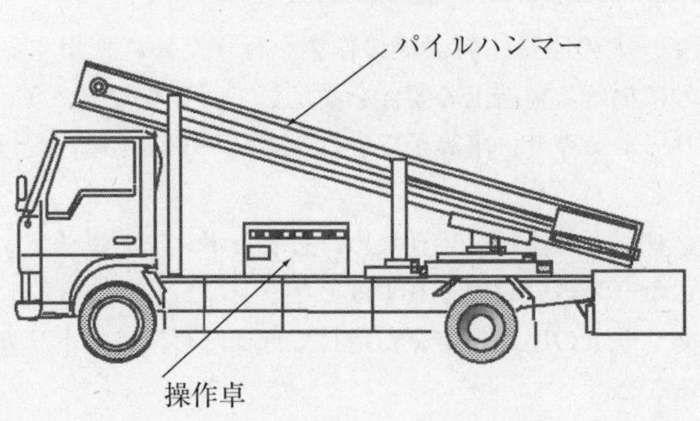

有　効　期　間

【積載量がない場合又は積載量が500kg以下の場合】
　有効期間　2年
【積載量が500kg超の場合】
　有効期間　・車両総重量8トン未満　初回2年、以降1年
　　　　　　・車両総重量8トン以上　1年
　ただし、乗車定員が11人以上の場合は1年

コンクリート作業車（556）

生コンクリートの圧送、打設等の作業を行うために使用する自動車であって、次の各号に掲げる構造上の要件を満足しているものをいう。

1　コンクリートミキサー車等から生コンクリートの供給を受けるための設備を有すること。

2　生コンクリートの圧送を行うために必要なポンプ、ガイドブームを組み合わせた圧送ホース等の設備を有すること。

3　生コンクリートの圧送作業を安定して行うため、アウトリガー等の安全設備を有すること。

生コンクリートの圧送作業の安全性を確保するため、アウトリガー等の安全設備を装備することを規定している。

4　生コンクリートの圧送を行うために必要な設備を作動させるための動力源及び操作装置を有すること。

・　洗浄用の水タンクを有する場合には容量に見合った積載量を算定する。
　この場合、洗浄用の水タンクの占める床面積は、「特種な設備の占有する床面積」と判断する。

・　洗浄用の水タンクを除く物品積載設備を有している場合には、細目告示第81条・第159条・第237条各第2項第9号及び審査事務規程7－124⑽の規定により最大に積載量を算定する。

・　当該特種自動車の本来の用途に使用するために最小限必要な工具等を積載するための500kg以下の積載量の場合にあっては、使用者が何を積載するのかの申告による積載量とすることができる。
　この場合における物品積載設備の占める床面積は、「特種な設備の占有する床面積」とは判断しない。

・　最大に積載量を算定した場合、積載物を後方に突出して積載できない構造である場合を除き、リヤオーバーハングが最遠軸距の2分の1（小型車にあっては20分の11）以下の規定が適用になることに注意が必要である。

(5) 特種な作業を行うための特種な設備を有する自動車

コンクリート作業車（556）

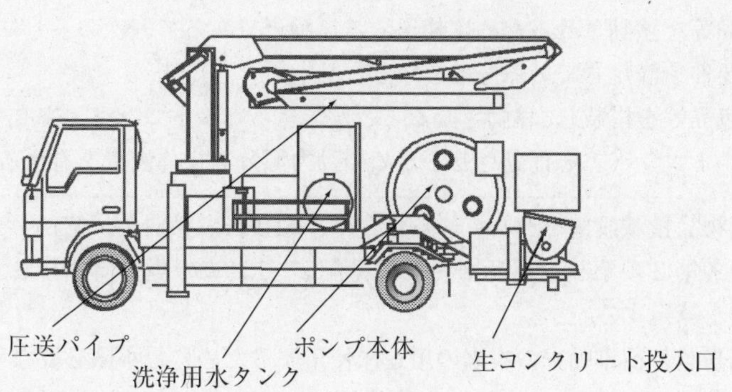

留意事項

・ 洗浄用の水タンクを有する場合には、当該水タンクの水は、積載量として算定するものとする。
・ 油圧シリンダ、油圧シリンダの作動油を冷却するための水を収容する水タンクの水及び2の圧送ホース等は、車両重量に含めるものとする。

有効期間

【積載量がない場合又は積載量が500kg以下の場合】
有効期間　2年
【積載量が500kg超の場合】
有効期間　・車両総重量8トン未満　初回2年、以降1年
　　　　　・車両総重量8トン以上　1年
ただし、乗車定員が11人以上の場合は1年

コンベア車（557）

梱包品等を移動させるために使用する自動車であって、次の各号に掲げる構造上の要件を満足しているものをいう。

1 梱包品等を搭載し、移動させることができるベルトコンベアを有すること。

2 ベルトコンベアを作動させるための動力源及び操作装置を有すること。

・ 物品積載設備を有している場合は、細目告示第81条・第159条・第237条各第2項第9号及び審査事務規程7－124(10)の規定により最大に積載量を算定する。

・ 当該特種自動車の本来の用途に使用するために最小限必要な工具等を積載するための500kg以下の積載量の場合にあっては、使用者が何を積載するのかの申告による積載量とすることができる。

　この場合における物品積載設備の占める床面積は、「特種な設備の占有する床面積」とは判断しない。

・ 最大に積載量を算定した場合、積載物を後方に突出して積載できない構造である場合を除き、リヤオーバーハングが最遠軸距の2分の1（小型車にあっては20分の11）以下の規定が適用になることに注意が必要である。

(5) 特種な作業を行うための特種な設備を有する自動車

コンベア車（557）

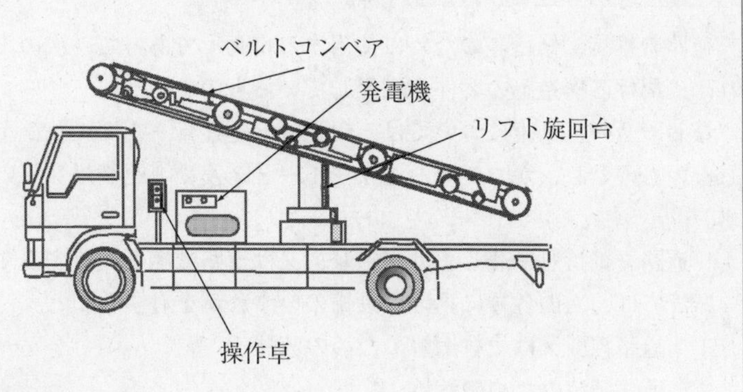

有　効　期　間

【積載量がない場合又は積載量が500kg以下の場合】
　有効期間　2年
【積載量が500kg超の場合】
　有効期間　・車両総重量８トン未満　初回２年、以降１年
　　　　　　・車両総重量８トン以上　１年
　ただし、乗車定員が11人以上の場合は１年

(5) 特種な作業を行うための特種な設備を有する自動車

道路作業車（558）

道路の維持、修繕等のために使用する自動車であって、次の１又は２のいずれかに掲げる構造上の要件を満足しているものをいう。

なお、２の自動車については、用途区分通達４－１(3)①及び②の規定は適用しないものとし、かつ、同通達４－１－３②及び③を満足しているものとみなす。

1 道路を維持し、若しくは修繕し、又は道路標識を設置するための自動車にあっては、次の各号に掲げる設備のいずれかを有すること。

(1) 道路線引又は塗料熔解のための装置
(2) 道路舗装のための装置
(3) 道路の除雪のための装置
(4) 道路情報又は道路規制標識のための装置
(5) 道路に薬剤を散布するための装置
(6) 道路、トンネル、橋梁等道路構造物を清掃するための装置
(7) 道路、トンネル、橋梁等道路構造物の維持若しくは修繕等のための装置

> ・ 道路管理者等が使用者であり、(1)～(7)に掲げる装置のいずれかを有することが条件であり、公安委員会から道路維持作業用自動車として届出（道路交通法施行令第14条の２(1)）等が許容されて保安基準第49条の２及び細目告示第76条・第154条・第232条の規定に適合する黄色の点滅灯火が取り付けられているだけでは、特種用途自動車の構造要件に適合しない。従って、普通荷台、ダンプ荷台等の状態では公安委員会に届け出された黄色の点滅灯火を有していても「貨物」となる。
>
> この場合においては、備考欄に「道路維持作業用自動車」と記載する。

2 道路の管理者が道路の損傷個所等を発見するために使用する自動車にあっては、次に掲げる要件を満足すること。

> 道路の管理者とは、東日本・中日本・西日本各高速道路㈱、首都高速道路㈱、阪神高速道路㈱、本州四国連絡高速道路㈱、地方整備局、地方自治体（地方道路公社）であり、これらの者が使用者であるものに限定される。

(1) 当該道路の管理者の申請に基づき公安委員会が指定したものであること。

(5)　特種な作業を行うための特種な設備を有する自動車

当該自動車が、道路の損傷箇所等を発見するために使用する自動車として指定されたものであることを証する書面の写しの提出を求め確認する。

道路交通法施行令第14条の2(2)　(226ページ参照)

(2)　道路交通法施行規則（昭和35年総理府令第60号）第6条の2に規定する車体の塗色であること。

車体の両側面及び後面の幅15センチメートルの帯状かつ水平の部分を白色に、車体のその他の部分を黄色に、それぞれ塗色されていること。

(3)　保安基準第49条の2の規定に適合する黄色の点滅灯火を有すること。

いわゆる道路パトロール車であり、
　用途区分通達4－1(3)①及び②
　用途区分通達4－1－3②及び③
の規定が適用されないこととなるので、(1)～(3)の要件を満足するものは、道路作業車となる。

・　物品積載設備を有している場合は、細目告示第81条・第159条・第237条各第2項第9号及び審査事務規程7－124(10)の規定により最大に積載量を算定する。
・　当該特種自動車の本来の用途に使用するために最小限必要な工具等を積載するための500kg以下の積載量の場合にあっては、使用者が何を積載するのかの申告による積載量とすることができる。
この場合における物品積載設備の占める床面積は、「特種な設備の占有する床面積」とは判断しない。
・　最大に積載量を算定した場合、積載物を後方に突出して積載できない構造である場合を除き、リヤオーバーハングが最遠軸距の2分の1（小型車にあっては20分の11）以下の規定が適用になることに注意が必要である。

⑸ 特種な作業を行うための特種な設備を有する自動車

道路作業車（558）

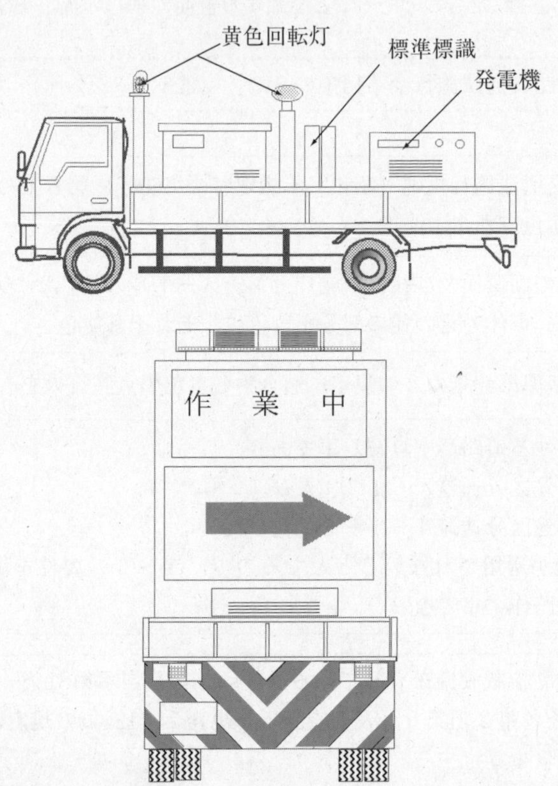

道路交通法施行令（昭和35年10月11日政令第270号）

（道路維持作業用自動車）

第14条の２　法第41条第４項の政令で定める自動車は、次の各号に掲げるものとする。

⑴　道路を維持し、若しくは修繕し、又は道路標示を設置するため必要な特別の構造又は装置を有する自動車で、その自動車を使用する者が公安委員会に届け出たもの

⑵　道路の管理者が道路の損傷箇所等を発見するため使用する自動車（内閣府令で定めるところにより、その車体を塗色したものに限る。）で、当該道路の管理者の申請に基づき公安委員会が指定したもの

第14条の３　道路維持作業用自動車は、道路を維持、修繕等のための作業に従事するときは、車両の保安基準に関する規定により設けられる黄色の灯火をつけなければならない。

道路交通法施行規則（昭和35年12月３日総理府令第60号）

（道路維持作業用自動車の塗色）

⑸ 特種な作業を行うための特種な設備を有する自動車

第6条の2　令第14条の２第２号の道路の管理者が道路の損傷箇所等を発見するため使用する自動車は、車体の両側面及び後面の幅15センチメートルの帯状かつ水平の部分を白色に、車体のその他の部分を黄色に、それぞれ塗色したものとする。

留意事項

・　保安基準第49条の２の規定に適合する黄色の点滅灯火を有する自動車にあっては、道路交通法施行令第14条の２に基づき、当該自動車の使用者が公安委員会に届け出されたもの又は指定を受けたものであることを証する書面の写しの提出を求めるものとする。

有効期間

【積載量がない場合又は積載量が500kg以下の場合】

有効期間　**2年**

【積載量が500kg超の場合】

有効期間　・車両総重量８トン未満　**初回2年、以降1年**

・車両総重量８トン以上　**1年**

ただし、乗車定員が11人以上の場合は**1年**

梯子車（559）

梯子を用いて高所等へ物品等を搬入する作業を行うために使用する自動車であって、次の各号に掲げる構造上の要件を満足しているものをいう。

1　梯子を有し、その梯子を伸縮及び角度調整することができる機構を有すること。

> 梯子を用いて高所等に物品の移動等を行うための最小限必要な構造設備を有していることを規定している。

2　梯子による作業を安定して行うため、アウトリガー等の安全設備を有すること。

> 梯子による作業の安全性を確保するため、アウトリガー等の安全設備を装備することを規定している。

3　1の機構を作動させるための動力源及び操作装置を有すること。

> ・　物品積載設備を有している場合は、細目告示第81条・第159条・第237条各第2項第9号及び審査事務規程7－124⑽の規定により最大に積載量を算定する。
>
> ・　当該特種自動車の本来の用途に使用するために最小限必要な工具等を積載するための500kg以下の積載量の場合にあっては、使用者が何を積載するのかの申告による積載量とすることができる。
>
> 　この場合における物品積載設備の占める床面積は、「特種な設備の占有する床面積」とは判断しない。
>
> ・　最大に積載量を算定した場合、積載物を後方に突出して積載できない構造である場合を除き、リヤオーバーハングが最遠軸距の2分の1（小型車にあっては20分の11）以下の規定が適用になることに注意が必要である。

(5) 特種な作業を行うための特種な設備を有する自動車

梯子車 (559)

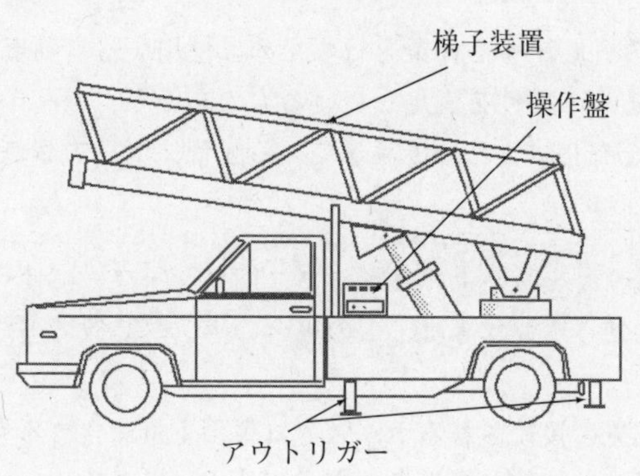

有　効　期　間

【積載量がない場合又は積載量が500kg以下の場合】
　有効期間　2年
【積載量が500kg超の場合】
　有効期間　・車両総重量8トン未満　初回2年、以降1年
　　　　　　・車両総重量8トン以上　1年
　ただし、乗車定員が11人以上の場合は1年

ポンプ車（560）

液体を吸い込み、吐出する作業を行うために使用する自動車であって、次の各号に掲げる構造上の要件を満足しているものをいう。

1　ポンプ装置を有し、これに接続している配管、ホース等の設備を有すること。

・　風呂の残り湯を吸い上げるポンプ、簡易シャワーに使うポンプ、自動車の洗浄に使うポンプ等は、この場合のポンプ装置に当たらないものとする。
・　ポンプ装置に接続されるホース等は車両重量に含めるものとする。
・　以下の設備は特種な設備の占有する面積には含めない。
①　自動式クレーン（吸入・吐出のポンプ装置等を設置する際に、マンホールの蓋の着脱及びポンプ装置のマンホールの出し入れに使用）
②　電動起立式標識（一般道等において①の装置で作業する際、追突事故防止のため使用）
③　夜間作業灯（①及び②の装置を夜間作業する場合に使用）
④　電源装置（①～③の装置を使用する際の電源装置）

2　ポンプ装置を作動させるための動力源及び操作装置を有すること。

・　物品積載設備を有している場合は、細目告示第81条・第159条・第237条各第２項第９号及び審査事務規程７－124⑽の規定により最大に積載量を算定する。
・　当該特種自動車の本来の用途に使用するために最小限必要な工具等を積載するための500kg以下の積載量の場合にあっては、使用者が何を積載するのかの申告による積載量とすることができる。
　この場合における物品積載設備の占める床面積は、「特種な設備の占有する床面積」とは判断しない。
・　最大に積載量を算定した場合、積載物を後方に突出して積載できない構造である場合を除き、リヤオーバーハングが最遠軸距の２分の１（小型車にあっては20分の11）以下の規定が適用になることに注意が必要である。

(5) 特種な作業を行うための特種な設備を有する自動車

ポンプ車（560）

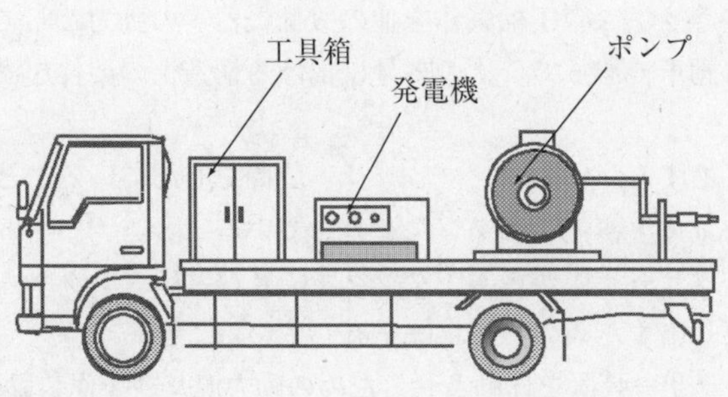

留　意　事　項

・　当該ポンプによる作業を、当該自動車が自ら使用、消費するもの、家庭用ポンプ、携帯用ポンプ、及びこれらに類するものは、この場合のポンプ装置には該当しないものとする。

有　効　期　間

【積載量がない場合又は積載量が500kg以下の場合】

有効期間　2年

【積載量が500kg超の場合】

有効期間　・車両総重量８トン未満　初回２年、以降１年

・車両総重量８トン以上　１年

ただし、乗車定員が11人以上の場合は１年

コンプレッサー車（561）

気体を圧縮させ、この圧縮気体を他の設備機器等の動力として供給するために使用する自動車であって、次の各号に掲げる構造上の要件を満足しているものをいう。

1　気体を圧縮するためのコンプレッサー装置を有していること。

2　圧縮した気体を蓄圧するタンクを有していること。

3　コンプレッサー装置から蓄圧タンクまで及び蓄圧タンクから圧縮した気体を外部に取り出すためのパイプ等を有していること。

4　コンプレッサー装置を作動させるための動力源及び操作装置を有すること。

・　次のものは、ここでいう「コンプレッサー装置」に該当しないと判断する。

(1)　エアブレーキ、エアーホーン等に使用するコンプレッサー

(2)　ジャッキアップ、タイヤの空気注入等に用いる携帯コンプレッサー

(3)　ハイドロサスに用いるコンプレッサー

・　物品積載設備を有している場合は、細目告示第81条・第159条・第237条各第2項第9号及び審査事務規程7－124(10)の規定により最大に積載量を算定する。

・　当該特種自動車の本来の用途に使用するために最小限必要な工具等を積載するための500kg以下の積載量の場合にあっては、使用者が何を積載するのかの申告による積載量とすることができる。

　この場合における物品積載設備の占める床面積は、「特種な設備の占有する床面積」とは判断しない。

・　最大に積載量を算定した場合、積載物が後方に突出して積載できない構造である場合を除き、リヤオーバーハングが最遠軸距の2分の1（小型車にあっては20分の11）以下の規定が適用になることに注意が必要である。

⑸　特種な作業を行うための特種な設備を有する自動車

コンプレッサー車（561）

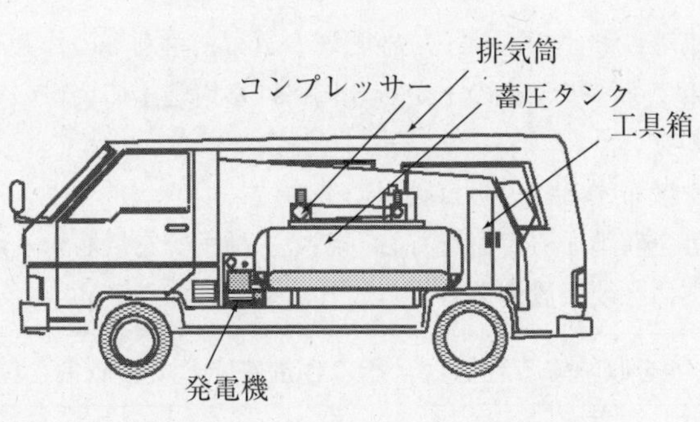

留　意　事　項

・　圧縮した気体を、当該自動車が自ら使用、又は自ら有する設備機器若しくは当該自動車に搭載した設備機器等に供給して消費するもの、家庭用コンプレッサー、携帯用コンプレッサー及びこれらに類するものは、この場合のコンプレッサー装置には該当しないものとする。

・　内圧容器及びその附属装置については、保安基準第48条に適合していることが必要である。

有　効　期　間

【積載量がない場合又は積載量が500kg以下の場合】

　有効期間　２年

【積載量が500kg超の場合】

　有効期間　・車両総重量８トン未満　初回２年、以降１年

　　　　　　・車両総重量８トン以上　１年

　ただし、乗車定員が11人以上の場合は１年

農業作業車（562）

農地、牧場等において、種子、堆肥等の散布、草刈等の作業を行うために使用する自動車であって、次の１から３に掲げる構造上の要件のいずれかを満足しているものをいう。

1　種子等を散布するための自動車

(1)　種子等を収納する容器を有し、かつ、種子等を散布するためのノズル等散布作業に必要な設備を有すること。

> 種子等を収納する容器は、その容量に応じて積載量を算定する。

(2)　(1)の設備を作動させるための動力源及び操作装置を有すること。

2　堆肥を散布するための自動車

(1)　堆肥を収納する荷台を有し、かつ、この堆肥を散布する装置まで導く装置及び堆肥を散布する装置を有すること。

> 堆肥を収納する荷台は、最大に積載量を算定する。

(2)　(1)の設備を作動させるための動力源及び操作装置を有すること。

3　草刈作業を行うための自動車

(1)　草刈に必要な刈り込み部及び刈り込み部をブームを介して伸縮及び旋回等させることができる設備を有すること。

(2)　(1)の設備を作動させるための動力源及び操作装置を有すること。

> 草刈を行うための最小限必要な構造設備を有していることを規定している。

- 構造要件１(1)の種子等を収納する容量は、その容器に応じ又は構造要件２(1)の堆肥を収納する荷台は、最大に積載量を算定する。
  この場合、この種子等を収納する容器又は堆肥を収納する荷台の占める床面積は、「特種な設備の占有する床面積」と判断する。
- 種子等を収納する容器又は堆肥を収納する荷台以外に物品積載設備を有している場合には、細目告示第81条・第159条・第237条各第２項第９号及び審査事務規程７－124(10)の規定により最大に積載量を算定する。

(5) 特種な作業を行うための特種な設備を有する自動車

・　当該特種自動車の本来の用途に使用するために最小限必要な工具等を積載するための500kg以下の積載量の場合にあっては、使用者が何を積載するのかの申告による積載量とすることができる。

この場合における物品積載設備の占める床面積は、「特種な設備の占有する床面積」とは判断しない。

・　最大に積載量を算定した場合、積載物を後方に突出して積載できない構造である場合を除き、リヤオーバーハングが最遠軸距の２分の１（小型車にあっては20分の11）以下の規定が適用になることに注意が必要である。

農業作業車（562）

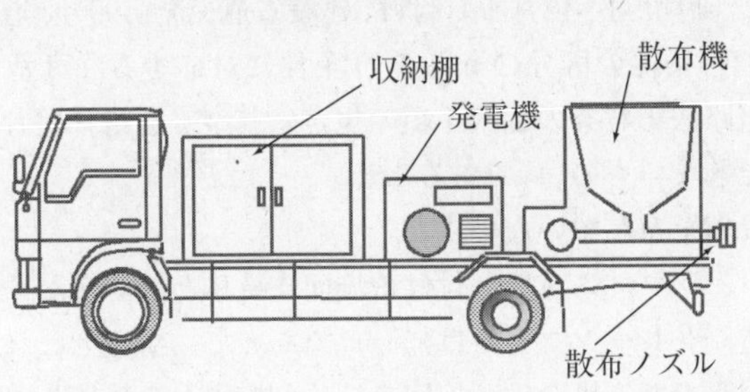

留　意　事　項

・　種子等を収納する容器又は堆肥を収納する荷台等は積載量を算定するものとする。

有　効　期　間

【積載量がない場合又は積載量が500kg以下の場合】
　有効期間　2年
【積載量が500kg超の場合】
　有効期間　・車両総重量８トン未満　初回２年、以降１年
　　　　　　・車両総重量８トン以上　１年
　ただし、乗車定員が11人以上の場合は１年

クレーン用台車（563）

建設、土木資材等の吊り上げ、吊り下げ、水平移動等の作業を行うためのクレーン本体を装備するために使用する自動車であって、次の各号に掲げる構造上の要件を満足するものをいう。

1　車台は、クレーン本体を装備するための旋回支持体を有したものであり、旋回支持体上の旋回台及びクレーン本体はすべて除かれていること。

ただし、旋回台（クレーンブームを除く。）と旋回支持体が一体となっている構造のものにあってはこの限りではない。

> クレーン本体を装備したとき、転倒防止等車体の安全性を確保するためアウトリガーを備えることを規定している。

2　クレーンを全装備した場合の車両総重量等が「特殊車両通行許可限度算定要領について（昭和53年12月１日付け、建設省道交発第99号、道企発第57号）」に規定する通行条件の区分のうちのＤ条件に対応する許可基準を超えるもの（即ち、道路法第47条の２第１項の規定に基づく道路管理者の通行許可を取ることができないもの。）であること。

3　物品積載設備を有していないこと。

なお、クレーンブームを取り付ける旋回支持体と旋回台が一体的に装備されている構造（クレーンブームは無し）であって、構造上これを分離することが著しく困難である場合は、旋回支持体と旋回台を装備した状態でクレーン用台車として取り扱うことができる。

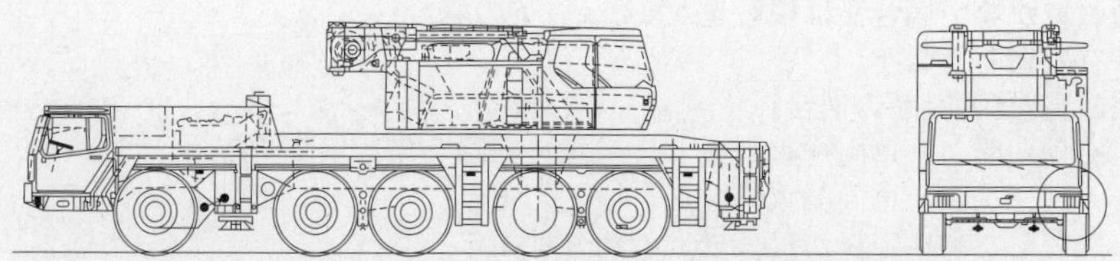

⑸　特種な作業を行うための特種な設備を有する自動車

クレーン用台車（563）

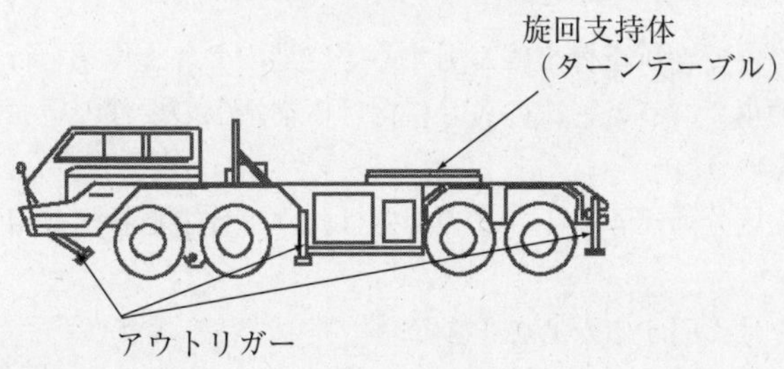

留　意　事　項

・　最大積載量は、算定しないものとする。
・　クレーン本体等を全装備した場合とは、旋回台、クレーンブーム、アウトリガー等クレーン作業に必要な装置を全て備えた状態をいう。

有　効　期　間

有効期間　2年
ただし、乗車定員が11人以上の場合は1年

空港作業車（580）

空港内において、航空機をけん引する等空港内の各種作業を行うために専ら使用する自動車であって、次の各号に掲げる構造上の要件のいずれかを満足しているものをいう。

なお、用途区分通達4－1(3)③の規定は、本車体の形状に適用しないものとする。

1　航空機をけん引するための自動車
　航空機をけん引するための専用のけん引装置を有すること。

2　航空機に荷物の積み卸しをするための自動車
　荷物の積み卸しを容易に行うことができる昇降装置、コンベア等の設備及びこれらの設備を作動させるための動力源及び操作装置を有すること。

3　航空機への乗降を容易にするための自動車
　乗降者の乗降を容易に行うことができる階段等の設備を有すること。

4　航空機のエンジンを始動させるための自動車
　航空機のエンジンを始動させるための動力源、動力源からの動力を供給する装置又は操作装置等の設備を有すること。

5　滑走路等の除雪作業・清掃作業を行うための自動車
　除雪作業に必要なブラシ、ブロワ、ノズル等を有し、かつ、これらの設備を作動させるための動力源及び操作装置を有すること。

6　航空機に航空燃料を給油するための自動車

(1)　航空燃料を収容するタンク又は中継するための装置を有し、かつ、航空機に航空燃料を給油するためのポンプ、これに付帯するホース等を有すること。

(2)　ポンプを作動させるための動力源及び操作装置を有すること。
　ただし、航空機への燃料供給のための動力を外部から供給を受ける構造のものにあっては、この限りでない。

・　構造要件6(1)航空燃料を収容するタンクは、容量に見合った積載量を算定する。
　この場合、航空燃料を収容するタンクの占める床面積は、「特種な設備の占有する床面積」とすることができる。

・　構造要件6(1)航空燃料を収容するタンク以外に物品積載設備を有している場合には、細目告示第81条・第159条・第237条各第2項第9号

⑸ 特種な作業を行うための特種な設備を有する自動車

及び審査事務規程７－124⑽の規定により最大に積載量を算定する。

・　当該特種自動車の本来の用途に使用するために最小限必要な工具等を積載するための500kg以下の積載量の場合にあっては、使用者が何を積載するのかの申告による積載量とすることができる。

この場合における物品積載設備の占める床面積は、「特種な設備の占有する床面積」とは判断しない。

・　最大に積載量を算定した場合、積載物を後方に突出して積載できない構造である場合を除き、リヤオーバーハングが最遠軸距の２分の１（小型車にあっては20分の11）以下の規定が適用になることに注意が必要である。

空港作業車（580）

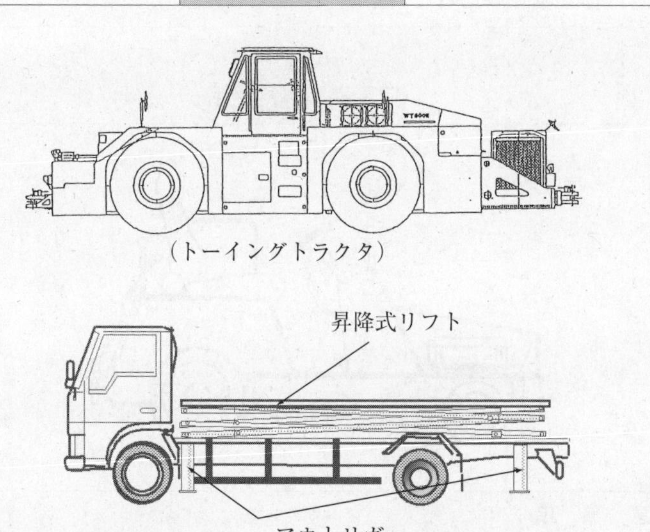

有　効　期　間

【積載量がない場合又は積載量が500kg以下の場合】

有効期間　**２年**

【積載量が500kg超の場合】

有効期間　・車両総重量８トン未満　**初回２年、以降１年**

・車両総重量８トン以上　**１年**

ただし、乗車人員が11人以上の場合は**１年**

構内作業車（585）

卸売市場、工場、倉庫等の構内において、構内における貨物運搬用トレーラをけん引するために使用する乗車定員１人の自動車であって、構内専用の貨物運搬用トレーラをけん引するための連結装置等を有し、物品積載設備を有していないものをいう。

- 卸売市場等の構内で専用に貨物運搬用トレーラをけん引するための要件を規定している。
- 乗用又は貨物用途車の乗車定員を１名とし、連結装置を設けたものは構内作業車に当たらない。
- セミ・トレーラをけん引するためのけん引車は、１人乗りであっても構内作業車に当たらない。

構内作業車（585）

留　意　事　項

- 最大積載量は、算定しないものとする。

有　効　期　間

有効期間　２年

(5) 特種な作業を行うための特種な設備を有する自動車

工作車（590）

電気、ガス、水道、電気通信等の事業の遂行のために使用する自動車であって、次の各号に掲げる構造上の要件を満足しているものをいう。

1　電気、ガス、水道、電気通信等の設備工事作業に必要な作業台等の設備を有すること。

2　作業台等は屋内に設けられており、資材を加工等するための万力、その他の加工等を行うための設備を有していること。

> ・　屋内：63～65ページ参照
> ・　屋内において工作作業を行ううえで最小限必要な構造設備を有していることを規定している。
> ・　屋内に作業台等の設備を有していることが必要であり、開放された荷台等に設置されたものはこの要件に当たらない。
> ・　作業台等の「等」には、工作作業に使用する常備品を収納する棚も含まれ、特種設備に該当する。

3　1及び2の設備は、作業する者が屋内において使用することができるものであって、その設備の付近には一辺が30㎝の正方形を含む0.5m^2以上の作業用床面積を有し、かつ、当該床面の上方に1,600㎜（2の設備の端部と乗降口との車両中心線方向の最遠距離が2ｍ未満である場合は、1,200㎜）以上が確保されていること。

> ・　屋内の作業台等を用いて作業する者の作業空間及び作業用床面積に係る規定をしている。
> ・　作業台等の付近の作業者の利用する床面積の全ての位置において、床面から1,600㎜（2の設備の端部と乗降口との車両中心線方向の最遠距離が2ｍ未満である場合は、1,200㎜）以上の空間が必要であり、かつ、その付近には、作業をする者のための一辺が30㎝の正方形を含む0.5m^2以上の面積が確保できることが必要である。
> ・　この場合の作業を行う床面積は、「特種な設備の占有する面積」と判断する。
> ・　極端に広い作業面で平床荷台の部位が全体の荷台の2分の1以上ある場合には、「貨物」に区分されることとなる。

⑸ 特種な作業を行うための特種な設備を有する自動車

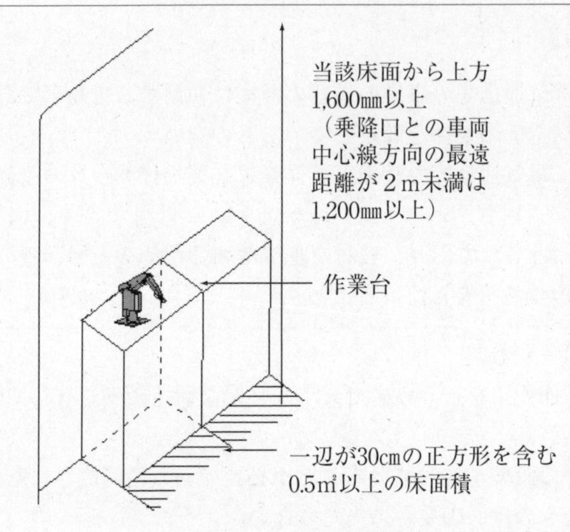

作業台等の付近には、作業する者のための一辺が30㎝の正方形を含む0.5m²以上の作業用床面積及び当該床面の上方に1,600㎜（1,200㎜）以上の空間が確保されていること。

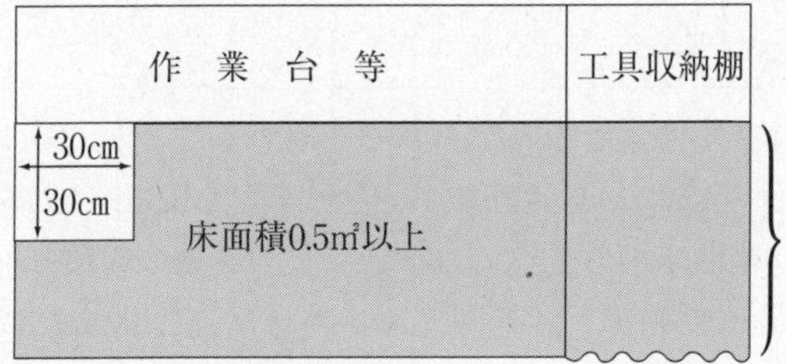

（床面積の不適合例）

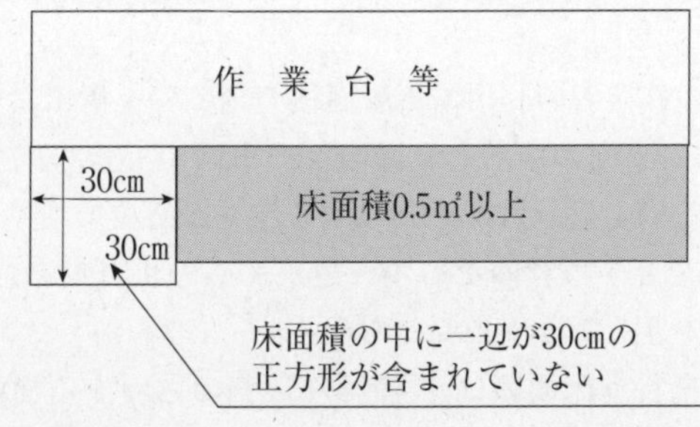

⑸　特種な作業を行うための特種な設備を有する自動車

・　物品積載設備を有している場合は、細目告示第81条・第159条・第237条各第２項第９号及び審査事務規程７－124⑽の規定により最大に積載量を算定する。

・　当該特種自動車の本来の用途に使用するために最小限必要な工具等を積載するための500kg以下の積載量の場合にあっては、使用者が何を積載するのかの申告による積載量とすることができる。

　この場合における物品積載設備の占める床面積は、「特種な設備の占有する床面積」とは判断しない。

・　最大に積載量を算定した場合、積載物を後方に突出して積載できない構造である場合を除き、リヤオーバーハングが最遠軸距の２分の１（小型車にあっては20分の11）以下の規定が適用になることに注意が必要である。

工作車（590）

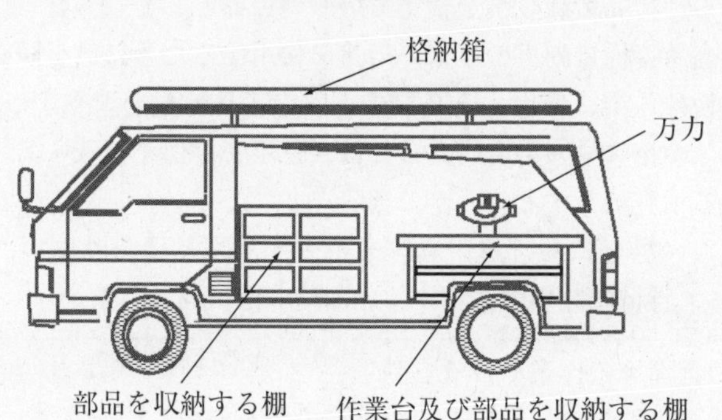

留　意　事　項

・　工作等の作業で使用する椅子は、乗車定員を算定しないものとする。

有　効　期　間

【積載量がない場合又は積載量が500kg以下の場合】
　有効期間　２年
【積載量が500kg超の場合】
　有効期間　・車両総重量８トン未満　初回２年、以降１年
　　　　　　・車両総重量８トン以上　１年
　ただし、乗車定員が11人以上の場合は１年

工業作業車（592）

工業製品の粉砕、鉱物の選別等の作業を行うために使用する自動車であって、次の各号に掲げる構造上の要件のいずれかを満足しているものをいう。

1 粉砕作業を行う自動車

(1) 工業製品の粉砕作業を行うに必要なプレス等の機械設備を有すること。

・ 工業製品の粉砕作業を行うための最小限必要な構造設備を有していることを規定している。

・ 家庭用空き缶プレス器、携帯用機器及びこれらに類するものは1(1)の機械設備には当たらないものとする。

(2) (1)の機械設備を作動させるための動力源及び操作装置を有すること。

(3) 物品積載設備を有していないこと。

・ 工業作業車は、工業製品の粉砕作業等を行うためのものであることから、物品積載設備を備えていないこととしている。

・ 当該特種自動車の本来の用途に使用するために最小限必要な工具等（粉砕作業に使用する必要最小限の工具等）を積載するための500kg以下の積載量の場合にあっては、使用者が何を積載するのかの申告による積載量とすることができる。

この場合における工具等を積載する物品積載設備の占める床面積は、「特種な設備の占有する床面積」とは判断しない。

2 鉱物の選別等の作業を行う自動車

(1) 鉱物の選別等の作業に必要な機械設備を有すること。

・ 鉱物の選別等の作業を行うための最小限必要な構造設備を有していることを規定している。

・ 携帯用機器及びこれらに類するものは2(1)の機械設備に該当しない。

(2) (1)の機械設備を作動させるための動力源及び操作装置を有すること。

(3) 物品積載設備を有していないこと。

・ 鉱物の選別等の作業を行う工業作業車は、鉱物の選別等を行うためのものであることから、物品積載設備を備えていないこととしている。

(5) 特種な作業を行うための特種な設備を有する自動車

・　当該特種自動車の本来の用途に使用するために最小限必要な工具等（鉱物の選別等の作業に必要な工具等）を積載するための500kg以下の積載量の場合にあっては、使用者が何を積載するのかの申告による積載量とすることができる。

この場合における工具等を積載する物品積載設備の占める床面積は、「特種な設備の占有する床面積」とは判断しない。

工業作業車（592）

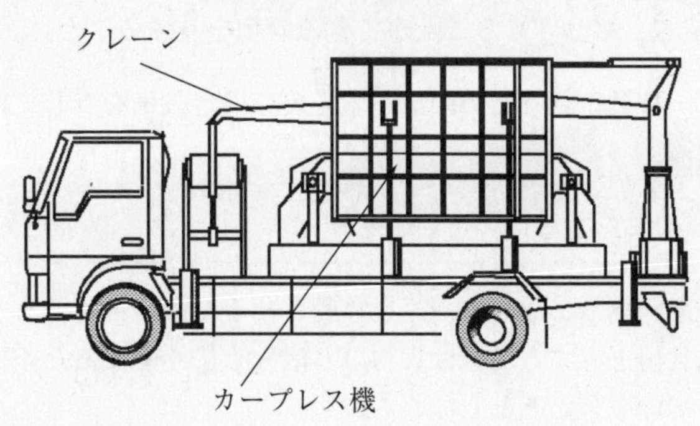

留　意　事　項

・　工業製品の粉砕、鉱物の選別の作業に伴って使用する必要最小限の工具等を積載するための最大積載量500kg以下の装置は、この場合の物品積載設備と見なさないものとする。
・　家庭用空き缶プレス器及びこれに類するものは、1(1)及び2(1)の機械設備には該当しないものとする。

有　効　期　間

有効期間　2年
ただし、乗車定員が11人以上の場合は1年

レッカー車（622）

交通事故、車両故障等で運行することができない自動車又は違法駐車の自動車の車輪を吊り上げて移動させるために使用する自動車であって、次の各号に掲げる構造上の要件を満足しているものをいう。

なお、用途区分通達４－１⑶②の規定は、本車体の形状には適用しない。

> １及び２の構造要件を満足するものにあっては、平床荷台が２分の１を超える場合であってもレッカー車とすることができる。

1　自動車の車輪を吊り上げるための装置及び吊り上げた車輪をその状態に保持して固定し、移動させることができる設備を有すること。

> レッカー移動を行うための最小限必要な構造設備を有していることを規定している。

2　物品積載設備を有していないこと。

> ・　レッカー車は、故障車両等を移動させるためのものであり、また、物品積載設備を有する場合は貨物車と区分しにくくなるため物品積載設備を備えていないこととしている。
>
> ・　当該特種自動車の本来の用途に使用するために最小限必要な工具等（レッカー作業に使用する最小限の工具等）を積載するための500kg以下の積載量の場合にあっては、使用者が何を積載するのかの申告による積載量とすることができる。
>
> この場合における工具等を積載する物品積載設備の占める床面積は、「特種な設備の占有する床面積」とは判断しない。

(5) 特種な作業を行うための特種な設備を有する自動車

【レッカー車の面積要件の考え方】

レッカー車の場合は、構造要件のなお書きにより用途区分通達４－１(3)②が適用されないため、平床荷台等が２分の１を超えていても「特種」になりうる規定となっている。

また、下記事例の「A：特種な設備は、荷台床面から0.5m 以上の間隔を有していてもよい。

・積載量がゼロであれば物品積載設備を有していないものとなる。

事例1-1 レッカー車（積載量ゼロの場合）

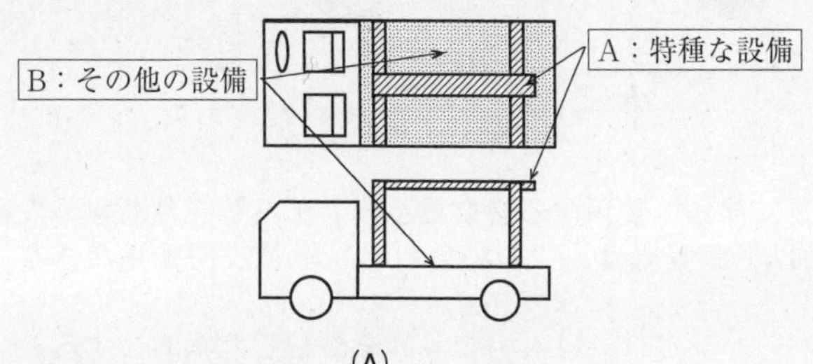

$$\frac{\text{特種な設備の占有する面積 (A)}}{\underset{\text{なし (0)}}{\text{客室の面積}} + \underset{\text{なし (0)}}{\text{物品積載設備の面積}} + \underset{\text{(A)}}{\text{特種な設備の占有する面積}}} = \frac{A}{0+0+A} = 1 = \text{特種}$$

・500kg以下（０kgを除く）の積載量を有する場合は平床部分（積載量を算定する部分が荷箱等により区分されている場合は、その部分）は「物品積載設備」の床面積に該当する。

事例1-2 レッカー車の場合（積載量を有する場合（500kg以下に限る））

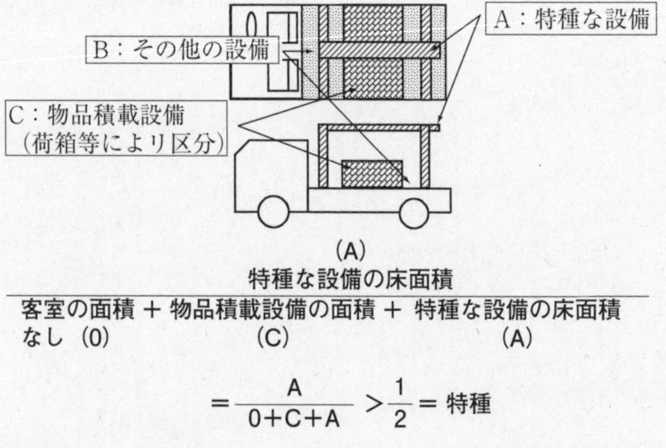

$$\frac{\text{特種な設備の床面積 (A)}}{\underset{\text{なし (0)}}{\text{客室の面積}} + \underset{\text{(C)}}{\text{物品積載設備の面積}} + \underset{\text{(A)}}{\text{特種な設備の床面積}}} = \frac{A}{0+C+A} > \frac{1}{2} = \text{特種}$$

(5) 特種な作業を行うための特種な設備を有する自動車

レッカー車（622）

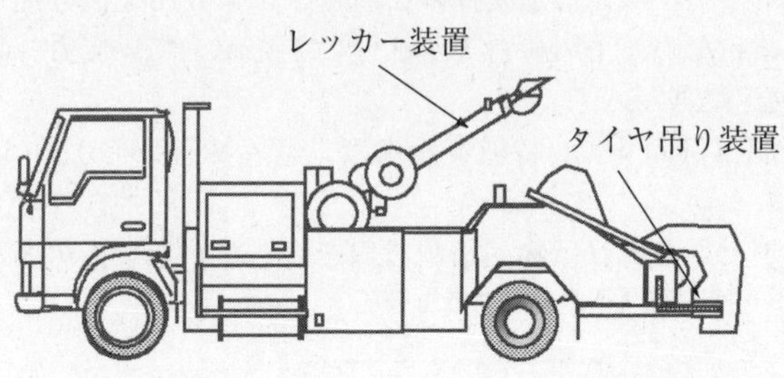

留　意　事　項

・　レッカー作業に伴って使用する必要最小限の工具等を積載するための最大積載量500kg以下の装置は、この場合の物品積載設備と見なさないものとする。
・　リヤ・オーバーハングは、けん引装置等を格納した状態とする。

有　効　期　間

有効期間　2年
ただし、乗車定員が11人以上の場合は1年

写真撮影車（624）

写真撮影等を行うために使用する自動車であって、次の各号に掲げる構造上の要件を満足するものをいう。

1　写真撮影を行うための独立した場所（以下「写真撮影室」という。）を屋内に有すること。

2　写真撮影室は、有効高さ1,600㎜以上であること。

・　屋内において、写真撮影等を行うために必要な空間を規定している。
・　写真撮影室は、有効高さ1,600㎜以上の空間が必要である。
・　屋内：63～65ページ参照

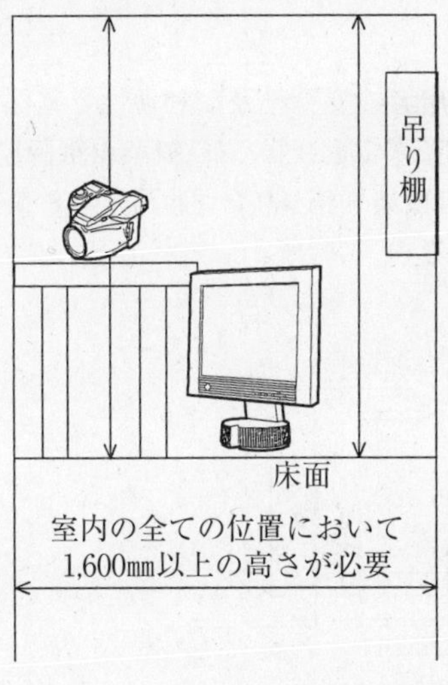

3　写真撮影室には、写真撮影等のための専用の照明装置、撮影用カメラ等を有すること。

4　写真撮影室には、写真撮影用の資機材、フィルム等を収納する棚等を有すること。

5　次に掲げる寸法等を満足する乗降口が当該自動車の右側面以外の面に１ヶ所以上設けられており、かつ、通路と連結されていること。

ア　乗降口は、有効幅300㎜以上、かつ、有効高さ1,600㎜（イの規定において通路の有効高さを1,200㎜とすることができる場合は、1,200㎜）以上あること。

イ　通路は、有効幅300㎜以上、かつ、有効高さ1,600㎜（写真撮影用の設備等の端部と乗降口との車両中心線方向の最遠距離が２ｍ未満である場合は1,200㎜）以上あること。

ウ　空車状態において床面の高さが450㎜を超える乗降口には、一段の高さが400㎜（最下段の踏段にあっては、450㎜）以下の踏段を有するか又は踏台を備えること。

　この場合における踏台は、走行中の振動等により移動することがないよう所定の格納場所に確実に収納できる構造であること。

エ　ウの踏段又は踏台は、滑り止めを施したものであること。

オ　ウの乗降口には、安全な乗降ができるように乗降用取手及び照明灯を有すること。

乗降等における利用者の安全性及び利便性を確保するため、保安基準第25条・細目告示第35条・第113条・第191条（乗降口）、保安基準第23条・細目告示第33条・第111条・第189条（通路）の数値を準用し、それぞれの寸法等を規定している。

乗降口

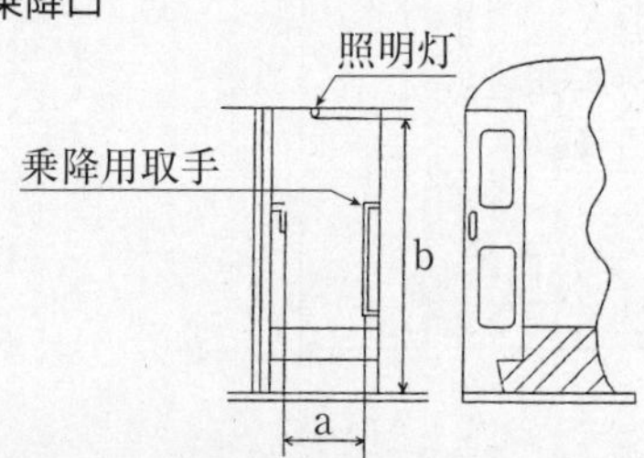

a：有効幅　300㎜以上
b：有効高さ1,600㎜（イの規定において通路の高さを1,200㎜とすることができる場合は、1,200㎜）以上

(5) 特種な作業を行うための特種な設備を有する自動車

通路

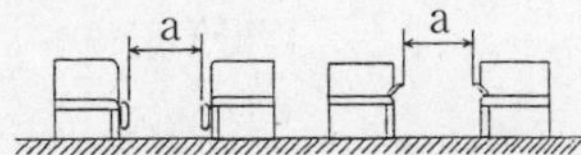

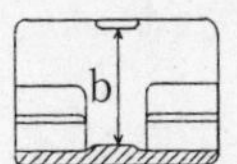

a：有効幅　300㎜以上
b：有効高さ1,600㎜（設備の端部と乗降口との
　　　　　　　　　　車両中心線方向の最遠距離が
　　　　　　　　　　2m未満の場合は1,200㎜）以上

踏段

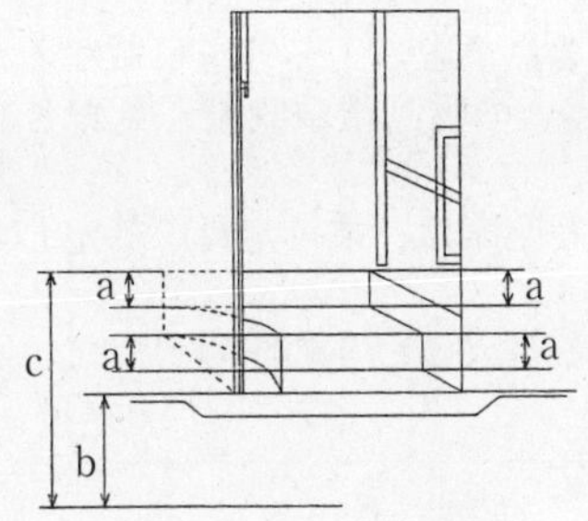

a：一段の高さ　400㎜以下
b：最下段の踏段の高さ　450㎜以下
c：地上から床面までの高さが450㎜
　を超える場合必要

6　物品積載設備を有していないこと。

・　写真撮影車は、撮影・現像等の作業を行うためのものであることから、物品積載設備を備えていないこととしている。

・　写真撮影に最小限必要な工具等を積載するための500kg以下の積載量にあっては、使用者が何を積載するのかの申告による積載量とすることができる。

この場合における構造要件4の写真撮影用の資機材、フィルム等を収納する棚等の占める床面積は、「特種な設備の占有する床面積」と判断することができる。

⑸　特種な作業を行うための特種な設備を有する自動車

写真撮影車（624）

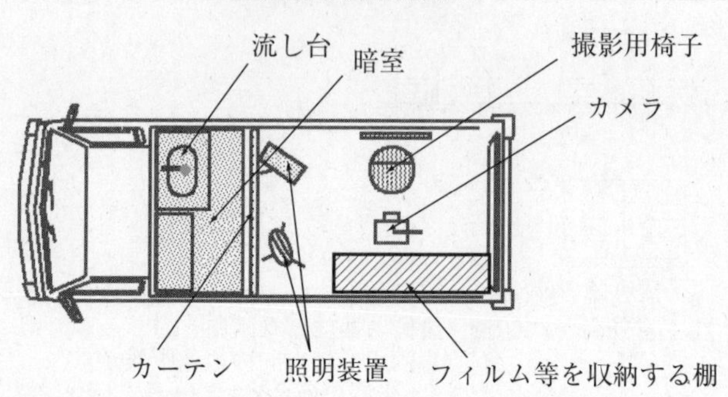

留　意　事　項

- 写真撮影等に伴って使用する必要最小限の工具等を積載するための最大積載量500kg以下の装置は、この場合の物品積載設備と見なさないものとする。
- １の写真撮影室に設けられている座席は、乗車定員を算定しないものとする。
- 室内灯等の車室内全体を照明する灯火は、３の照明装置には該当しないものとする。

有　効　期　間

有効期間　**2年**
ただし、乗車定員が11人以上の場合は**1年**

事務室車 (625)

移動先において、事務室又は教室として使用する自動車であって、次の各号に掲げる構造上の要件を満足しているものをいう。

1　事務を行うための机又は教室として使用するための机及びその机を利用するための椅子を屋内に有すること。

・　屋内：63～65ページ参照
・　屋内に机等の設備を有することが必要であることを規定している。

2　事務を行うための机は、1人当たり500㎜×800㎜以上の寸法を有すること。また、事務を行うための椅子又は教室として使用する椅子は、乗車装置の座席と兼用でないこと。

・　事務を行うための机の寸法及び椅子としての要件を規定したものである。
・　事務室又は教室で使用する机と椅子を設けることが必要であり、乗車設備の座席（定員あり）と兼用である場合には、1の椅子を有していないものと判断することとなる。
・　次のものは「事務を行うため又は教室として使用するための椅子」に該当しないと判断する。
(1)　乗車装置の座席として設けられたもの
(2)　車体に固定されていないもの

3　事務室又は教室として使用する場所は、屋内の有効高さ1,600㎜（5イの規定において通路の有効高さを1,200㎜とすることができる場合は、1,200㎜）以上であること。

⑸　特種な作業を行うための特種な設備を有する自動車

・　事務室内の、最小限必要な空間に係る要件を規定したものである。

・　屋内で、事務室又は教室として使用する場所において、有効高さ1,600㎜（5イの規定において通路の有効高さを1,200㎜とすることができる場合は、1,200㎜）以上が必要である。

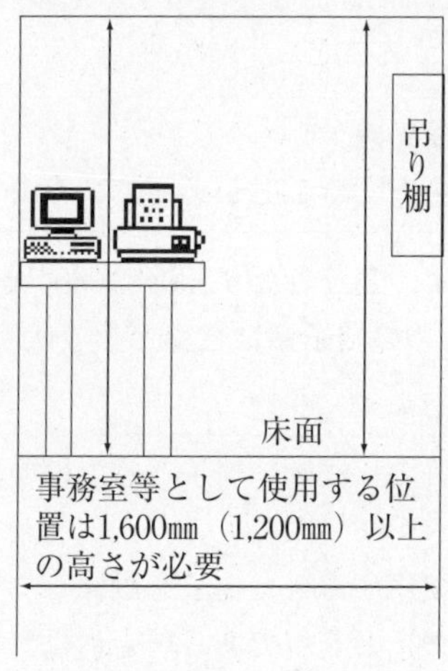

4　事務室又は教室として使用する場所には、適当な照明装置を有すること。

5　次に掲げる寸法等を満足する乗降口が当該自動車の右側面以外の面に1ヶ所以上設けられており、かつ、通路と連結されていること。

ア　乗降口は、有効幅300㎜以上、かつ、有効高さ1,600㎜（イの規定において通路の有効高さを1,200㎜とすることができる場合は、1,200㎜）以上あること。

イ　通路は、有効幅300㎜以上、かつ、有効高さ1,600㎜（事務用の椅子又は教室用の椅子の端部と乗降口との車両中心線方向の最遠距離が2ｍ未満である場合は、1,200㎜）以上あること。

ウ　空車状態において床面の高さが450㎜を超える乗降口には、一段の高さが400㎜（最下段の踏段にあっては、450㎜）以下の踏段を有するか又は踏台を備えること。

　この場合における踏台は、走行中の振動等により移動することがないよう所定の格納場所に確実に収納できる構造であること。

エ　ウの踏段又は踏台は、滑り止めを施したものであること。

オ　ウの乗降口には、安全な乗降ができるように乗降用取手及び照明灯を有

(5) 特種な作業を行うための特種な設備を有する自動車

すること。

乗降等における利用者の安全性及び利便性を確保するため、保安基準第25条・細目告示第35条・第113条・第191条（乗降口)、保安基準第23条・細目告示第33条・第111条・第189条（通路）の数値を引用し、それぞれ寸法を規定している。

乗降口

照明灯
乗降用取手
b
a

a：有効幅　300㎜以上
b：有効高さ1,600㎜（イの規定において
通路の高さを1,200㎜とすることができる場合は、
1,200㎜）以上

通路

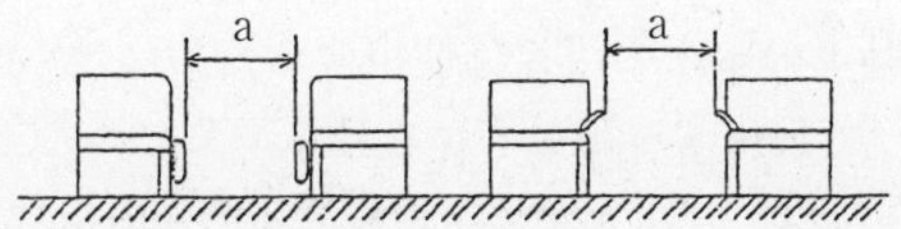

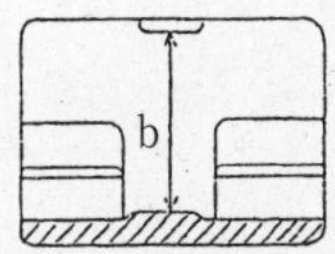

a：有効幅　300㎜以上
b：有効高さ1,600㎜（設備の端部と乗降口との
車両中心線方向の最遠距離が2m未満である
場合は、有効高さ1,200㎜）以上

⑸　特種な作業を行うための特種な設備を有する自動車

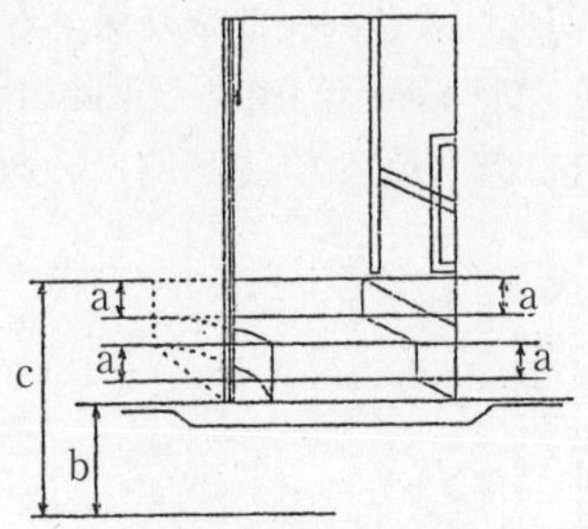

a：一段の高さ　400㎜以下
b：最下段の踏段の高さ　450㎜以下
c：地上から床面までの高さが450㎜
を超える場合に必要

6　車室内の他の設備と隔壁により区分された専用の場所に設けられた浴室設備及びトイレ設備、及び手洗い設備並びに給湯設備の占める面積は、「特種な設備の占有する面積」に加えることができる。

7　物品積載設備を有していないこと。

・　事務室車は、事務作業等を行うものであることから、物品積載設備を備えていないこととしている。

・　当該特種自動車の本来の用途に使用するために最小限必要な工具等（事務等に伴って使用する用品等）を積載するための500kg以下の積載量の場合にあっては、使用者が何を積載するのかの申告による積載量とすることができる。

この場合における物品積載設備の占める床面積は、「特種な設備の占有する床面積」とは判断しない。

⑸　特種な作業を行うための特種な設備を有する自動車

事務室車（625）

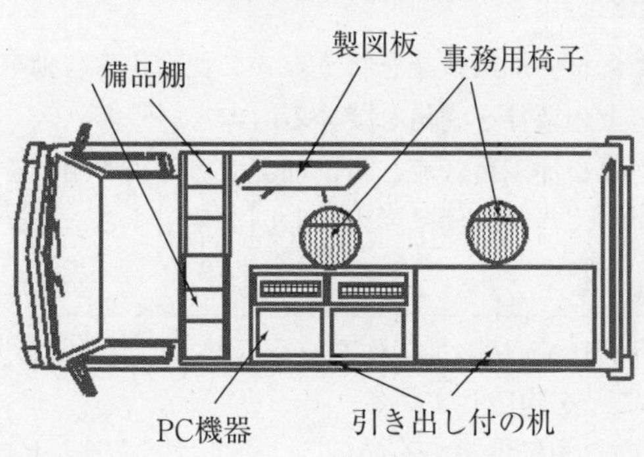

留　意　事　項

・　事務を行うための椅子及び教室として使用するための椅子は、乗車定員を算定しないものとする。
・　事務等に伴って使用する必要最小限の工具等を積載するための最大積載量500kg以下の装置は、この場合の物品積載設備と見なさないものとする。

有　効　期　間

有効期間　2年
ただし、乗車定員が11人以上の場合は1年

加工車（630）

食料品の原料や素材の加工作業を行うために使用する自動車であって、次の各号に掲げる構造上の要件を満足しているものをいう。

1　加工作業に必要な加工台、流し台、加工するための用具を収納する棚等を屋内に有し、かつ、当該設備は屋内において使用することができるものであること。

> ・　食料品の原料や素材の加工作業を行うための最小限必要な構造設備を有していることを規定している。
> ・　食品加工のために供給する燃料については、キャンピング車２(2)エ及びオ（297ページ参照）によること。
> ・　屋内：63～65ページ参照

2　加工作業を行う場所には、照明及び換気装置を有すること。

3　火気等熱量を発生する場所の付近は、発生した熱量により火災を生じない等十分な耐熱性・耐火性を有し、その付近に換気装置を備え必要な換気が行えること。

4　１の設備の付近には、一辺が30㎝の正方形を含む0.5m²以上の加工作業用の床面積を有し、かつ、当該床面から上方1,600㎜（１の設備の端部と乗降口との車両中心線方向の最遠距離が２ｍ未満である場合は、1,200㎜）以上が確保されていること。

> ・　加工作業を行うのに最小限必要な床面積及び空間に係る要件を規定したものである。
> ・　加工作業に必要な加工台、流し台、加工するための用具を収納する棚等を有し、加工作業を行う場所には、一辺が30㎝の正方形を含む0.5m²以上の加工作業者用の床面積を有しており、かつ、当該床面の上方に1,600㎜（又は1,200㎜）以上の空間を有していることが必要である。
>
> > それぞれの作業を行うための作業台又は加工台の正面部分に、一辺が30㎝の正方形を含む0.5m²以上の作業場所があり、かつ、その作業床面全ての位置において、床面に垂直に測定した距離が1,600㎜（又は1,200㎜）以上あること。
>
> ・　この場合の作業を行う床面積は、「特種な設備の占有する面積」に当

たると判断する。

・　なお、極端に広い作業面積があり、平床荷台等が荷台部の２分の１以上を有しているのは、「貨物」に区分されることとなる。

・　加工作業者のための床面積の測定方法

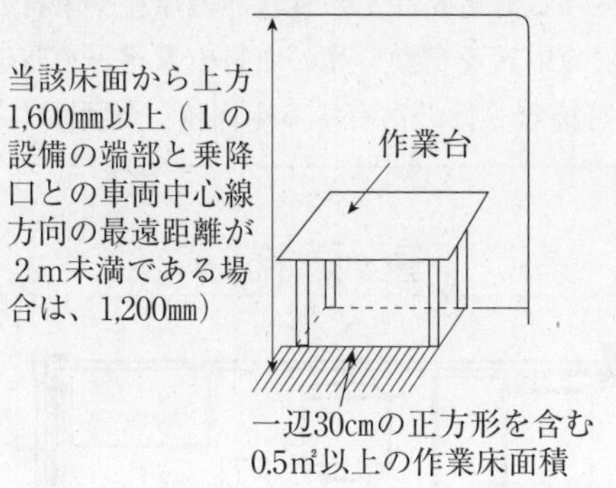

（床面積の不適合例）

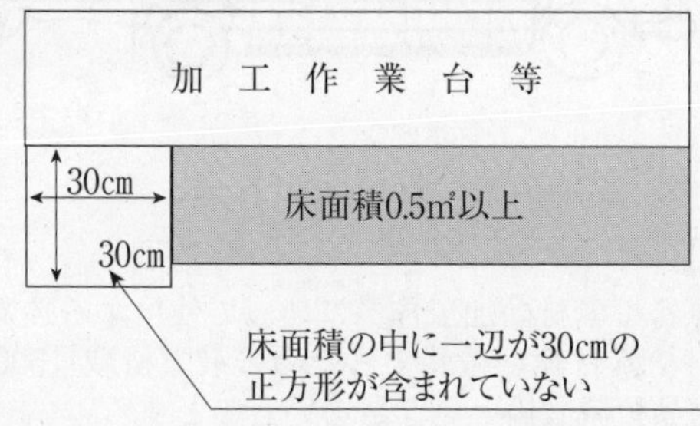

5　物品積載設備を有していないこと。

・　加工車は、食料品の原料や素材の加工作業を行うものであることから、物品積載設備を備えていないこととしている。

⑸　特種な作業を行うための特種な設備を有する自動車

・　食料品加工作業に使用するために最小限必要な工具等を積載するための500kg以下の積載量の場合にあっては、使用者が何を積載するのかの申告による積載量とすることができる。

この場合における構造要件１の食料品の原料や素材の加工作業に使用する必要最小限の用具及び食料品の原料や素材等を収納する棚等の占める床面積は、「特種な設備の占有する床面積」と判断することができる。

加工車（630）

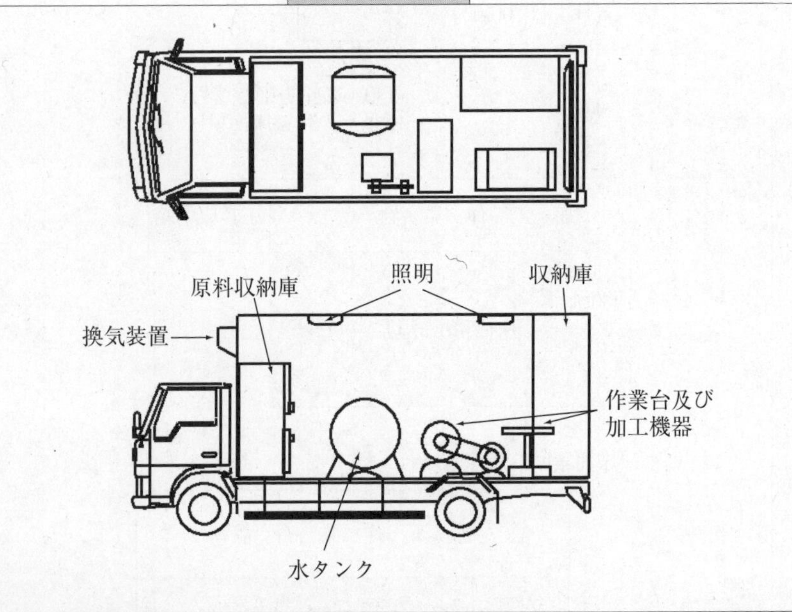

留　意　事　項

・　食料品の原料や素材の加工作業に伴って使用する必要最小限の工具及び食料品の原料や素材等を積載するための最大積載量500kg以下の装置は、この場合の物品積載設備と見なさないものとする。
・　加工作業に使用する椅子は、乗車定員を算定しないものとする。

有　効　期　間

有効期間　２年
ただし、乗車定員が11人以上の場合は１年

食堂車（631）

料理をし、かつ、これを利用者に提供するために使用する自動車であって、次の各号に掲げる構造上の要件を満足しているものをいう。

1　調理に必要な加工台、流し台、調理するための設備機材等を屋内に有し、かつ、当該設備は屋内において使用することができるものであること。

- 屋内において料理を作り、かつ、これを利用者に提供するための要件を規定している。
- 食品加工のために供給する燃料については、キャンピング車２(2)エ及びオ（297ページ参照）によること。
- 屋内：63～65ページ参照

2　調理用の水を貯蔵することができる容器及び排水された水を収納することができる容器を有すること。

- 調理用給水容器容量≦排水用水容器容量であることが必要である。
- 調理用の水は車両重量に含み、積載量は算定しない。

3　調理作業及び食事をする場所は、照明及び換気装置を有すること。

4　火気等熱量を発生する場所の付近は、発生した熱量により火災を生じない等十分な耐熱性・耐火性を有し、その付近に換気装置を備え必要な換気が行えること。

5　１の設備の付近には、一辺が30㎝の正方形を含む0.5m^2以上の調理作業用床面積を有し、かつ、当該床面から上方1,600㎜以上が確保されていること。

- 調理を行うのに最小限必要な床面積及び空間に係る要件を規定したものである。
- 調理に必要な加工台、流し台、調理するための設備機材等を有し、調理作業を行う者のための作業場所の床面積は、一辺が30㎝の正方形を含む0.5m^2以上であり、かつ、当該床面の上方に1,600㎜以上の空間を有していることが必要である。

それぞれの作業を行うための作業台又は加工台の正面部分に、一辺が30㎝の正方形を含む0.5m^2以上の作業場所があり、かつ、その作業床面全ての位置において、床面に垂直に測定した距離が1,600㎜以上であること。

(5) 特種な作業を行うための特種な設備を有する自動車

・　この場合の作業を行う床面積は、「特種な設備の占有する面積」とする。

・　なお、極端に広い作業面積があり、平床荷台等が荷台部の２分の１以上を有しているものは、「貨物」に区分されることとなる。

調理を行う者のための床面積及び空間の測定方法

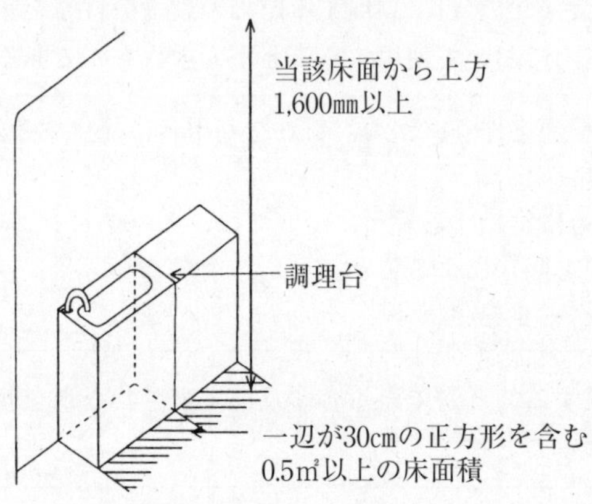

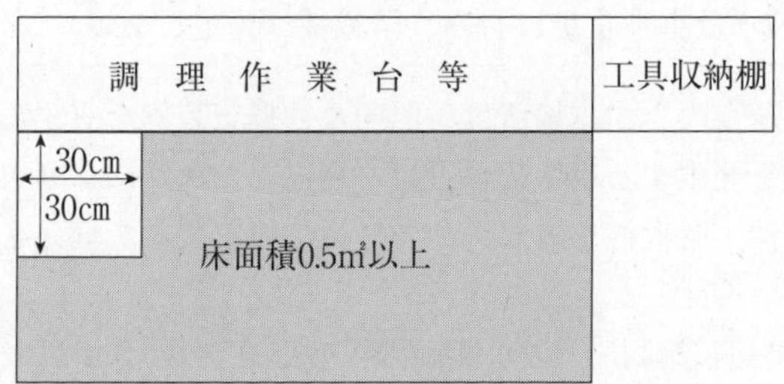

（床面積の不適合例）

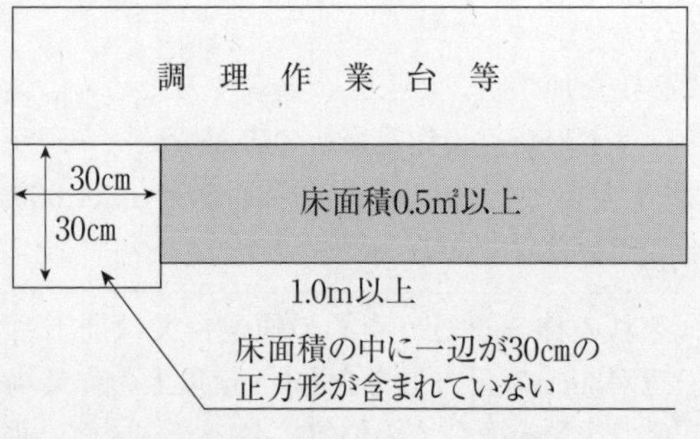

(5) 特種な作業を行うための特種な設備を有する自動車

6　屋内には、食事をするためのテーブル、椅子を有すること。

- 食事をするための最小限必要な構造設備を有していることを規定している。
- 「食事をするためのテーブル、椅子」が車体に固定されていないものは、この要件に該当しないものと判断する。

7　食事をする者の出入りのため、次に掲げる寸法等を満足する乗降口が当該自動車の右側面以外の面に1ヶ所以上設けられており、かつ、通路と連結されていること。

ア　乗降口は、有効幅300㎜以上、かつ、有効高さ1,600㎜（イの規定において通路の有効高さを1,200㎜とすることができる場合は、1,200㎜）以上あること。

イ　通路は、有効幅300㎜以上、かつ有効高さ1,600㎜（食事をするためのテーブル、椅子の端部と乗降口との車両中心線方向の最遠距離が2ｍ未満である場合は、1,200㎜）以上あること。

ウ　空車状態において床面の高さが450㎜を超える乗降口には、一段の高さが400㎜（最下段の踏段にあっては、450㎜）以下の踏段を有するか又は踏台を備えること。

この場合における踏台は、走行中の振動等により移動することがないよう所定の格納場所に確実に収納できる構造であること。

エ　ウの踏段又は踏台は、滑り止めを施したものであること。

オ　ウの乗降口には、安全な乗降ができるように乗降用取手及び照明灯を有すること。

- 乗降等における利用者の安全性及び利便性を確保するため、保安基準第23条・細目告示第33条・第111条・第189条（通路）、保安基準第25条・細目告示第35条・第113条・第191条（乗降口）の数値を引用し、それぞれの寸法を規定している。

乗降口

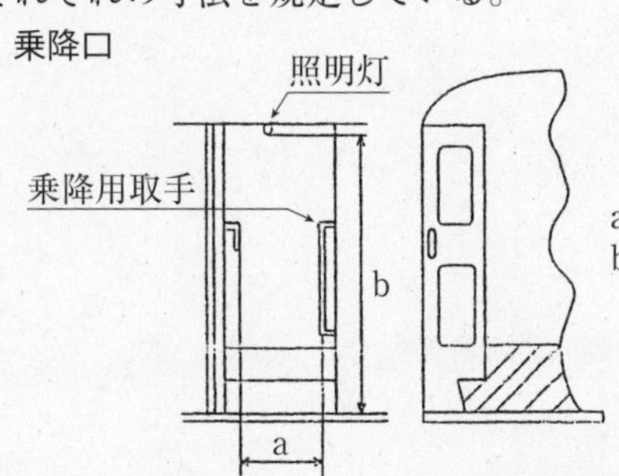

a：有効幅　300㎜以上
b：有効高さ1,600㎜（設備の端部と乗降口との車両中心線方向の最遠距離が2ｍ未満である場合は、有効高さ1,200㎜）以上

⑸　特種な作業を行うための特種な設備を有する自動車

通路

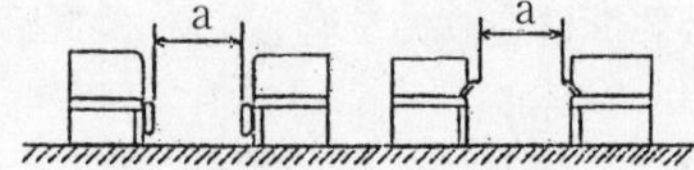

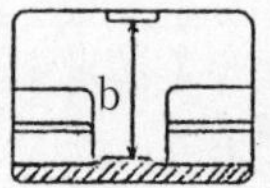

a：有効幅　300㎜以上
b：有効高さ1,600㎜（設備の端部と乗降口との車両中心線方向の最遠距離が2m未満である場合は、有効高さ1,200㎜）以上

踏段

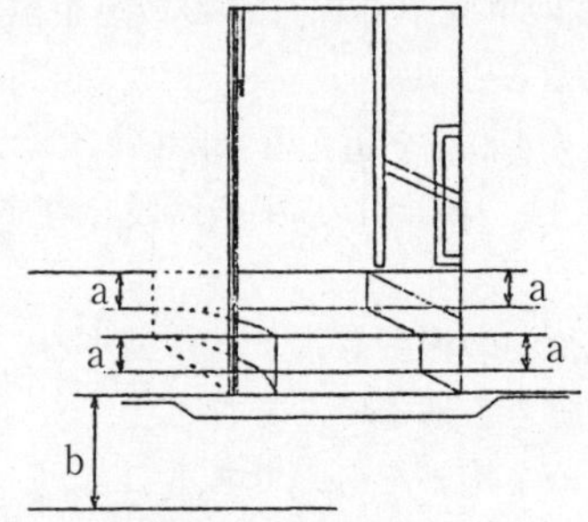

a：一段の高さ　400㎜以下
b：最下段の踏段の高さ　450㎜以下
※：地上から床面までの高さが450㎜を超える場合に必要

⑸　特種な作業を行うための特種な設備を有する自動車

8　物品積載設備を有していないこと。

・　食堂車は、調理作業を行い、料理したものを食べるところであることから、物品積載設備を備えていないこととしている。
・　当該特種自動車の本来の用途に使用するために最小限必要な工具等（調理作業に伴って使用する必要最小限の工具及び食料品等）を積載するための500kg以下の積載量の場合にあっては、使用者が何を積載するのかの申告による積載量とすることができる。
　この場合における工具等を積載する物品積載設備の占める床面積は、「特種な設備の占有する床面積」と判断することができる。

食堂車（631）

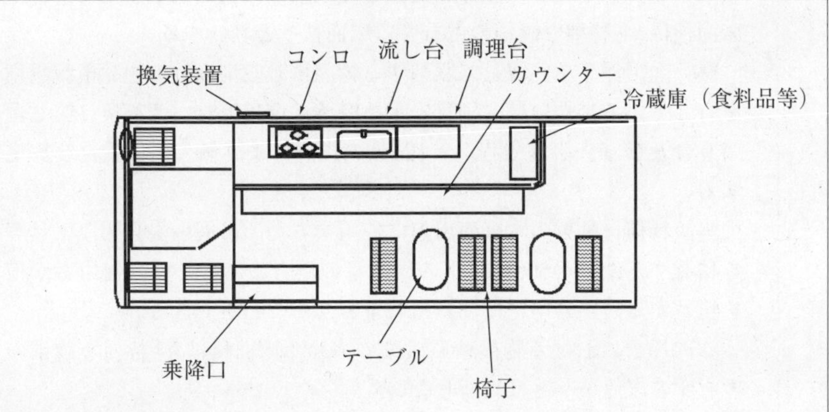

留　意　事　項

・　調理作業に伴って使用する必要最小限の工具及び食料品等を積載するための最大積載量500kg以下の装置は、この場合の物品積載設備と見なさないものとする。
・　調理の作業で使用する椅子及び食事をする者のための椅子は、乗車定員を算定しないものとする。

有　効　期　間

有効期間　2年
ただし、乗車定員が11人以上の場合は1年

清掃車（642）

下水道等の清掃作業に使用する自動車であって、次の１又は２のいずれかに掲げる構造上の要件を満足しているものをいう。

1　塵芥、汚泥等を収納する物品積載設備を有する清掃作業用の自動車

(1)　清掃作業に必要なブラシ装置、吸込み装置、洗浄装置等の設備を有すること。

(2)　塵芥、汚泥等を回収する装置又は収納する物品積載設備を有すること。

(3)　(1)の各装置を作動させるための動力源及び操作装置を有すること。

・　構造要件１(2)の塵芥、汚泥等を回収して収納する物品積載設備には、容量に見合った積載量を算定する。

この場合、塵芥、汚泥等を回収して収納する物品積載設備の占める床面積は、「特種な設備の占有する床面積」と判断する。

・　塵芥、汚泥等を回収して収納する物品積載設備以外の物品積載設備を有している場合には、細目告示第81条・第159条・第237条各第２項第９号及び審査事務規程７－124(10)の規定により最大に積載量を算定する。

・　当該特種自動車の本来の用途に使用するために最小限必要な工具等を積載するための500kg以下の積載量の場合にあっては、使用者が何を積載するのかの申告による積載量とすることができる。

この場合における物品積載設備の占める床面積は、「特種な設備の占有する床面積」とは判断しない。

2　１以外の清掃作業用の自動車

(1)　下水道、建物、配電線等を清掃する高圧洗浄装置、ブラシ装置等の設備を有すること。

(2)　(1)の各装置を作動させるための動力源及び操作装置を有すること。

下水道等の清掃作業を行うための最小限必要な構造設備を有していることを規定している。

・　物品積載設備を有している場合は、細目告示第81条・第159条・第237条各第２項第９号及び審査事務規程７－124(10)の規定により最大に

(5) 特種な作業を行うための特種な設備を有する自動車

積載量を算定する。

・　当該特種自動車の本来の用途に使用するために最小限必要な工具等を積載するための500kg以下の積載量の場合にあっては、使用者が何を積載するのかの申告による積載量とすることができる。

この場合における物品積載設備の占める床面積は、「特種な設備の占有する床面積」とは判断しない。

(5) 特種な作業を行うための特種な設備を有する自動車

清掃車（642）

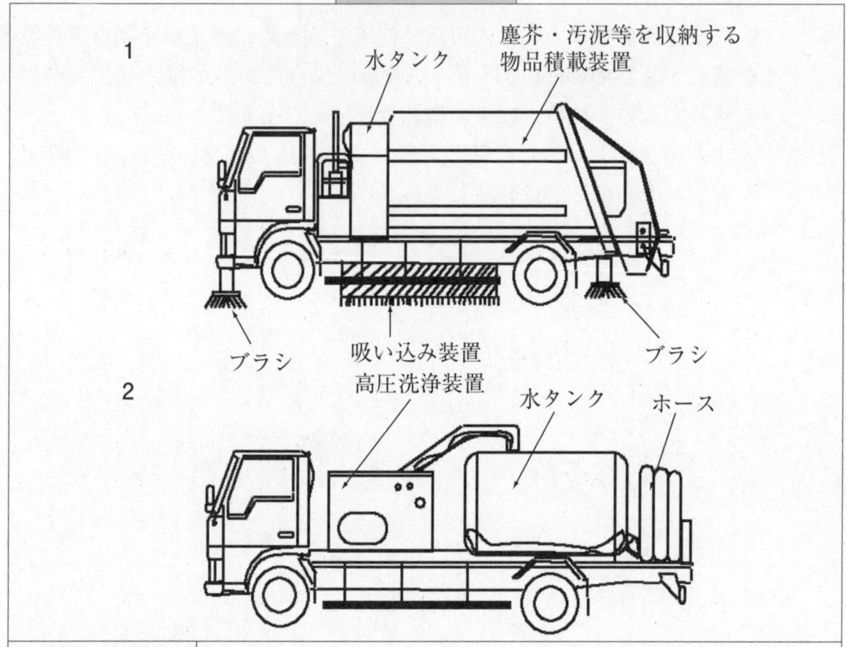

留 意 事 項

- 塵芥、汚泥等を収納する物品積載設備は積載量を算定するものとする。
- 油圧シリンダ等の作動油、冷却水等は、車両重量に含めるものとする。

有 効 期 間

【積載量がない場合又は積載量が500kg以下の場合】

有効期間　2年

【積載量が500kg超の場合】

有効期間　・車両総重量8トン未満　初回2年、以降1年

・車両総重量8トン以上　1年

ただし、乗車定員が11人以上の場合は1年

(5) 特種な作業を行うための特種な設備を有する自動車

電気作業車（660）

電気溶接作業を行うために使用する自動車であって、次の各号に掲げる構造上の要件を満足しているものをいう。

1　電気溶接機、溶接作業台を屋内に有し、かつ、当該設備は屋内において使用することができるものであること。

2　電気溶接作業を行う場所は、換気設備を有すること。

> ・　電気溶接作業を行うための最小限必要な構造設備を有していることを規定している。
> ・　屋内：63～65ページ参照

3　1の電気溶接機を作動させるための発電機（走行用の原動機を動力とするものを除く。）を有すること。

4　1及び3の設備は、客室（客室がない場合は、運転者席）と隔壁により区分されていること。

5　3の発電機は、排気管を有し、かつ、排気口は車室内に開口していないこと。

> ・　電気溶接作業を行うために必要な発電機の最小限必要な構造設備を有していることを規定している。
> ・　客室・車室：63～65ページ参照

6　電気溶接作業に必要な溶接棒及び工具を収納できる棚等を有すること。

> 車室内に電気溶接作業を行うために必要な溶接棒及び工具を収納できる棚等を備えることが必要である。

7　1の設備の付近には、一辺が30㎝の正方形を含む0.5m^2以上の電気溶接作業用床面積を有し、かつ、当該床面から上方1,600㎜（当該作業場所及び1の設備の端部と乗降口との車両中心線方向の最遠距離が2ｍ未満である場合は、1,200㎜）以上が確保されていること。

> ・　電気溶接作業を行うのに必要な床面積及び空間の要件について規定したものである。
> ・　電気溶接機、溶接作業台（中略）を有し、電気溶接作業を行う者のた

めの作業場所は屋内にあり、その床面積は一辺が30cmの正方形を含む0.5m²以上であり、かつ、当該床面の上方に1,600mm（1,200mm）以上が確保されていること。

それぞれの作業を行うための作業台の正面部分に、一辺が30cmの正方形を含む0.5m²以上の作業場所があり、かつ、その作業床面に垂直に測定した距離が1,600mm（又は1,200mm）以上あること。

電気溶接を行う者のための床面積及び空間の測定方法

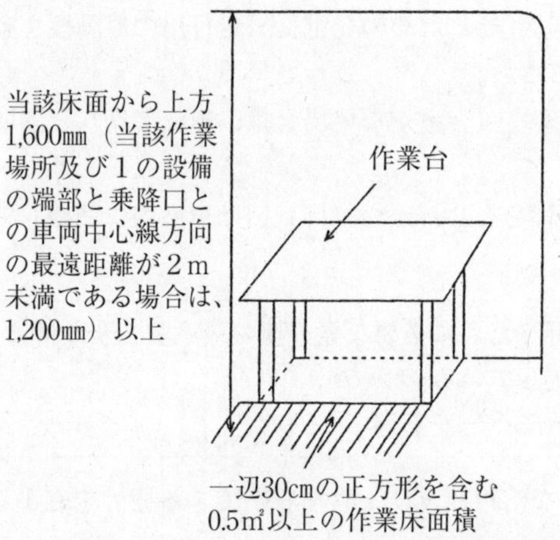

⑸　特種な作業を行うための特種な設備を有する自動車

（床面積の不適合例）

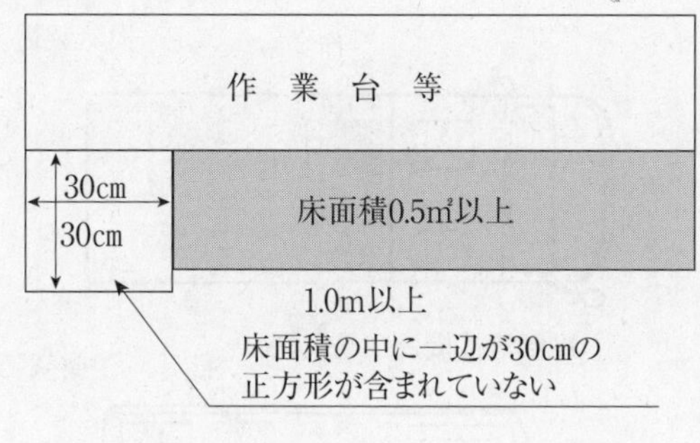

8　物品積載設備を有していないこと。

・　電気作業車は、電気溶接作業を行うものであることから、物品積載設備を備えていないこととしている。

・　電気溶接作業に使用する最小限必要な工具等を積載する500kg以下の積載量にあっては、使用者が何を積載するのかの申告による積載量とすることができる。

この場合における構造要件6の溶接棒及び工具を収納できる棚等の占める床面積は、「特種な設備の占有する床面積」と判断することができる。

(5) 特種な作業を行うための特種な設備を有する自動車

電気作業車（660）

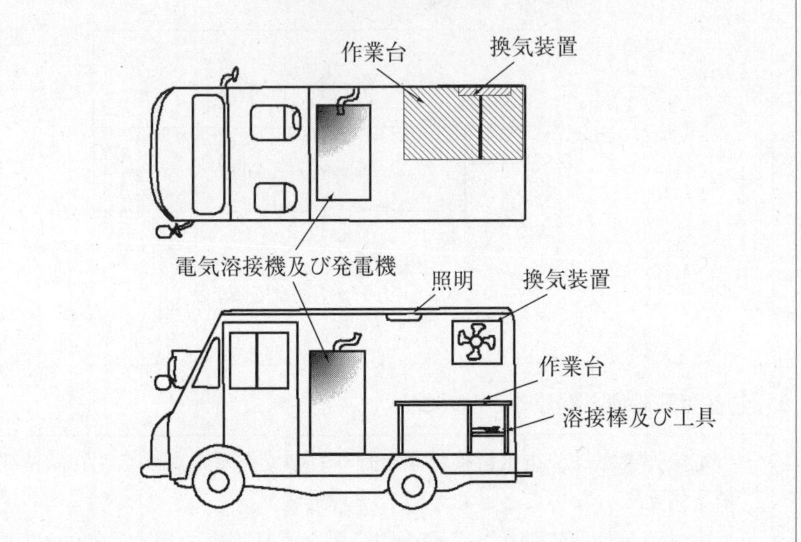

留 意 事 項

- 電気溶接作業に伴って使用する必要最小限の工具等を積載するための最大積載量500kg以下の装置は、この場合の物品積載設備と見なさないものとする。
- 溶接の作業で使用する椅子は、乗車定員を算定しないものとする。

有 効 期 間

有効期間　2年
ただし、乗車定員が11人以上の場合は1年

電源車（661）

電気設備へ電力を供給又は中継するために使用する自動車であって、次の各号に掲げる構造上の要件を満足しているものをいう。

1　発電機（走行用の原動機を動力とするものを除く。）、電力の変圧、又は電力配電の設備を有すること。

2　発電した電力を供給するための配線、供給を受けた電力を変圧して供給するための配線、又は供給を受けた電力を複数箇所に配電して供給するための配線等の設備を有すること。

3　1及び2の設備は、客室（客室がない場合は、運転者席）と隔壁により区分されていること。

4　1及び2の設備は、発電機の発電能力又は供給される電力に対応したものであり、これらは少なくとも5kW 以上の発電、変圧、配電等の能力を有すること。

5　1の発電機は、排気管を有し、かつ、排気口は車室内に開口していないこと。

・　客室：63～65ページ参照
・　「5kW 以上の発電能力」とは、1軒分（50A（家庭用））の発電能力があることである。

6　物品積載設備を有していないこと。

・　電源車は、電気設備へ電力を供給又は中継する作業を行うものであることから、物品積載設備を備えていないこととしている。
・　当該特種自動車の本来の用途に使用するために最小限必要な工具等（電気設備へ電力を供給又は中継する作業に使用する工具等）を積載するための500kg以下の積載量の場合にあっては、使用者が何を積載するのかの申告による積載量とすることができる。

　この場合における工具等を積載する物品積載設備の占める床面積は、「特種な設備の占有する床面積」とは判断しない。

(5) 特種な作業を行うための特種な設備を有する自動車

電源車（661）

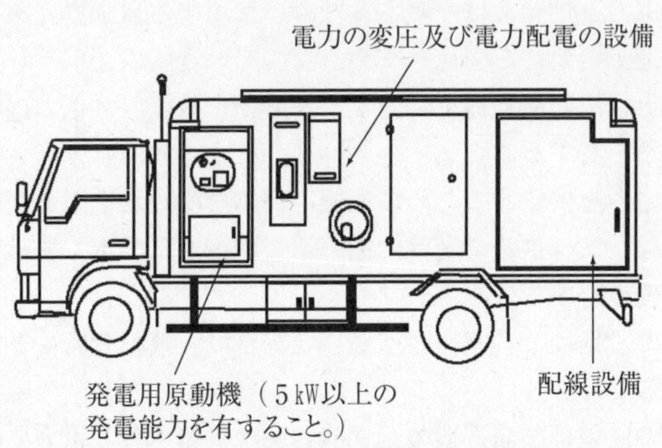

留 意 事 項

・　電気設備へ電力を供給する作業に伴って使用する必要最小限の工具等を積載するための最大積載量500kg以下の装置は、この場合の物品積載設備と見なさないものとする。

有 効 期 間

有効期間　2年
ただし、乗車定員が11人以上の場合は1年

照明車（663）

照明作業を行うために使用する自動車であって、次の各号に掲げる構造上の要件を満足しているものをいう。

1　車室外に、照明作業を行うための複数の投光器及び当該投光器の支持台を有すること。

この場合において、投光器は１灯につき消費電力が200W 以上の能力又は１基につき全光束（定格値）が3,330lm 以上の能力を有していればよい。

- 夜間等における照明作業等を遂行するための最小限必要な構造設備を有していることを規定している。
- 自動車に備えられた走行に必要な照明灯火及び「自動車部品を装着した場合の構造等変更検査時における取扱いについて（依命通達）」の細部取扱いについて（平成７年11月16日、自技第235号）別紙の４．に掲げる任意灯火器類及び家庭用の照明装置、バッテリの電源により点灯する照明装置等は、この場合の投光器に該当しないものとする。

2　１の支持台は、旋回、伸縮及び投光器の照射角度を任意に調整することができるものであること。ただし、複数の方向に向けて固定された複数の投光器を有する場合は、旋回しない構造であってもよい。

- 支持台は、車両の移動等をせずに照明作業を適切に遂行できるよう、旋回、伸縮又は投光器の照射角度を任意に調整できるものであることが必要である。
- ただし書きについては、投光器が固定されており、四方に照射できる場合が該当する。

3　すべての投光器を点灯させるために十分な発電能力のある発電機（走行用の原動機を動力とするものを除く。）を有すること。ただし、外部の電源から電力の供給を受けることにより投光器を作動させることができるものにあっては、外部からの電力の供給を受けることができる設備を有している場合にあっては、この限りではない。

- 照明設備を点灯させるための発電機を、走行用の原動機以外に有していることを規定したものである。

・　次に該当する場合には、「すべての照明設備を点灯させるため十分な発電能力のある発電機」に該当しないものと判断する。

(1)　投光器の消費電力以上の出力がないもの

(2)　投光器の数量以上の出力端子がないもの

・　「外部からの電力の供給を受けることができる設備」とは、車室外に車体に固定された各投光器用の入力端子を有し、かつ、雨天時の漏電対策が施されていることが必要である。

4　3の発電機は、排気管を有し、かつ、排気口は車室内に開口していないこと。

・　物品積載設備を有している場合は、細目告示第81条・第159条・第237条各第2項第9号及び審査事務規程7－124⑽の規定により最大に積載量を算定する。

・　当該特種自動車の本来の用途に使用するために最小限必要な工具等を積載するための500kg以下の積載量の場合にあっては、使用者が何を積載するのかの申告による積載量とすることができる。

この場合における物品積載設備の占める床面積は、「特種な設備の占有する床面積」とは判断しない。

・　最大に積載量を算定した場合、積載物を後方に突出して積載できない構造である場合を除き、リヤオーバーハングが最遠軸距の2分の1（小型車にあっては20分の11）以下の規定が適用になることに注意が必要である。

⑸　特種な作業を行うための特種な設備を有する自動車

照明車（663）

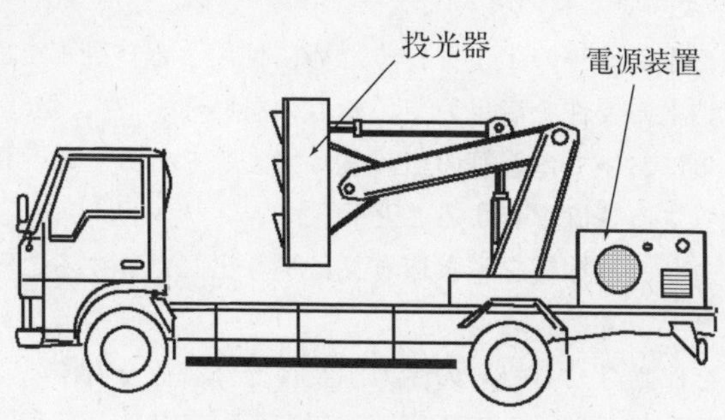

留　意　事　項

・　自動車に備えられた走行に必要な照明灯火及び家庭用の照明装置、バッテリーの電源により点灯する照明装置等は、この場合の投光器には該当しないものとする。

・　投光器の全光束（定格値）については、当該投光器の仕様が記載された書面、カタログ又は試験データ等により確認を行うものとする。

有　効　期　間

【積載量がない場合又は積載量が500kg以下の場合】

有効期間　2年

【積載量が500kg超の場合】

有効期間　・車両総重量8トン未満　初回2年、以降1年

　　　　　・車両総重量8トン以上　1年

ただし、乗車定員が11人以上の場合は1年

架線修理車（670）

送・配電線や電話線等の工事を行うために使用する自動車であって、次の各号に掲げる構造上の要件を満足しているものをいう。

1　架線の工事において電線等の敷設又は撤去等を行うため、電線等を巻いたドラムを設置する装置を有すること。

2　ドラムにより、電線等を巻き取り又は送り出したりすることができる機構を有すること。

3　2の設備を作動させるための動力源及び操作装置を有すること。

> 送電線や電話線等の工事を適切に遂行できるための最小限必要な構造設備を有していることを規定している。

4　電線等を張る作業を安定して行うため、アウトリガー等の安全設備を有すること。ただし、電線等の巻き取り方向が当該自動車の前後方向のみの場合にあっては、この限りでない。

> 電線等を張る作業を安定して行うため、車体の安定を確保できるアウトリガー等の安全設備を備えることが必要である。

・　構造要件1の電線等を巻いたドラムを設置する装置には、装置に見合った積載量を算定する。

　この場合、電線等を巻いたドラムを設置する装置の占める床面積は、「特種な設備の占有する床面積」と判断する。

・　電線等を巻いたドラムを設置する装置以外に物品積載設備を有している場合には、細目告示第81条・第159条・第237条各第2項第9号及び審査事務規程7－124⑽の規定により最大に積載量を算定する。

・　当該特種自動車の本来の用途に使用するために最小限必要な工具等を積載するための500kg以下の積載量の場合にあっては、使用者が何を積載するのかの申告による積載量とすることができる。

　この場合における電線等を巻いたドラムを設置する装置以外の物品積載設備の占める床面積は、「特種な設備の占有する床面積」とは判断しない。

・　最大に積載量を算定した場合、積載物を後方に突出して積載できない

⑸　特種な作業を行うための特種な設備を有する自動車

構造である場合を除き、リヤ・オーバーハングが最遠軸距の２分の１（小型自動車にあつては20分の11）以下の規定が適用になることに注意が必要である。

架線修理車（670）

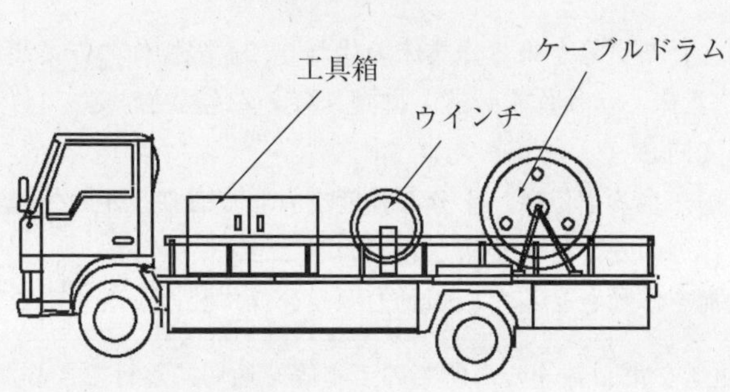

留　意　事　項

・　１の装置は、積載量を算定するものとする。

有　効　期　間

【積載量が500kg以下の場合】
　有効期間　２年
【積載量が500kg超の場合】
　有効期間　・車両総重量８トン未満　初回２年、以降１年
　　　　　　・車両総重量８トン以上　１年
　ただし、乗車定員が11人以上の場合は１年

高所作業車（671）

送・配電線、電話線等の高所又は橋梁等の下方に設置された施設等の補修工事等の作業を行うために使用する自動車であって、次の各号に掲げる構造上の要件を満足しているものをいう。

1　作業員等が乗る作業床及び当該作業床を上昇・下降させるための機構を有すること。

ただし、作業員等が乗る作業床の代わりに遠隔操作の作業装置を有する場合は、「作業床」は「作業装置」に読み替えるものとする。（以下本車体の形状において同じ。）

2　作業員等が乗る部位は、十分な強度を有しており、かつ、作業員等がつかまる握り棒等の安全対策が施されていること。

3　1の機構を作動させるための動力源及び操作装置を有すること。

- 送電線や電話線等の高所での工事等を適切に遂行できるための最小限必要な構造設備を有していることを規定している。
- 高所作業を行うために作業員等が乗るバケットを上昇・下降、旋回させることができ、当該バケットは作業員が乗った場合でも、十分な強度があることが必要である。
- 作業員が乗るバケットは、安全に作業ができるよう十分な深さがあり、握り棒等を有していること。

4　高所作業を安定して行うため、アウトリガー等の安全設備を有すること。

ただし、作業床が上昇及び降下のみする構造である場合にあっては、この限りでない。

高所作業を安定して行うため、車体の安定を確保できるアウトリガー等の安全設備を備えることが必要である。

- 物品積載設備を有している場合は、細目告示第81条・第159条・第237条各第2項第9号及び審査事務規程7－124⑽の規定により最大に積載量を算定する。
- 当該特種自動車の本来の用途に使用するために最小限必要な工具等を積載するための500kg以下の積載量の場合にあっては、使用者が何を積載するのかの申告による積載量とすることができる。

この場合における物品積載設備の占める床面積は、「特種な設備の占有する床面積」とは判断しない。

・ 最大に積載量を算定した場合、積載物を後方に突出して積載できない構造である場合を除き、リヤオーバーハングが最遠軸距の２分の１（小型車にあっては20分の11）以下の規定が適用になることに注意が必要である。

・ 型式認証時の用途が貨物である車両を基本にし、型式認証時のとおり製作した車両と同様な平床荷台等とした次の①から③に該当する場合には、その平床荷台等に係る部位は「物品積載設備の荷台」に当たるものとして取り扱う。

① 型式認証時のとおり製作した車両の物品積載設備の床面の板を外し、新たに当該部位に鉄板等を取り付けた場合

② 型式認証時のとおり製作した車両の物品積載設備の床面の板はそのままで、煽りを外した場合

③ 型式認証時のとおり製作した車両の物品積載設備を外し、貨物用途の別の型式認証を受けた物品積載設備を取り付た場合

（例：型式Ａの車両の平床荷台→型式Ｂの車両の平床荷台、型式Ａの車両の平床荷台→型式Ｃの車両のバン型荷台）

・ 次の場合については、「物品積載設備の荷台」に当たらないものとして取り扱う。

型式認証時のとおり製作した車両の物品積載設備を外し、当該部位に作業用設備と付随する鉄板等を取り付けた場合

（例：型式Ａの車両（貨物）の平床荷台→高所作業車（穴掘建柱車）用のサブフレーム等を介して作業用設備と鉄板等を取り付けたもの）

・ 次の①から⑤の部位は、特種な設備の占有する面積として取り扱うことができる。

① 運転者席上方にある作業用バケット及びブームの部分（運転者席として独立しているキャビンを有しており、その上方に設けられた作業用のバケット及びブームの設備は、乗車設備を基準面に投影した場合の面積に重複してもよい。）

② サブフレームより後方に突きだした作業用バケット及びブームの部

分（作業用バケット及びブームの部分がサブフレーム後方に突出するしないに係わらず、物品積載設備等の他の設備を基準面に投影した場合の部分と重複しない場合に限る。）

③ アウトリガーのジャッキ部分（アウトリガーのジャッキ部分の設備と物品積載設備等を基準面に投影した場合の部分と重複していない場合に限る。）

④ 作業用バケットに乗降するための昇降用ステップの部分

⑤ 高所作業の用に供するための作業用機材（ヘルメット、安全靴、手袋、安全帯及び腰道具等）を常時専用に収納する収納箱

高所作業車（671）

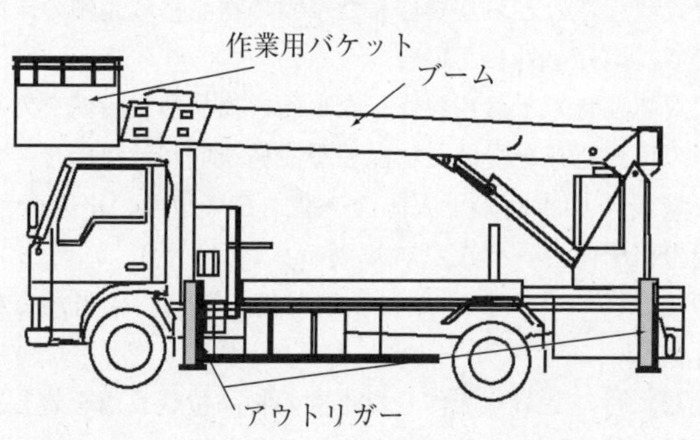

有 効 期 間

【積載量がない場合又は積載量が500kg以下の場合】

有効期間　２年

【積載量が500kg超の場合】

有効期間　・車両総重量８トン未満　初回２年、以降１年

　　　　　・車両総重量８トン以上　１年

ただし、乗車定員が11人以上の場合は１年

⑹　キャンプ又は宣伝活動を行うための特種な設備を有する自動車

（用途区分通達４－１－３⑷の自動車）

キャンピング車（610）

放送宣伝車（651）

キャンピングトレーラ（612）

キャンピング車の構造要件の主な改正点

改正点１．就寝設備関係（就寝設備の座席兼用要件）

〔現行〕

・座席上にマットを載せて平面を作り、就寝設備とするものは、就寝設備と座席の兼用要件に適合する。

・このような就寝設備の場合は、就寝設備全体の面積の２分の１を特種な設備の占有する面積として算定する。

〔改正〕

・座席上にマットを載せる形態のものは、兼用要件に適合しない。

・このようなものは、特種な設備の占有する面積として算定しない。

改正点２．水道設備、炊事設備及びこれらを利用するための床面積の合計

〔現行〕　規定なし

〔改正〕

洗面台等、調理台等及びこれらを利用するための床面積の合計面積が0.5m^{2}以上必要

改正点３．水道設備、炊事設備を利用するための床面からの車室内有効高さ

〔現行〕　規定なし

〔改正〕

水道設備、炊事設備を利用するための床面から上方に、1,600㎜以上の空間が必要

改正点４．特種な設備の固定方法

〔現行〕　規定なし

〔改正〕

特種な設備の固定方法を明確に定め、固定されていない設備は、特種な設備として取り扱わない。

(6) キャンプ又は宣伝活動を行うための特種な設備を有する自動車

キャンピング車（610）

車室内に居住してキャンプをすることを目的とした自動車であって、次の各号に掲げる構造上の要件を満足しているものをいう。

1 次の各号に掲げる要件を満足する就寝設備を車室内に有すること。

- 車室：63～65ページ参照
- 車室内とは、隔壁により外気と遮断できる構造であることを規定しており、キャンプ時に、屋根部がポップアップすることにより二層構造となるもの、車体が車幅、車長方向に拡張し、新たな床面（車体が床面となるものに限る。）を構成するもので隔壁により外気と遮断される構造であるものは、車室として扱う。
- 平成6年4月1日（輸入車は平成7年4月1日）以降に制作されたキャンピング車の車室内に設けられている就寝設備等の内装材は、難燃材の規定（保安基準第20条第4項、細目告示第26条第2項・第104条第2項・第182条第2項及び別添27「内装材料の難燃性の技術基準」）に適合している必要がある。
- キャンピング車の車室内には、構造上の要件を満足する居住するための各設備（就寝、炊飯、洗面）を有していることが必要である。このため、ピックアップトラックの荷台に走行時は全ての居住するための各設備を格納し、キャンプ時のみ車室を組み立てる方式の構造のものは、「車室内に有する」に該当しないものとして扱う。

⑹　キャンプ又は宣伝活動を行うための特種な設備を有する自動車

車室として扱える例（二層または拡張式の事例）

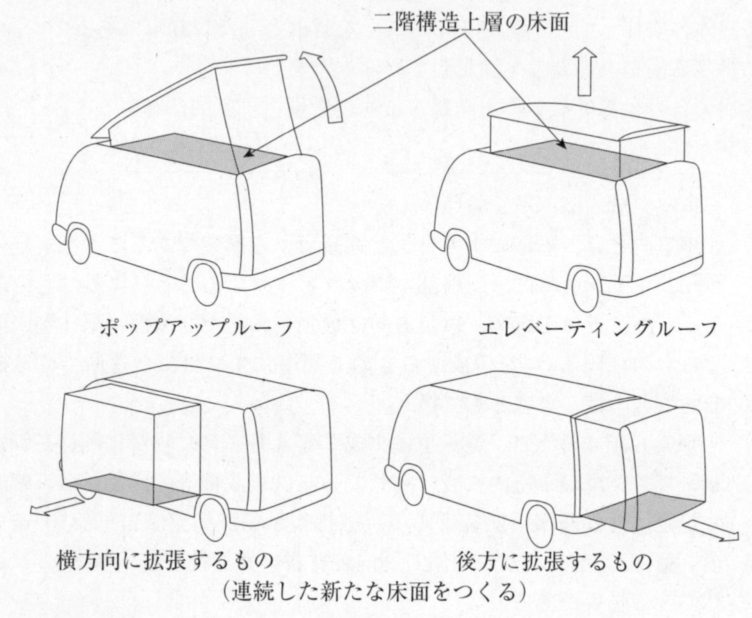

車室として取り扱えない例

・車体を床面としても、その他の部分（壁・天井）がすべてテントのもの、トラックで幌付のもの、荷台や車体上にキャンプ用のテントを張ったもの
・外周が隔壁で覆われていても居住する際に床面となる部位が車体以外（地面や車体構造物以外の台等）の場合

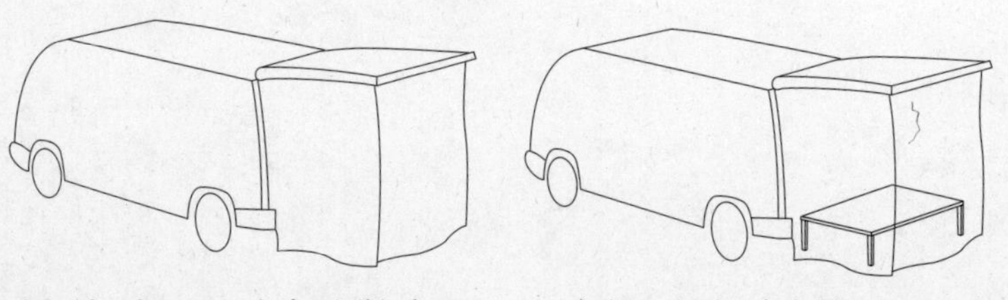

(6) キャンプ又は宣伝活動を行うための特種な設備を有する自動車

・荷台に走行時はすべての居住するための設備を格納し、キャンプ時のみ車室を組み立てて拡張するもの

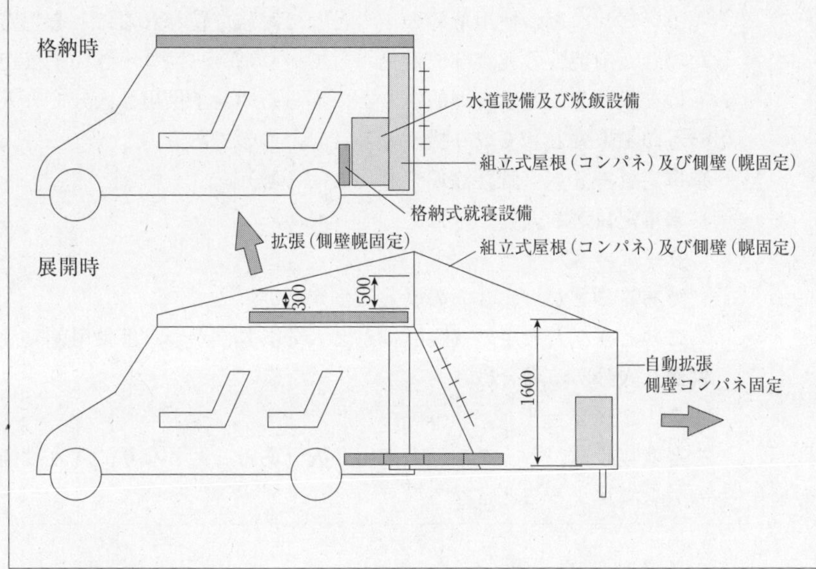

(1) 就寝設備の数

乗車定員の3分の1以上(端数は切り捨てることとし、乗車定員2人以下の自動車にあっては1人以上)の大人用就寝設備を有すること。

この場合において、大人用就寝設備を少なくとも1人分以上有している場合は、子供用就寝設備2人分をもって大人用就寝設備1人分と見なすことができる。

(1) 就寝設備が乗車定員の3分の1以上とは、乗車定員に対する必要最小限の就寝設備の数を規定したものである。

・ 乗車定員÷3=(就寝設備を必要とする数)

(例) 乗車定員が4人のときは、

4 ÷ 3 ≒1.3

であることから、小数点以下を切り捨てて、1人の就寝設備が必要。

乗車定員が10人のときは、

10 ÷ 3 ≒3.3

であることから、小数点以下を切り捨てて、3人の就寝設備が必要。

なお、乗車定員2人以下の自動車にあっては、1人以上の就寝設備が必要となる。

(2) キャンピング車の使用形態の1つとして家族で使われることを想定した場合、両親分の就寝部位が備わっていれば、一回り小さい子供用のものを設けることは合理的なことであるため、子供用2人分で大人用のもの1人分として取り扱うこととしたものである。

・ 乗車定員÷3＝（就寝設備を必要とする数）

（例）乗車定員が9人のときは、

9÷3＝3

であることから、3人の就寝設備が必要。

このとき、大人用の就寝設備が2人分あり、かつ、子供用就寝設備が2人分ある場合は、

2＋2÷2＝3

と就寝設備がトータルで大人用3人分あることとなり、就寝設備の数を満足することとなる。

参考　令和4年3月31日以前

(1) 就寝設備の数

乗車定員の3分の1以上（端数は切り上げることとし、乗車定員3人以下の自動車にあっては2人以上）の大人用就寝設備を有すること。

この場合において、大人用就寝設備を2人分以上有している場合は、子供用就寝設備2人分をもって大人用就寝設備1人分と見なすことができる。

(1) 就寝設備が乗車定員の3分の1以上とは、乗車定員に対する必要最小限の就寝設備の数を規定したものである。

・ 乗車定員÷3＝（就寝設備を必要とする数）

（例）乗車定員が4人のときは、

4÷3≒1.3

であることから、小数点以下を切り上げて、2人の就寝設備

が必要。

乗車定員が10人のときは、

10 ÷ 3 ≒ 3.3

であることから、小数点以下を切り上げて、4人の就寝設備が必要。

なお、乗車定員3人以下の自動車にあっては、2人以上の就寝設備が必要となる。

⑵　キャンピング車の使用形態の1つとして家族で使われることを想定した場合、両親分の就寝部位が備わっていれば、一回り小さい子供用のものを設けることは合理的なことであるため、子供用2人分で大人用のもの1人分として取り扱うこととしたものである。

・　乗車定員 ÷ 3 ＝（就寝設備を必要とする数）

（例）乗車定員が9人のときは、

9 ÷ 3 ＝ 3

であることから、3人の就寝設備が必要。

このとき、大人用の就寝設備が2人分あり、かつ、子供用就寝設備が2人分ある場合は、

2 ＋ 2 ÷ 2 ＝ 3

と就寝設備がトータルで大人用3人分あることとなり、就寝設備の数を満足することとなる。

⑵　大人用就寝設備の構造及び寸法

ア　就寝部位の上面は水平かつ平らである等、大人が十分に就寝できる構造であること。

・　大人用就寝設備の上面の就寝部位の構造を規定している。

・　就寝部位の上面が「水平かつ平らである等」は、次の①②③により判断する。

①　上面の大部分に傾斜がないこと。

②　上面は平らであり、ABCDにおいてhが3㎝以下であること。

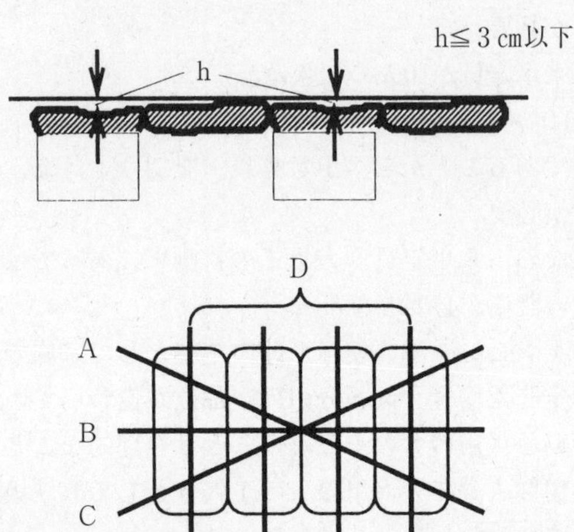

③　局部的な凹凸があるものにあっては、その深さが3㎝以下であること。

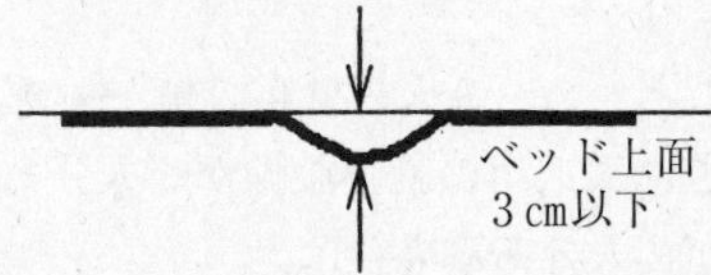

・　就寝部位の凹凸を補うためマット等を敷いたものは、「就寝部位の上面が平ら」に該当しないものとする。

イ　就寝部位は1人につき長さ1.8m 以上、かつ、幅0.5m 以上の連続した平面を有すること。

・　大人用就寝部位の1人当たりの寸法について規定している。「長さ1.8m 以上、幅0.5m 以上」とは、同一平面における大人1人が就寝するに必要な寸法であり、「連続した平面を有する」とは、就寝部位の途中がとぎれていないことをいう。
・　就寝部位の角部が製造上の都合により丸くなっているものにあっては、次の①及び②に適合する寸法のものに限り構造要件の規定中、長さ（L ≧1.8m）及び幅（W ≧0.5m）の測定は、次図に示す方法で測定して差し支えないものとする。

(6) キャンプ又は宣伝活動を行うための特種な設備を有する自動車

① **就寝部位面の**角部の丸み半径（r）が10cm以下であるもの。

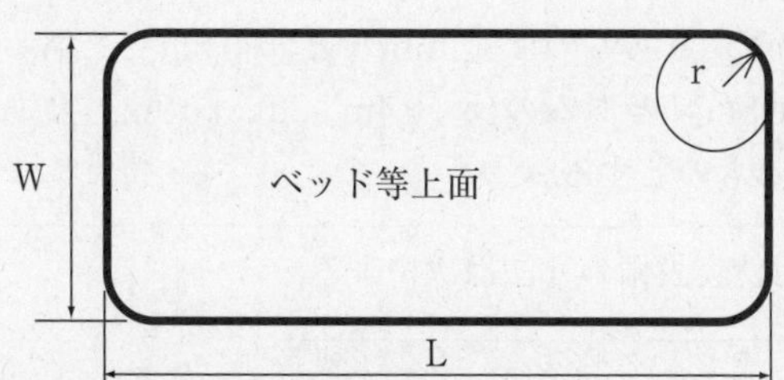

② **就寝部位側面上部**の角部の丸み半径（r）が３cm以下であるもの。

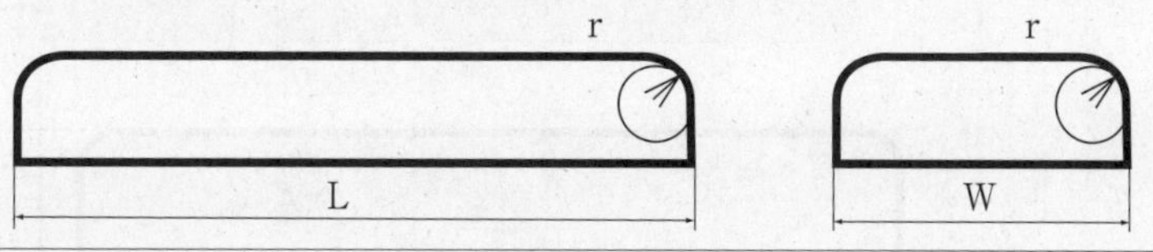

ウ　１人当たりの就寝部位毎に、就寝部位の上面から上方に0.5m 以上の空間を有すること。ただし、就寝部位の一方の短辺から就寝部位の長手方向に0.9m までの範囲にあっては、0.3m 以上の空間があればよい。

・　大人用就寝部位の上方には、身体を横たえて毛布等を掛けるための空間を確保することを規定している。

・　就寝するためには、寝返り等を考慮すると就寝幅と同程度の空間が必要であることから、0.5m 以上の上方空間が必要であることと規定した。しかしながら、下半身については、上半身よりも小さい空間でよいことから最低0.3m（大人の平均的な足のサイズである数値）以上の上方空間が確保されていればよいと規定した。

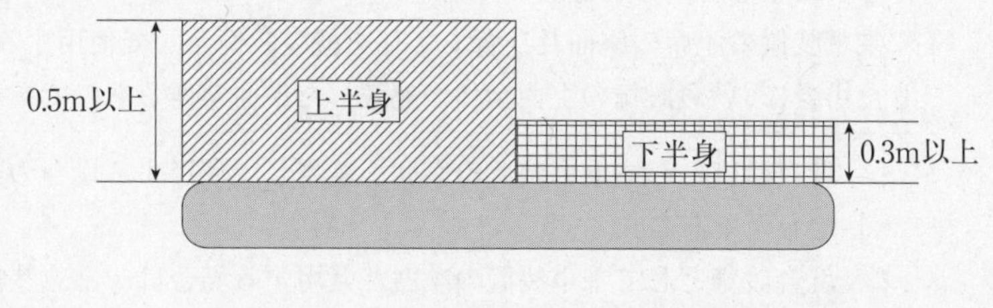

⑹　キャンプ又は宣伝活動を行うための特種な設備を有する自動車

⑶　子供用就寝設備の構造及び寸法

⑵の要件は、子供用就寝設備について準用する。この場合において、⑵イ中「1.8m」とあるのは「1.5m」と、「0.5m」とあるのは「0.4m」と、⑵ウ中「0.5m」とあるのは「0.4m」と、「0.9m」とあるのは「0.8m」と読み替えるものとする。

・子供用就寝設備の寸法は次による。

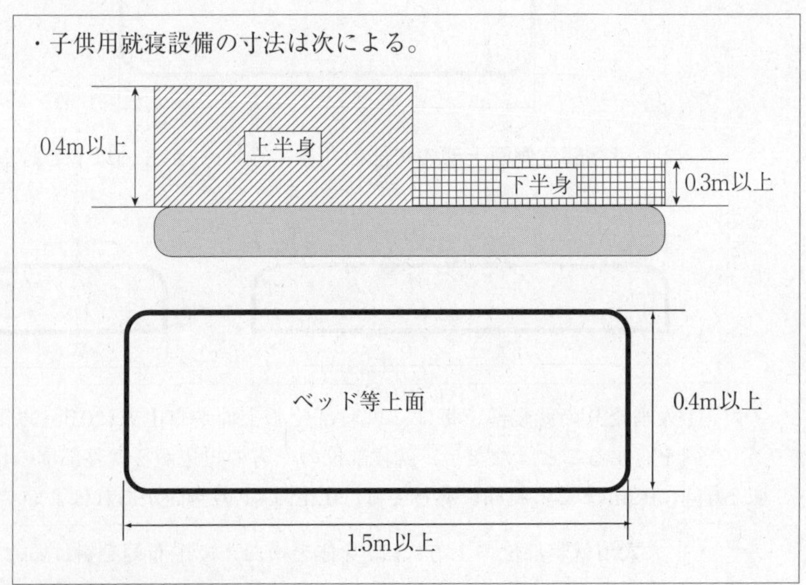

⑷　就寝設備と座席の兼用

就寝設備は、乗車装置の座席と兼用でないこと。

ただし、就寝設備及び乗車装置の座席が次の各号のすべての要件を満足する場合は、就寝設備と乗車装置の座席を兼用とすることができる。

ア　乗車装置の座席の座面及び背あて部が就寝設備になることを前提に製作されたものであること。

イ　乗車装置の座席の座面及び背あて部を就寝設備として使用する状態にした場合に、就寝設備の上面全体が連続した平面を作るものであること。

・　就寝設備として乗車装置の座席を兼用して使用する場合の規定をしたものである。

・　就寝設備として乗車装置の座席と兼用する場合は、乗車装置の座席の座面及び背あてが就寝設備になることを前提に製作（就寝設備の構造要件に適合するよう水平かつ平らに製作）されているもので、就寝設備として使用する状態において、就寝設備の上面全体が連続した平面を構成する場合に限り就寝設備と座席を兼用とすることができるものである。

・　座席の上に就寝設備（ベッド、マット等）を乗せた場合は、アの「就寝設備になることを前提に製作されたもの」には該当しないため、「就寝設備なし」と判断する。

・　乗用又は貨物用途自動車用に装備された標準の座席は、アの「就寝設備になることを前提に製作されたもの」に該当しない例とする。

就寝設備になることを前提に設計された座席の例

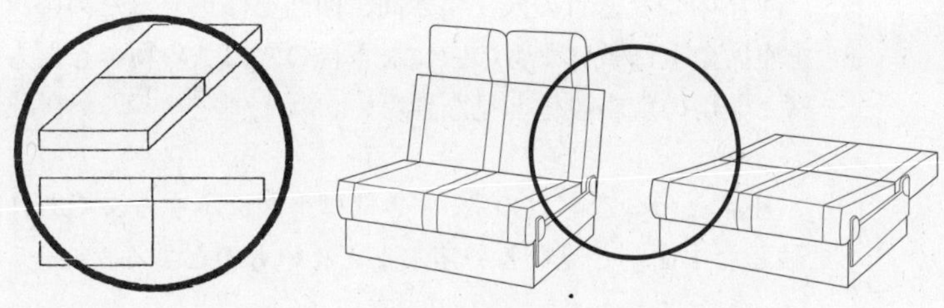

就寝設備になることを前提に設計されていない座席の例

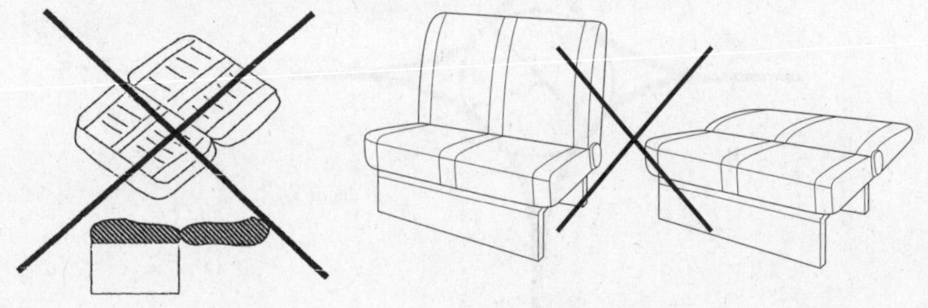

(6) キャンプ又は宣伝活動を行うための特種な設備を有する自動車

就寝設備になることを前提に設計されていない座席の例

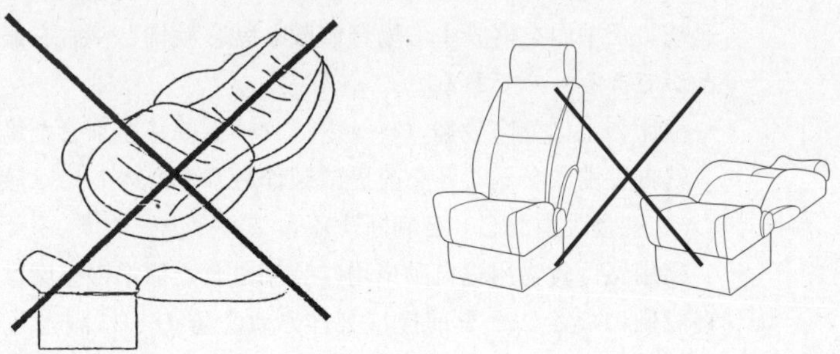

・　座席のつなぎ目に穴・すき間が空いているものは、イの「連続した平面を作るもの」に該当しない例とする。

・　座席のつなぎ目の穴、すき間、凹凸を修正するために、マット等を座席の上に敷いたもの、つなぎ目の穴に詰め物をしたものは、座席と兼用の就寝設備と見なさない。

座席とのつなぎ目の穴、すき間は下図に示す方法であれば「連続した平面」と見なして差し支えないものとする。

(つなぎ目の穴)

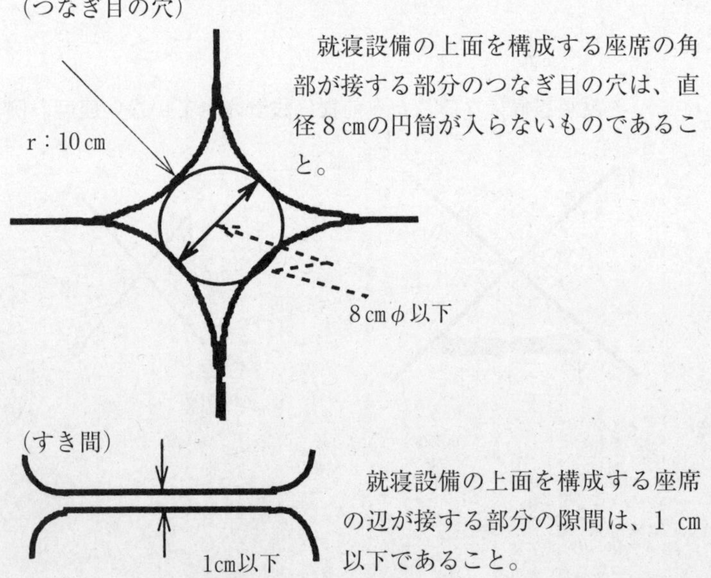

就寝設備の上面を構成する座席の角部が接する部分のつなぎ目の穴は、直径８㎝の円筒が入らないものであること。

就寝設備の上面を構成する座席の辺が接する部分の隙間は、１㎝以下であること。

⑹　キャンプ又は宣伝活動を行うための特種な設備を有する自動車

就寝設備と座席の兼用の考え方

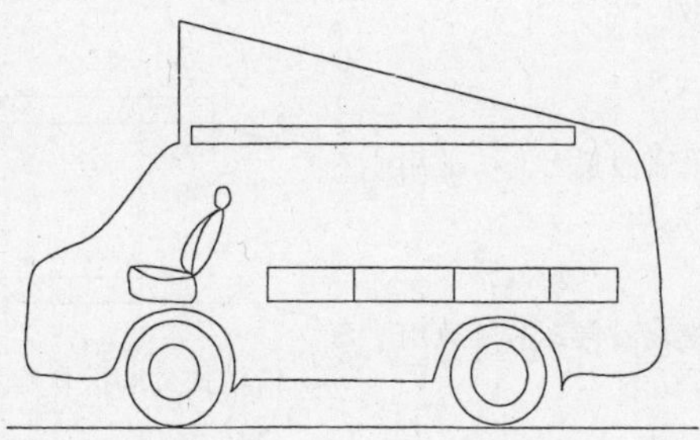

1．乗車装置と就寝設備が同一床面上にあるが就寝設備と兼用と判断できない事例

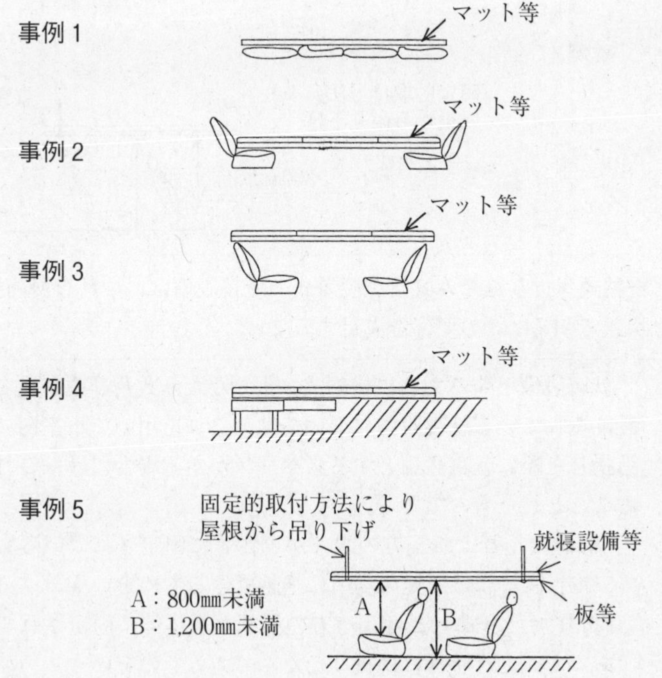

(6) キャンプ又は宣伝活動を行うための特種な設備を有する自動車

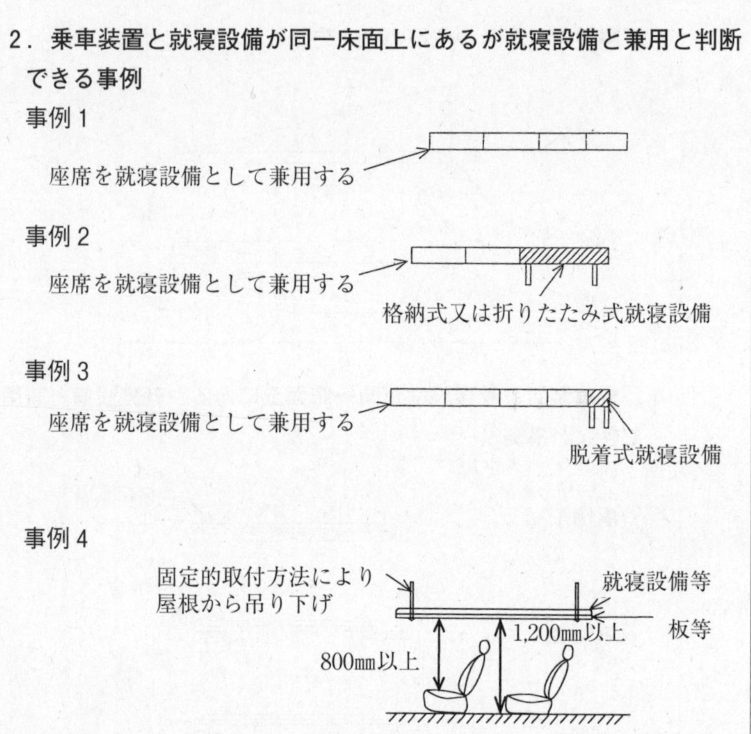

(5) 格納式、折りたたみ式及び脱着式の就寝設備は、これを展開又は拡張した状態で(2)又は(3)の要件を満足すること。

- 就寝設備とするために格納式、折りたたみ式及び脱着式で車室内に設けられている就寝設備については、これを用いて車室内で展開又は拡張した際に就寝設備とするスペースがある場合には、これを許容することとしたものである。
- 「格納式」とは、一方の端部が車体等に固定されているものであって、走行時等には所定の場所に格納できるものをいう。
- 「折りたたみ式」とは、一方の端部が車体等に固定されているものであって、走行時等には折りたたんであるものをいう。
- 「脱着式」とは、就寝設備として使用する場合に所定の位置に設置して使用できるものであって、走行時等には脱着して専用の所定の場所に格納できるものをいう。

⑹　キャンプ又は宣伝活動を行うための特種な設備を有する自動車

・　格納式、折りたたみ式の就寝設備（※１）とは、格納式、折りたたみ式の就寝設備を展開又は拡張できるスペースがある場合に限り認められるものである。（※１）

また、脱着式の就寝設備にあっては、脱着式の就寝設備を設けられる専用の構造となっていることが必要である。（※２）

・　なお、脱着式就寝設備の一部が運転者席にかけて設けられている場合であって、就寝設備の構造及び寸法の要件を満足している場合（運転者席との兼用は不可）であっても、運転者席部に設けられた就寝設備については、特種な設備の占有する面積には当たらないことに留意が必要である。

※１　格納式、折りたたみ式（座席の幅方向の寸法を満たすため、格納式又は折りたたみ式の就寝設備を備えた事例）

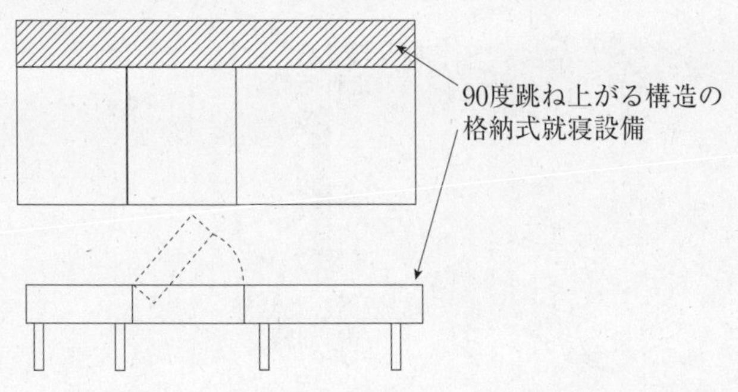

格納式例（プルダウンベッド）　折りたたみ式例

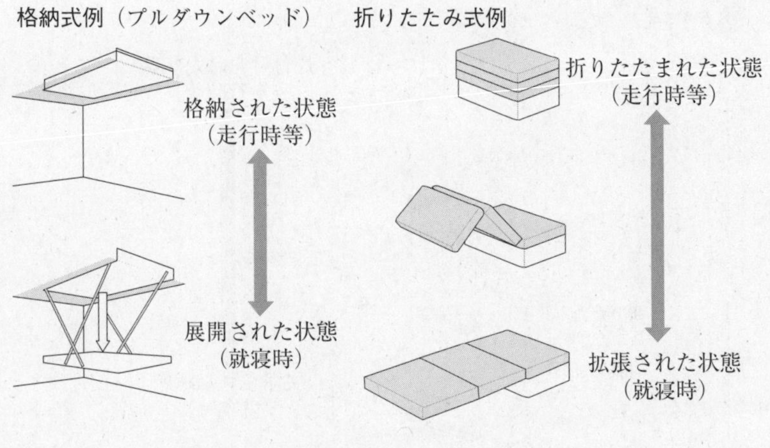

⑹　キャンプ又は宣伝活動を行うための特種な設備を有する自動車

※2　脱着式

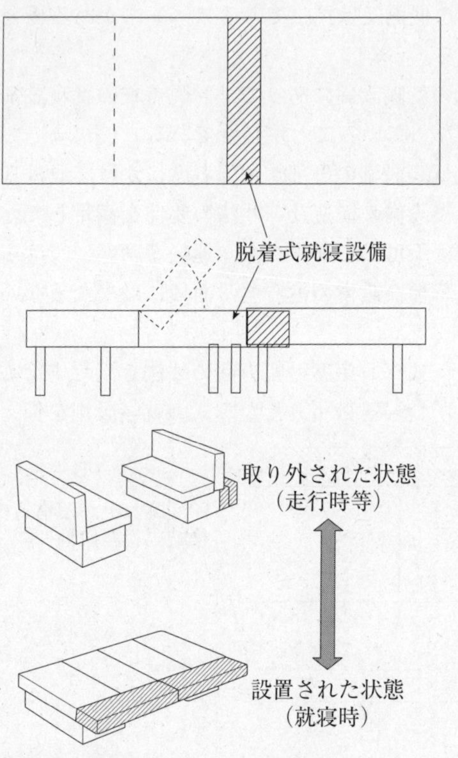

折りたたみ式、格納式の複合例

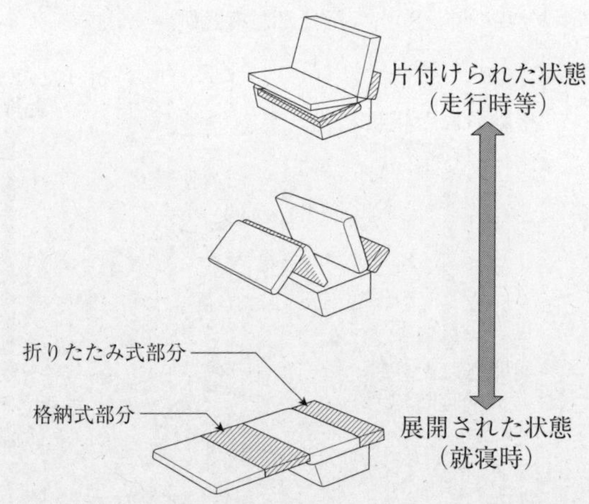

⑹　キャンプ又は宣伝活動を行うための特種な設備を有する自動車

・　就寝設備の要件についてまとめると、次のとおりとなる。

就寝設備を展開又は拡張した状態

1．就寝設備としての要件に適合しているか確認する事項

①　車体等に固定されて設けられているか。

ただし、脱着式の場合にあっては専用の置き場が必要である。

②　構造及び寸法が満足しているか。

③　乗車定員に応じた就寝設備の数があるか。

2．就寝設備が座席と兼用の場合の確認事項（1の要件のほか）

①　座面及び背あて部を含めて構造（就寝設備になることを前提に製作されたこと。）及び寸法が満足しているか。

3．就寝設備が格納式又は折りたたみ式の場合の確認事項（1以外の事項）

①　就寝設備の端部は車体等に固定されているか。

②　展開又は拡張するための専用のスペースがあるか。

4．就寝設備が脱着式の場合の確認事項（1の要件のほか）

①　脱着式就寝設備となる部位は、車室内の所定の場所に走行中の振動等により脱落することのないよう確実に収納又は固縛されているか。

②　就寝設備を展開した場合に脱着式就寝設備を設けられる構造となっているか。

特種な設備の占有する面積の算出に当たっての留意事項

①　運転者席を除く車室（＝客室）に位置する就寝設備が該当する。

②　格納式又は折りたたみ式の就寝設備は、展開又は拡張するための専用スペースがある場合に限り、展開又は拡張した状態の就寝設備の部位は、特種な設備の占有する部位に該当する。

③　座席と就寝設備が兼用の部位は、その兼用部位の1/2が該当する。

④　脱着式は固定されていないことから、当該部分は特種な設備の占有する部位に該当しない。

ただし、⑷ア及びイに適合する座席の背あてであって、一端取り外したうえで就寝設備の一部として利用するものは「脱着式の就寝設備」には該当せず③座席と兼用の就寝設備に該当する

(6) キャンプ又は宣伝活動を行うための特種な設備を有する自動車

2 次の各号に掲げる要件を満足する水道設備及び炊事設備を有すること。

・ キャンプ時に必要な最小限の設備として、水道設備及び炊事設備を備えている必要がある。

また、これらの設備のうち、洗面台等、調理台、コンロ等の設備は、車室内で使用できることを規定したものである。

・「水道設備及び炊事設備」については、車体等に確実に固定されて取り付けられていることが必要であり、これらの設備のうち「洗面台等、調理台、コンロ等」の設備については、車室内において利用者が使いやすい位置に確実に固定されて取り付けられていることが必要である。(確実な固定とは、車体床面及び車体と特種な目的遂行のための設備又はその設備の基本となる床面が接する部分の固定方法は、用途区分通達注7の規定に基づく固定がなされていることを言い、水道設備及び炊事設備の本体の固定は、木ねじ、タッピングねじ等により確実に固定されていることを言う。また、水道設備及び炊事設備の設置場所が他の部位と明確に区分できる等、他の設備と兼用でない専用の設置場所を有しており、取り外すことのできる構造のものにあっては、ロック金具、ファスナー等で確実に固定されていることを言う。)

・ 自車以外の施設等から動力源等の供給を受けて初めて機能する水道設備及び炊事設備は、この要件に適合しないものとする。

・「車室内で使用できる」とは、車内に利用者がいる状態で各種設備が使用できるものであり、利用者が外に出た状態で使用するようなものは、この要件に適合しないものとする。

(1) 水道設備

水道設備とは、次の各号に掲げる要件を満足するものをいう。

ア 10リットル以上の水を貯蔵できるタンク及び洗面台等(水を溜めることができる設備をいう。以下同じ。)を有し、タンクから洗面台等に水を供給できる構造機能を有していること。

イ 10リットル以上の排水を貯蔵できるタンクを有していること。

ウ 洗面台等は、車室内において容易に使用することができる位置(洗面台等に正対して使用でき、かつ、洗面台等と利用者の間に他の設備等がなく、かつ、洗面台等を利用するための床面がその他の床面との間に著しい段差を有していないことをいう。)にあること。

エ　洗面台等を利用するための床面から上方には有効高さ1,600㎜（洗面台等の上端（蛇口、レバー及び浄水器等、水を供給する構造を除く。）が、これを利用するための床面から上方に850㎜以下の場合にあっては1,200㎜）以上の空間を有していること。

・　水道設備に関して規定をしたものである。

・　**アは**、洗顔、調理等に用いる水を10リットル以上収納することができるタンクを有し、このタンクから洗面台等に水を供給できる構造機能を有していることが必要である。

・　次に掲げる方式により、水タンクから給水管を通して洗面台等に水を供給するものは、2(1)アの「水を供給できる構造機能を有する」例とする。

(1)　電動ポンプによるもの

(2)　手動又は足動ポンプによるもの

(3)　重力を利用した方式のもの

・　次に掲げるものは、2(1)の水道設備とならない例とする。

(1)　電気ポット、ポット、やかん、ペットボトル、バケツ等

(2)　水タンクから柄杓等で汲み上げるもの

(3)　蛇口、給水管等がなく、水タンクの蓋を開閉することにより水の供給を行うもの

(4)　水タンクに蛇口が直接ついている自然落下方式のもの（ペットボトルをおいておくのと何ら変わらないため）

・　**イは**、洗面台等で使用した後の水を回収し貯蔵するため、10リットル以上収納することができるタンクを有し、このタンクと洗面台等とが排水管等で結ばれていることが必要である。

・　**ウ及びエは**、洗面台等は車室内で容易に使用することができる位置にあり、利用者が無理な姿勢をとらないで洗顔等ができる構造であることを規定したものである。

洗面台等及び調理台等のいずれかのみの高さが850㎜以下であり、これらを利用するための床面が兼用の場合、必要な床面の有効高さは1,600㎜以上となる。

水道・炊事設備の高さが850㎜以下の場合に、必ずしも椅子の設置もしくは備え付けは要しないが、着座姿勢で水道・炊事設備を利

用可能な構造又は椅子を設置するための床面が必要であり、この場合において、奥行き300㎜未満、幅500㎜未満の床面は、水道・炊事設備を容易に使用することができないものとする。

〈着座姿勢で水道・炊事設備を利用可能な構造の例〉

・乗車設備又は就寝設備等に着席し、水道・炊事設備が利用可能な構造

・直接床面に座った状態で、水道・炊事設備が利用可能な構造

また、乗車設備又は就寝設備に着席し、水道・炊事設備が利用可能な構造にあっては、乗車設備又は就寝設備（脱着式は除く。）を設置する床面は、従来通り、水道・炊事設備を利用するための床面と重複することはできない。

・「洗面台等を利用するための床面」とは、洗面台等を利用しようとする者が洗面台等に隣接している部分に立って行う場所の床面（就寝設備を格納した状態において最低、300㎜（奥行き）×500㎜（幅）以上確保されていることが必要）の範囲すべてにおいて、有効高さ1,600㎜（洗面台等の上端が、これを利用するための床面から上方に850㎜以下の場合にあっては1,200㎜）以上確保されていることが必要である。

なお、車室が拡張されるものにあっては、車室が拡張された状態（キャンピング時）において、有効高さ1,600㎜（洗面台等の上端が、これを利用するための床面から上方に850㎜以下の場合にあっては1,200㎜）確保されていればよい。ただし、サンルーフの他車室上部の一部に穴を明け、キャンピング時にビニールシート、テント、段ボール等で組み立てるなどして車室を形成し有効高さ1,600㎜（洗面台等の上端が、これを利用するための床面から上方に850㎜以下の場合にあっては1,200㎜）を確保したもの、又は、水道設備及び炊飲設備を利用する際、利用者が無理な姿勢となるものは、(1)ウの規定に適合したものとはみなさない。

⑹　キャンプ又は宣伝活動を行うための特種な設備を有する自動車

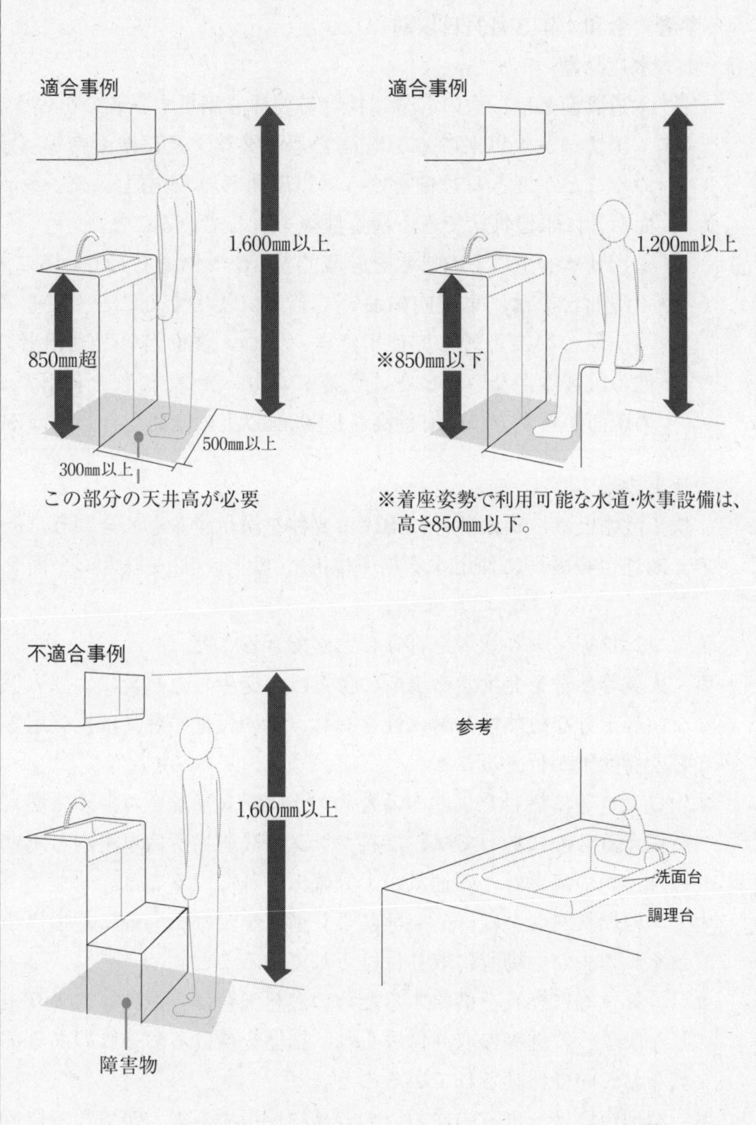

・　展開された「就寝設備」は、⑴ウの規定中「洗面台等と利用者の間に他の設備等がないことをいう。」の「他の設置等」に含まれない。

⑹　キャンプ又は宣伝活動を行うための特種な設備を有する自動車

参考　令和４年３月31日以前

⑴　水道設備

水道設備とは、次の各号に掲げる要件を満足するものをいう。

ア　10リットル以上の水を貯蔵できるタンク及び洗面台等（水を溜めることができる設備をいう。以下同じ。）を有し、タンクから洗面台等に水を供給できる構造機能を有していること。

イ　10リットル以上の排水を貯蔵できるタンクを有していること。

ウ　洗面台等は、車室内において容易に使用することができる位置（洗面台等に正対して使用でき、かつ、洗面台等と利用者の間に他の設備等がないことをいう。）にあり、かつ、これを利用するための床面から上方には有効高さ1,600㎜以上の空間を有していること。

⑵　炊事設備

炊事設備とは、次の各号に掲げる要件を満足するものをいう。

ア　調理台等調理に使用する場所は0.3m 以上×0.2m 以上の平面を有すること。

イ　コンロ等により炊事を行うことができること。

ウ　火気等熱量を発生する場所の付近は、発生した熱量により火災を生じない等十分な耐熱性・耐火性を有し、その付近の窓又は換気扇等により必要な換気が行えること。

エ　コンロ等に燃料を供給するためのLP ガス容器等の常設の燃料タンクを備えるものにあっては、燃料タンクの設置場所は車室内と隔壁で仕切られ、かつ、車外との通気が十分確保されていること。

オ　エの燃料タンクは、衝突等により衝撃を受けた場合に、損傷を受けるおそれの少ない場所に取り付けられていること。

カ　コンロ等に燃料を供給するための燃料配管は、振動等により損傷を生じないように確実に取り付けられ、損傷を受けるおそれのある部分は適当なおおいで保護されていること。

キ　調理台等は、車室内において容易に使用することができる位置（調理台・コンロ等に正対して使用でき、かつ、調理台・コンロ等と利用者の間に他の設備等がなく、かつ、調理台・コンロ等を利用するための床面がその他の床面との間に著しい段差を有していないことをいう。）にあること。

ク　調理台を利用するための床面から上方には有効高さ1,600㎜（調理台等の上面が、これを利用するための床面から上方に850㎜以下の場合にあっては1,200㎜）以上の空間を有していること。）

・　炊事設備に関して規定したものである。

・　**アは**、調理を行うための固定的な場所（炊事設備と調理台の端部とが固定された引き出し式の調理台又は折りたたみ式の調理台を含む。）に一定の平面（0.3m 以上×0.2m 以上の水平な平面）を有していることが必要である。

・　**イは**、炊事に必要な熱量が得られることが必要である。

なお、炊事に必要な熱量は、ガスコンロのほか、電磁調理器、電熱器、電子レンジなどでもよい。ただし、電気ポットなどは、「炊事を行うことができない」と判断する。

・　**ウは**、炊事において熱量を発生する器具等を置く場所付近は耐熱性・耐火性のある部材で構成されており、換気が行える構造となっていることが必要である。

炊事器具等の発生する熱量等で、その周りが溶けたり、燃えないような金属製、石綿性の部材で作られているものは、十分な耐熱性・耐火性を有していると判断できる例とする。

換気扇を有しているか又はコンロ等の直近に車室内から開放できる窓又はドアがある場合は、「必要な換気が行える」と判断できる例とする。

・　**エは**、炊事設備としてLP ガス等の燃料タンク等を備える場合の規定を設けたものである。

「常設の燃料タンクを備える」とは、燃料タンクに繰り返し充填、補給できる燃料タンクを指し、カセット式のボンベ等はこれに当たらないものとする。

・　**オは**、燃料タンクの設置場所について規定したものである。

交通事故等において、炊事用に常設している燃料タンクにより被害が拡大することがないように配慮した場所に設置する必要がある。

燃料タンクの設置場所として不適切と判断する部位は、

a　自動車の最前端、最後端、最外側付近

b　自動車の下面付近

c　自動車の上面付近

上記のａの具体的判断は、審査事務規程７－23－１－２(5)及び７－31－１(3)に準じて判断するものとする。

・　**カ**は、炊事に用いるコンロ等への燃料タンクの燃料供給のための配管について規定したものであり、走行中の振動等により損傷を生じないよう適当な位置に適切な方法で固定等されていることが必要である。

燃料配管は、

・排気管、消音器等高熱を発する装置に近接して設けられていないこと。ただし、適当な防熱板等で熱が遮断されている場合はこの限りでない。

・耐候性及び耐熱性が十分であることについて確認されたものであること。

・乗車装置のある車室内に直接露出して配管されていないこと。

・原動機室内に配置されていないこと。

・衝突、追突等において直接損傷を受けやすい位置に配置されていないこと。

・路面等と接触するおそれのある位置に配置されていないこと。

等に留意する必要がある。

また、燃料配管の設置場所についても審査事務規程７－23－１－２(5)に準じて判断するものとする。

・　**キ**については、２(1)ウ（洗面台等）と同様である。

洗面台等と調理台等が対向して備えられている場合の最低限確保するべき床面の大きさについては、利用する床面を共有しても、調理台・コンロ等に正対して使用でき、かつ、調理台・コンロ等と利用者の間に他の設備等がなければ、それぞれの調理台等は使用が容易に行える位置にあるといえることから、洗面台と調理台等の間に300㎜×500㎜の床面が確保されていればよい。

(6) キャンプ又は宣伝活動を行うための特種な設備を有する自動車

参考　令和4年3月31日以前

(2) 炊事設備

炊事設備とは、次の各号に掲げる要件を満足するものをいう。

ア　調理台等調理に使用する場所は0.3m以上×0.2m以上の平面を有すること。

イ　コンロ等により炊事を行うことができること。

ウ　火気等熱量を発生する場所の付近は、発生した熱量により火災を生じない等十分な耐熱性・耐火性を有し、その付近の窓又は換気扇等により必要な換気が行えること。

エ　コンロ等に燃料を供給するためのLPガス容器等の常設の燃料タンクを備えるものにあっては、燃料タンクの設置場所は車室内と隔壁で仕切られ、かつ、車外との通気が十分確保されていること。

オ　エの燃料タンクは、衝突等により衝撃を受けた場合に、損傷を受けるおそれの少ない場所に取り付けられていること。

カ　コンロ等に燃料を供給するための燃料配管は、振動等により損傷を生じないように確実に取り付けられ、損傷を受けるおそれのある部分は適当なおおいで保護されていること。

キ　調理台等は、車室内において容易に使用することができる位置（調理台・コンロ等に正対して使用でき、かつ、調理台・コンロ等と利用者の間に他の設備等がないことをいう。）にあり、かつ、これを利用するための床面から上方には有効高さ1,600mm以上の空間を有していること。

保安基準細目告示（抜粋）

第96条（燃料装置）

4　保安基準第1条の3ただし書の規定により、破壊試験を行うことが著しく困難であると認める装置であって次の各号に掲げるものは、保安基準第15条第2項の基準に適合するものとする。

(1) 次に掲げるすべての事項に該当する燃料タンク及び配管

(6) キャンプ又は宣伝活動を行うための特種な設備を有する自動車

イ　燃料タンク及び配管の最前端部から車両前端までの車両中心線に平行な水平距離が420㎜以上であり、かつ、燃料タンク及び配管の最後端部から車両後端までの車両中心線に平行な水平距離が65㎜以上であるもの

(図)

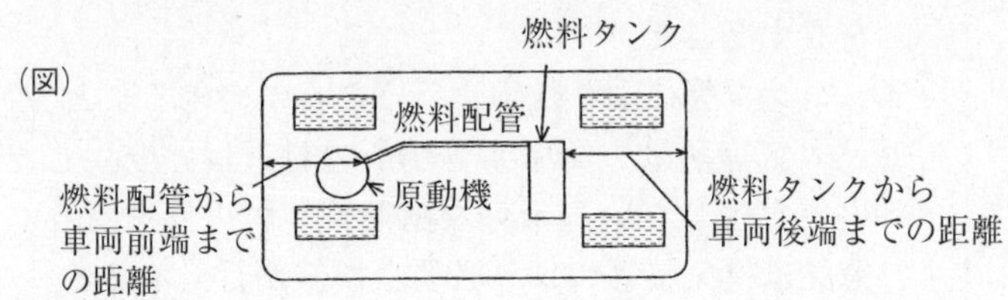

ロ　燃料タンク及び配管（ホイールベース間に備えられたものを除く。）が、自動車の下面を除き、車外に露出していないもの

ハ　燃料タンク及び配管の付近に、衝突時等において損傷を与えるおそれのある鋭利な突起物がないもの

(2) 協定規則第34号の規則5. 及び6. に適合するもの又は協定規則第34号の規則13. に適合するもの

[審査事務規程は7－23－1－2書面等による審査第5号]

第100条（車枠及び車体）

11　保安基準第1条の3のただし書の規定により、破壊試験を行うことが著しく困難であると認める車枠及び車体であって、次の各号に掲げるものは、保安基準第18条第3項の基準に適合するものとする。

(1) 次に掲げるすべての事項に該当するもの

イ　運転者席（当該座席が前後に調整できるものは、中間位置とする。）の座席最前縁から車両前端までの車両中心線に平行な水平距離が750㎜以上であるもの

(図)

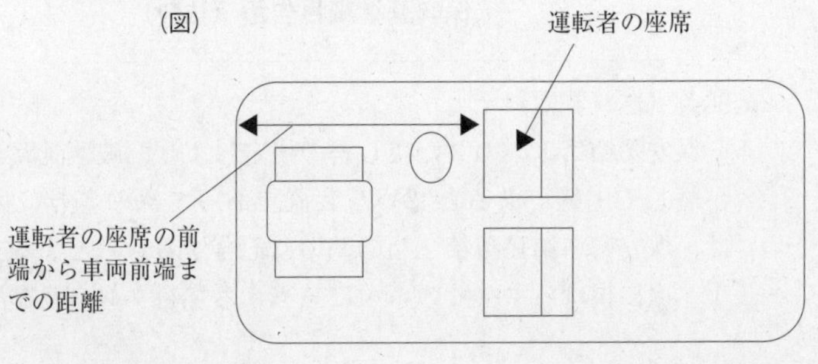

(6) キャンプ又は宣伝活動を行うための特種な設備を有する自動車

ロ　運転者席及びこれと並列の座席のうち自動車の側面に隣接する座席の前方にある部分の表面が、衝撃を緩衝する材料で覆われ、かつ、鋭い突起を有していないもの

(2) 米国連邦自動車安全基準第208号に適合するもの

［審査事務規程は７－31－１書面等による審査第３号］

(3) 水道設備及び炊事設備の設置方法

水道設備のうちの水タンク、炊事設備のうちの常設の燃料タンクその他これらの設備に付帯する配線・配管については、床下等に配置しても差し支えない。また、水道設備のうちの水タンク及び炊事設備の設置場所が他の部位と明確に区別ができる等専用の設置場所を有する場合には、取り外すことができる構造のものでもよい。

・　水道設備及び炊事設備の設置場所について規定したものである。

・「炊事設備の設置場所が他の部位と明確に区別できる等」とは、他の設備（乗車設備、就寝設備、水道設備等）と兼用でない専用の設置場所を有していれば、取り外すことができる構造のものであってもよい。

例として、水タンク、カセットコンロの格納時においての取り外しが挙げられる。なお、常設の燃料タンクとして、カセット式のボンベ等は当らないとしているが、あくまでも常設の燃料タンクとしての判断であり、カセットコンロの設置を不適合とするものでない。

3　水道設備の洗面台等及び炊事設備の調理台・コンロ等並びにこれらの設備を利用するための場所の床面への投影面積は、0.5m^{2}以上あること。

・　車室内に設置している特種な設備のうち就寝設備を除く設備が専有する部分の床面積を一定面積以上確保することを規定したもので、

水道設備の洗面台等の投影面積

＋炊事設備の調理台・コンロ等の投影面積

＋利用するための者の足を置く床面積　≧　0.5m^2

であることが必要であり、「水道設備の洗面台等の投影面積＋炊事設備の調理台・コンロ等の投影面積＋利用するための者の足を置く床面積」のうち、最低0.5m^{2}を確保できない場合は、「就寝設備の占める床面積」と基準面に投影した部位が重複することはできない

(6) キャンプ又は宣伝活動を行うための特種な設備を有する自動車

例：水道設備0.5m² + 0.2m² + 利用面積 0 m² = 0.7m² ≧ 0.5m²

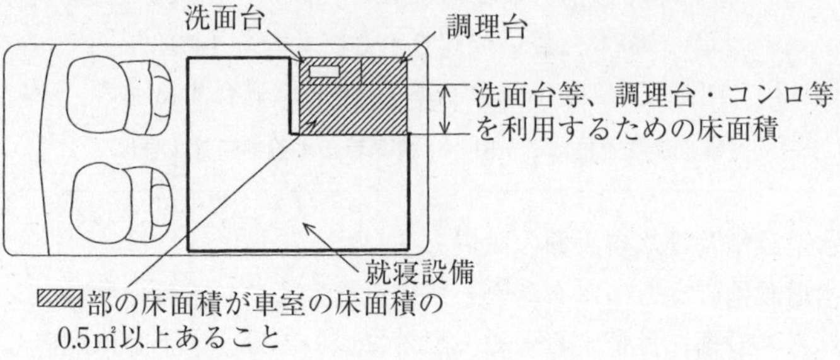

4 「特種な設備の占有する面積」については、次のとおり取り扱うものとする。

(1) 車室内の他の設備と隔壁により区分された専用の場所に設けられた浴室設備及びトイレ設備の占める面積は、「特種な設備の占有する面積」に加えることができる。

(2) 車室内が明らかに二層構造（注）である自動車（キャンプ時において屋根部を拡張させることにより車室内が二層構造となる自動車を含む。）の上層部分に就寝設備を有する場合には、用途区分通達4－1－3③の「運転者席を除く客室の床面積及び物品積載設備並びに特種な設備の占有する面積の合計面積」に当該就寝設備の占める面積を加える場合に限り、「特種な設備の占有する面積」に当該就寝設備の占める面積を加えることができるものとする。

(3) 1(4)ただし書きの規定により、就寝設備と乗車装置の座席を兼用とする場合には、当該就寝設備のうちの乗車装置の座席と兼用される部分の2分の1は、「特種な設備の占有する面積」とみなすことができる。

- (1)は、車室内の専用の場所に設置された浴室及びトイレの各設備がある場合については、これらの設備を特種な設備の占有する面積に含めることができることを規定したものである。
- (2)は、キャンプ時において、いわゆるポップアップ構造等により屋根部を拡張することにより車室が明確に2層構造となる場合の特種な設備の面積の求め方について規定したものである。
- (3)は、乗車装置の座席をキャンプ時において就寝設備としても兼用に使用する形態の場合の特種な設備のうちの就寝設備の床面積の求め方について規定したものである。

「当該就寝設備全体中の乗車装置の座席部分」とは、兼用座席を利用したときの設備となる部分のうち座席部分のみを指す。これを図示すると次のようになる。

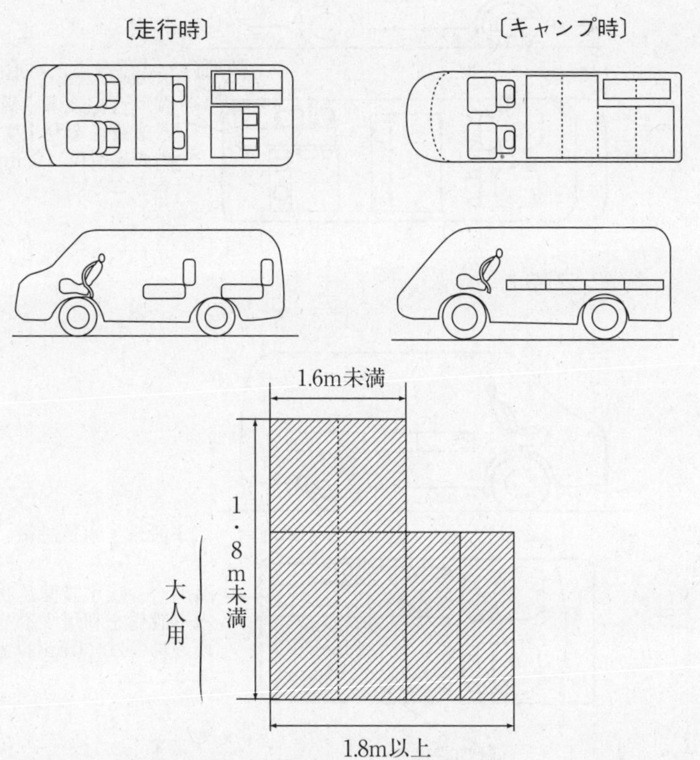

部の座席部分が就寝設備と兼用である部分となり、これの1/2が用途区分通達注10の「特種な設備の占有する面積」となる。

(6)　キャンプ又は宣伝活動を行うための特種な設備を有する自動車

一層構造の場合の特種な設備の占有する面積

走行時

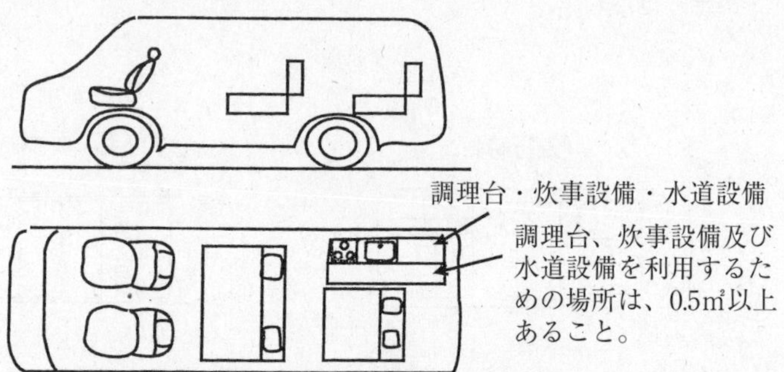

キャンプ時

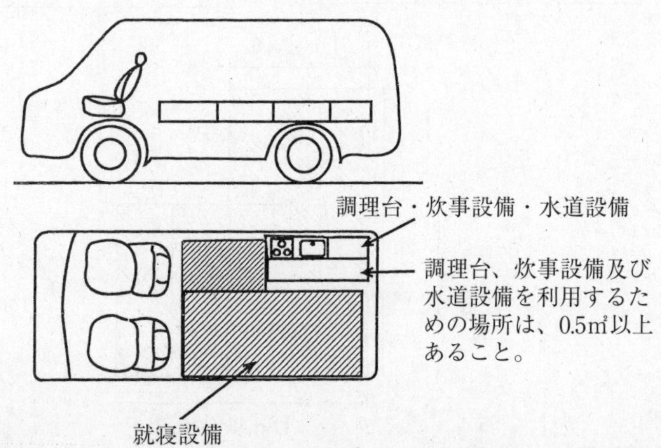

(6) キャンプ又は宣伝活動を行うための特種な設備を有する自動車

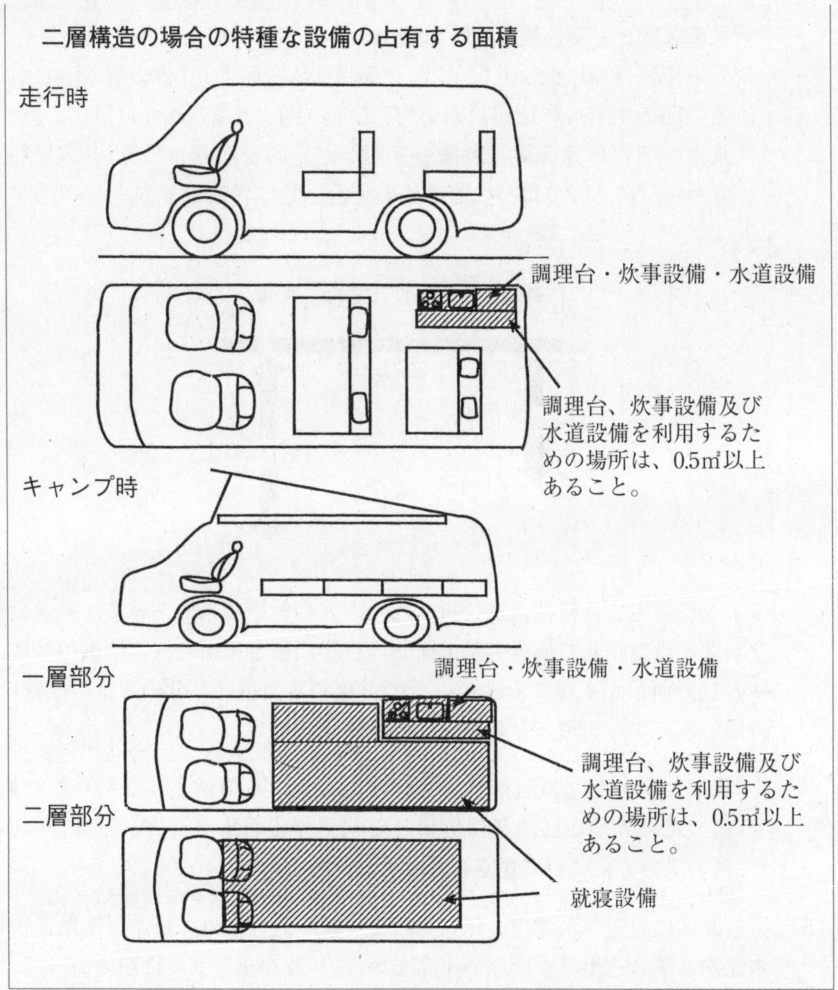

(注) 二層構造

ここでいう二層構造とは、上層部の最下部と上層部の投影面である床面との間のすべての位置において、1,200㎜以上の有効高さがあり、かつ、上層部の上面と屋根の内側との間のすべての位置において1,200㎜以上（上層部の上面が就寝設備である場合には500㎜以上（就寝設備の一方の短辺から就寝設備の長手方向に0.9mまでの範囲にあっては、0.3m以上））である構造のものをいう。

(6) キャンプ又は宣伝活動を行うための特種な設備を有する自動車

・乗車装置と就寝設備が同一床面上にあり二層構造と判断できる例

※　乗車装置の座面より0.8m 以上及び車体床面より1,200㎜以上（床面との間のすべてに位置において1.2m 以上）確保された位置に、就寝設備の要件に適合する設備の下面が固定的な取り付け方法で設けられた場合にあっては、二層構造の寝台として判断できる。

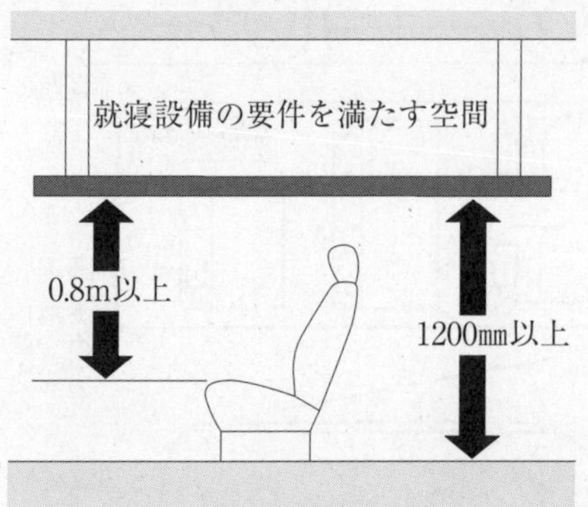

(4)　1(5)に規定する格納式及び折りたたみ式の就寝設備であって、当該設備を展開又は拡張した部分の基準面への投影面積と乗車装置の座席の基準面への投影面積が重複する場合、その重複する面積の２分の１は、「特種な設備の占有する面積」とみなすことができる。

・乗車装置の座席の面積と構造要件に適合する格納式及び折りたたみ式の就寝設備が展開又は拡張した状態での面積が重複する場合の面積の求め方について規定したものである。

5　構造要件に規定されてない任意の設備（乗車設備以外の座席（道路運送車両の保安基準の適用を受けない座席をいう。）及びテーブルに限る。）は、その他の面積とし、その基準面への投影面積と1(5)に規定する格納式及び折りたたみ式の就寝設備を展開又は拡張した部分の基準面への投影面積が重複する場合にあっては、用途区分通達４－１－３③の「運転者席を除く客室の床面積及び物品積載設備並びに特種な設備の占有する面積の合計面積」に当該就寝設備の重複する部分を加える場合に限り、「特種な設備の占有する面積」に当該就寝設備の重複する部分の２分の１を加えることができるものとする。

(6)　キャンプ又は宣伝活動を行うための特種な設備を有する自動車

・キャンピング車の構造要件に規定されてない車室内に居住してキャンプするための設備は次のものがある。

①　食材を貯蔵する冷蔵庫

②　調理器具を収納する食器棚

③　衣類を収納するタンス、クローゼット等

④　靴を入れる下駄箱

⑤　食事をするためのテーブル及び椅子

⑥　ソファー

⑦　その他、車室内に居住してキャンプするための設備

これらの設備は、任意の設備として用途区分通達４－１－３③の「運転者席を除く客室の床面積及び物品積載設備並びに特種な設備の占有する面積」に算入されないもの（その他の設備）であるが、⑤又は⑥の設備に限って、当該設備の面積と構造要件に適合する格納式及び折りたたみ式の就寝設備が展開又は拡張した状態での面積が重複する場合の面積の求め方について規定したものである。

・　型式認証等を受けた自動車の用途が貨物である自動車の物品積載設備であった荷台部分の床面等に上記①～⑦の設備が固定的に設置され、不特定な貨物（荷物）を積載するための荷台として使用できない場合は、その部分は平床荷台等に当たらないと判断する。

・　道路運送車両の保安基準の適用を受けない座席とは、単に乗車定員を算定しない座席というものでなく、明らかに乗車装置の座席として製作されていない⑤又は⑥に属する座席を言う。

したがって、単にシートベルトが取付られていない座席、乗車定員が算定されない乗車装置と連続した座席等は、ここでいう道路運送車両の保安基準の適用を受けない座席にあたらない。

6　脱着式の設備は、走行中の振動等により移動することがないよう所定の場所に確実に収納又は固縛することができるものであること。

また、専用の収納場所を有する場合にあっては、「特殊な設備の占有する面積」に当該収納場所の占める面積を、脱着式の設備を当該格納場所に格納する面積を上限として、加えることができるものとする。

(6)　キャンプ又は宣伝活動を行うための特種な設備を有する自動車

・　脱着式の設備については、走行中振動等により移動することがないように格納する場所を確保し、収納又は固縛が確実にできることが必要である。
・　乗車設備、構造要件で規定する設備（二層構造の上層部分に設ける就寝設備を除く。）及びその他構造要件で規定されていない任意の設備と兼用である部位は、6「専用の収納場所」に該当しないものとする。

7　物品積載設備を有していないこと。

・　当該キャンピング車は、キャンプをすることを目的とした自動車であるので、物品積載設備を備えていないことと規定している。

ここでいう「物品積載設備を有してない」とは、不特定な貨物（荷物）を積載する装置を備えてないことであり、キャンプ地に到着してから使用するためのアウトドアテーブル、椅子、バーベキューコンロ等の手荷物程度のものを所定の場所に収納するのを妨げるものではない。

面積割合計算実施例

計算式記号の解説

客室面積　：L×W

※客室面積が単純な方形でない場合は分割して計算するため詳細寸法として「a」「b」「c」の符号を順次添付

水道及び炊事設備（設備を使用するための空間を含む）：A×A′

寝台（固定式及び一部伸縮式）：B1×B1′

寝台（座席兼用）：B2×B2′

寝台（バンク）：B3×B3′

寝台（格納および組立式）：B4×B4′

寝台（ポップアップ）：B5×B5′

トイレ／シャワー：C×C′

(6) キャンプ又は宣伝活動を行うための特種な設備を有する自動車

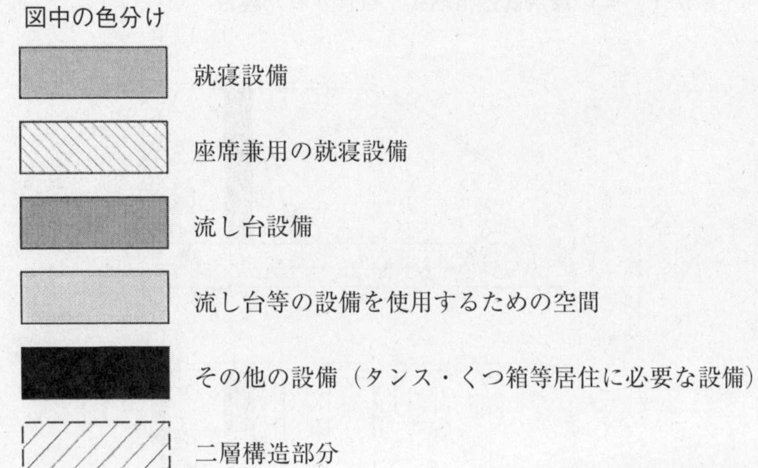

※流し台、就寝設備等はすべて寸法等の条件を満たしていることを前提とします。

※座席兼用部は、寝台となることを前提に製作された乗車装置を使用していることが前提となります。

⑹　キャンプ又は宣伝活動を行うための特種な設備を有する自動車

事例１　座席兼用式と格納式が複合された寝台

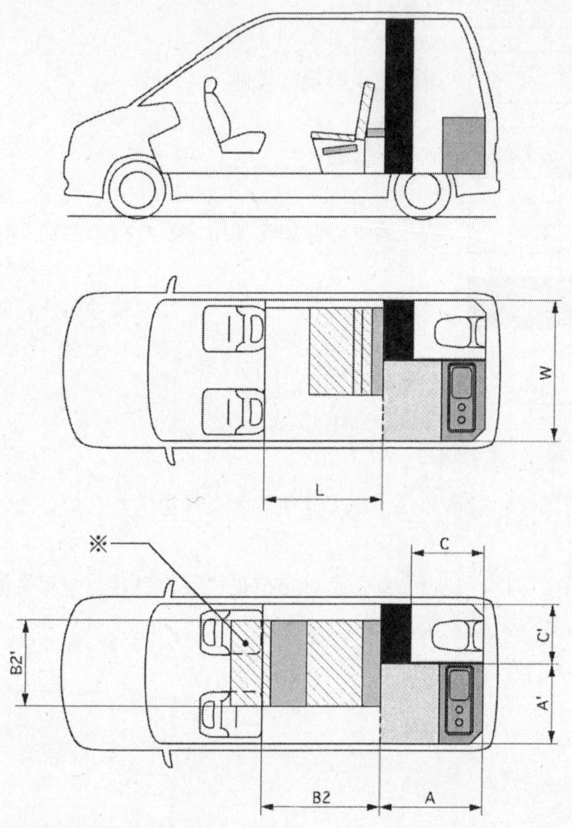

事例１

（AA′＋CC′＋B2B2′×1/2）÷（LW+AA′＋CC′）＞50％

※運転席部分に重なるため就寝定員の算出には含めることができるが、面積割合計算には加えることができない部分。

⑹　キャンプ又は宣伝活動を行うための特種な設備を有する自動車

事例２　座席兼用寝台

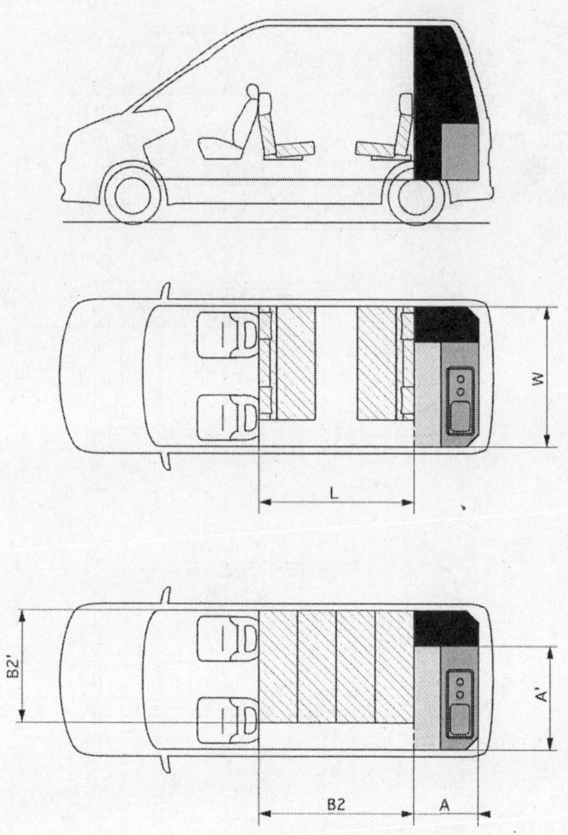

事例２

$(AA' + B2B2' \times 1/2) \div (LW + AA') > 50\%$

⑹　キャンプ又は宣伝活動を行うための特種な設備を有する自動車

事例３　組立式寝台（二層構造と認められない例）

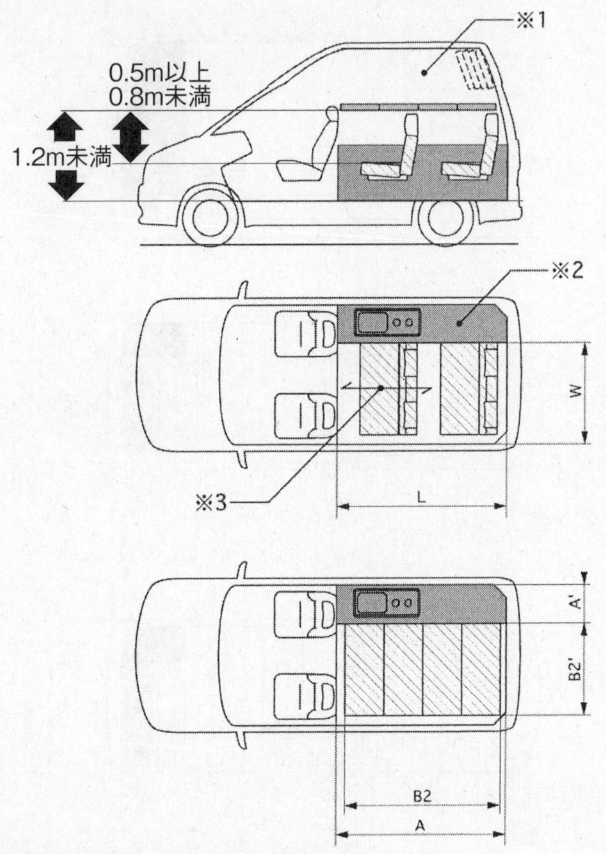

事例３

（AA′＋B2B2′×1/2）÷（LW+AA′）＞50％

※１：二層構造と認められないので面積に算入できない。

※２：冷蔵庫・調理台等（構造要件で規定されている設備）を含むシステムキッチンの面積。

※３：座席が前後方向に移動して流し台を使用するための空間を確保できる場合に限る。

(6)　キャンプ又は宣伝活動を行うための特種な設備を有する自動車

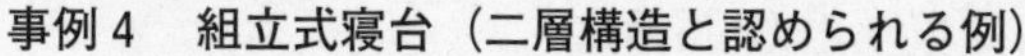

事例４　組立式寝台（二層構造と認められる例）

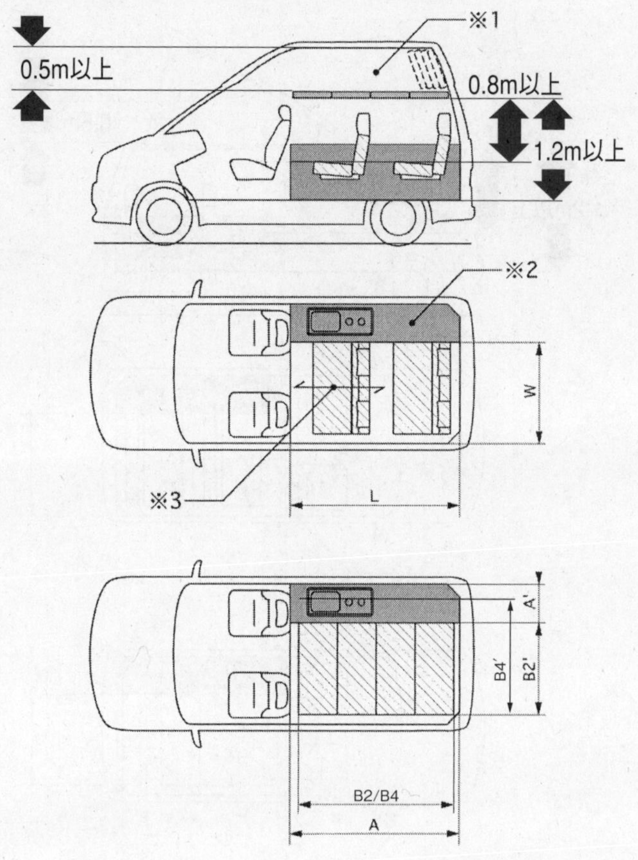

事例４

(AA′＋B4B4′＋B2B2′×1/2)÷(LW+AA′＋B4B4′)＞50％

※１：二層構造と認められるので面積に算入できる。

※２：冷蔵庫・調理台等（構造要件で規定されている設備）を含むシステムキッチンの面積。

※３：座席が前後方向に移動して流し台を使用するための空間を確保できる場合に限る。

(6) キャンプ又は宣伝活動を行うための特種な設備を有する自動車

事例5　ポップアップルーフ（二層構造）

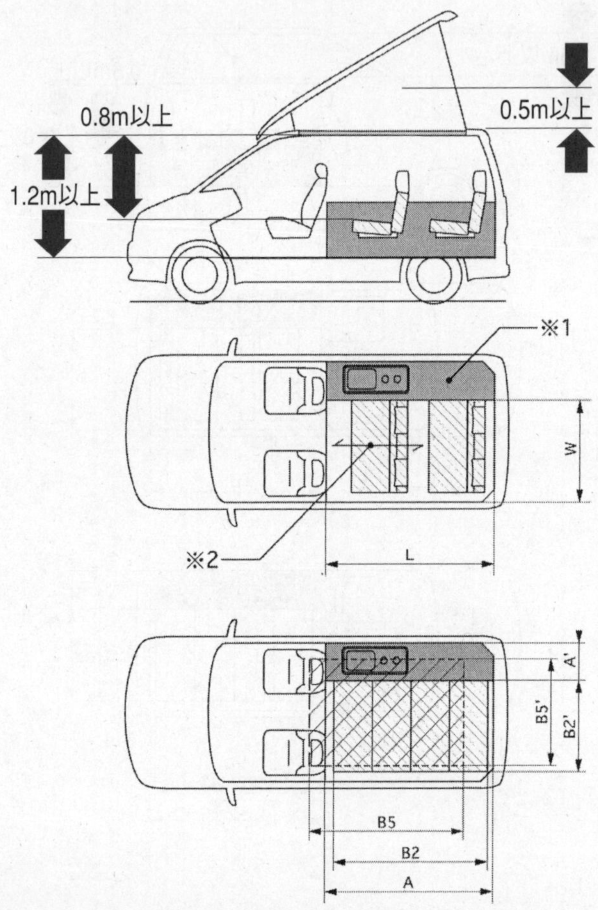

事例5

(AA′＋B5B5′＋B2B2′×1/2)÷(LW+AA′＋B5B5′)＞50%

※1：冷蔵庫・調理台等（構造要件で規定されている設備）を含むシステムキッチンの面積。

※2：座席が前後方向に移動して流し台を使用するための空間を確保できる場合に限る。

⑹ キャンプ又は宣伝活動を行うための特種な設備を有する自動車

事例6

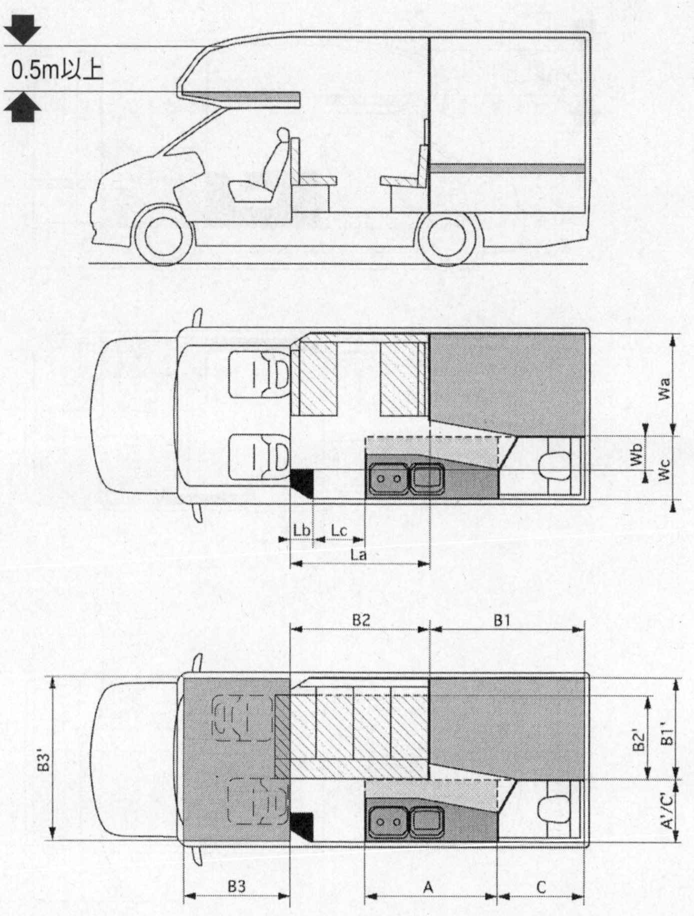

事例6

(AA′＋B1B1′＋CC′＋B3B3′＋B2B2′×1/2)

÷(LaWa＋LbWb＋LcWc＋AA′＋B1B1′＋CC′＋B3B3′)＞50%

(6) キャンプ又は宣伝活動を行うための特種な設備を有する自動車

事例７

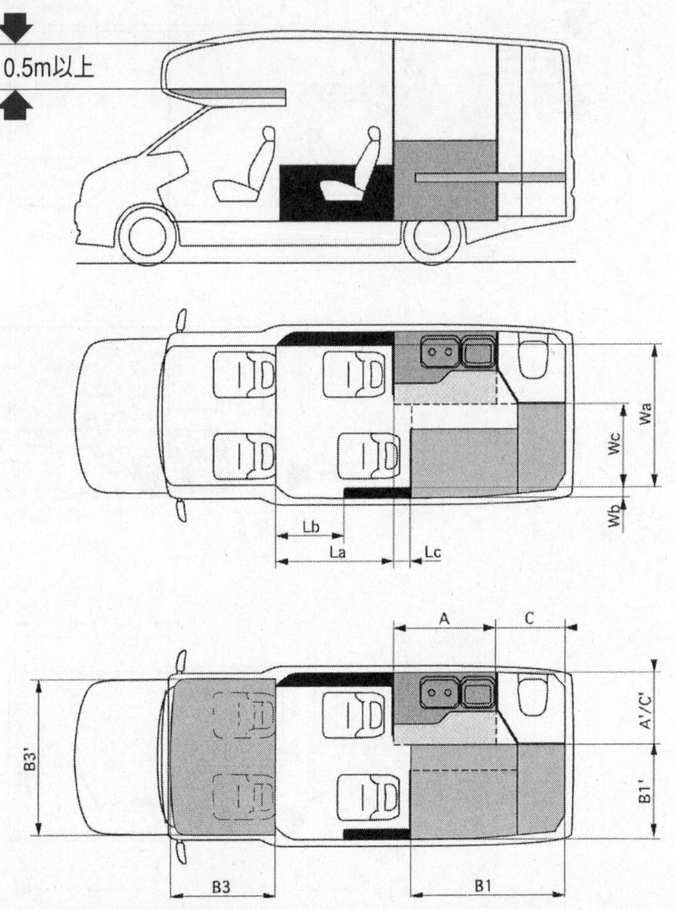

事例７

$(AA' + B1B1' + CC' + B3B3')$

$\div (LaWa + LbWb + LcWc + AA' + B1B1' + CC' + B3B3') > 50\%$

(6) キャンプ又は宣伝活動を行うための特種な設備を有する自動車

事例 8

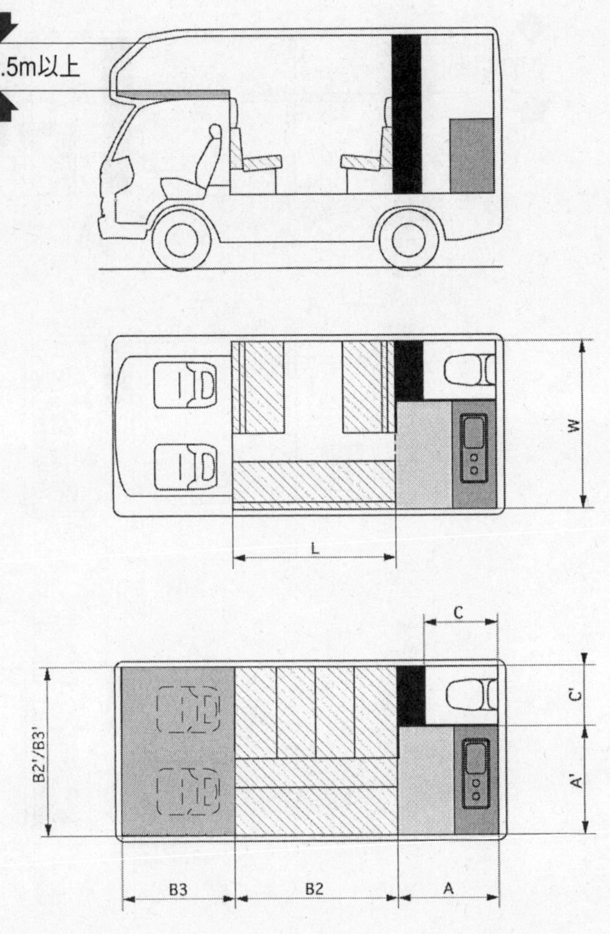

事例 8

(AA′＋CC′＋B3B3′＋B2B2′×1/2)÷(LW＋AA′＋CC′＋B3B3′)＞50%

⑹　キャンプ又は宣伝活動を行うための特種な設備を有する自動車

事例 9

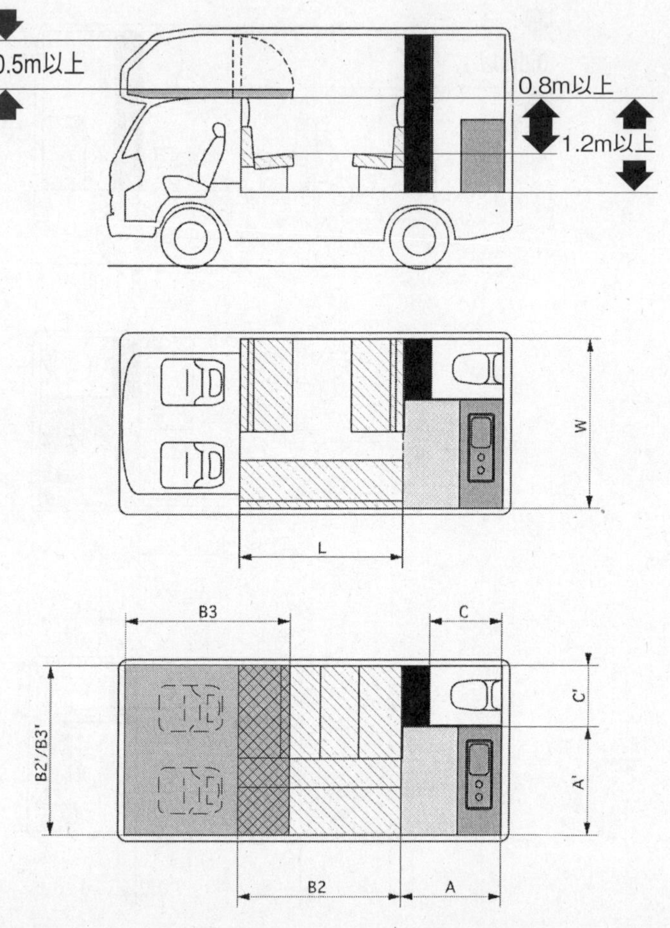

事例 9

$$(AA' + CC' + B3B3' + B2B2' \times 1/2) \div (LW + AA' + CC' + B3B3') > 50\%$$

⑹　キャンプ又は宣伝活動を行うための特種な設備を有する自動車

事例10

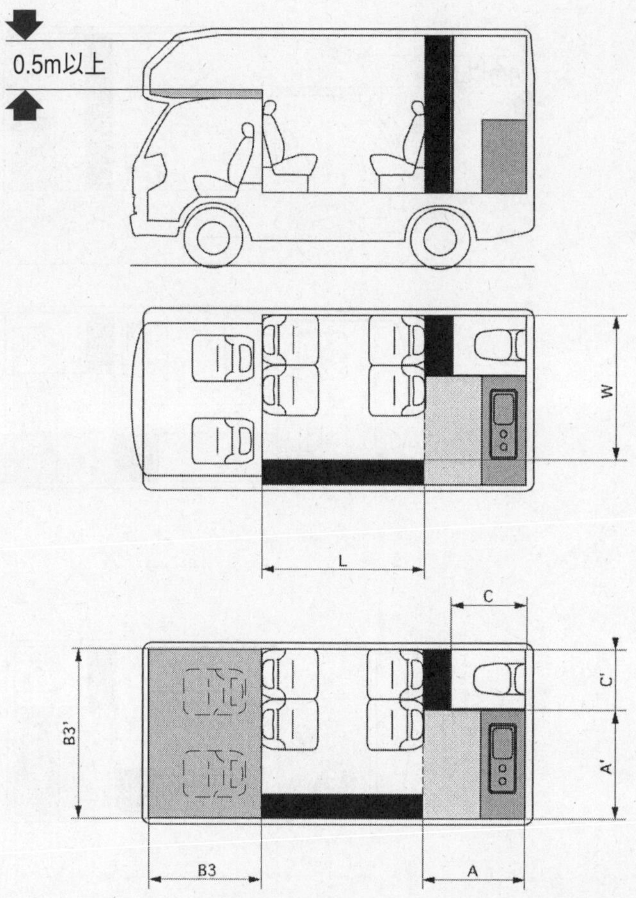

事例10

(AA′+CC′+B3B3′)÷(LW+AA′+CC′+B3B3′)＞50%

⑹　キャンプ又は宣伝活動を行うための特種な設備を有する自動車

事例11

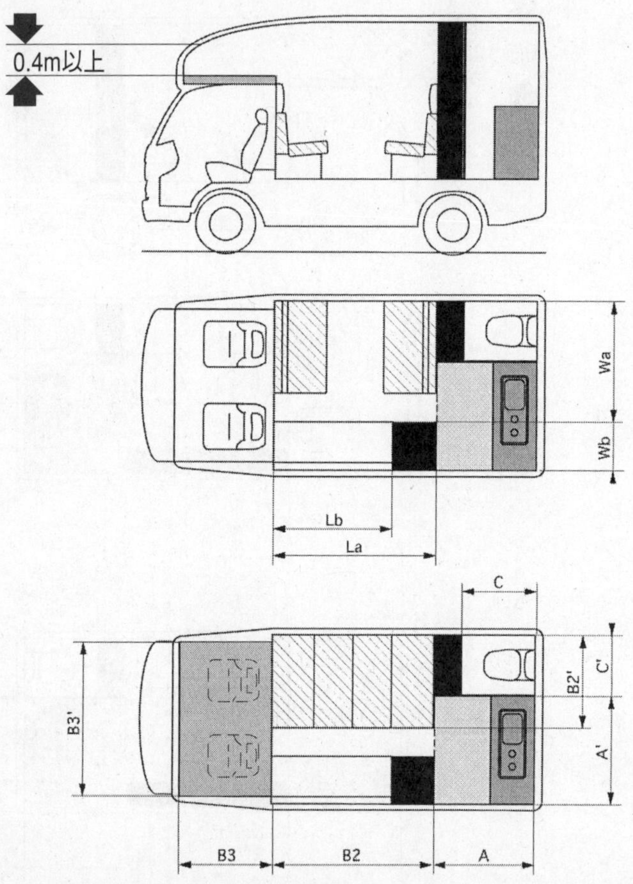

事例11（バンクベッドが小人用の場合）

(AA′＋CC′＋B3B3′＋B2B2′×1/2)÷(LaWa＋LbWb＋AA′＋CC′＋B3B3′)＞50％

※バンクベッド以外の就寝設備で大人２人以上の就寝設備が確保されている場合に限る。

⑹　キャンプ又は宣伝活動を行うための特種な設備を有する自動車

事例12

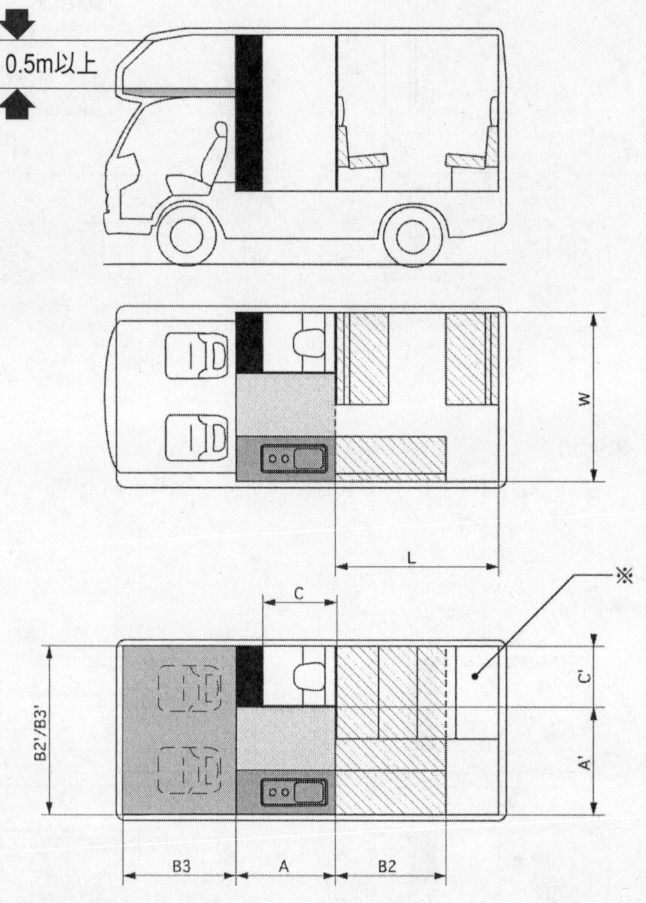

事例12

(AA′＋CC′＋B3B3′＋B2B2′×1/2)÷(LW＋AA′＋CC′＋B3B3′)＞50%

※：子供用就寝設備の要件にも満たないため寝台として成り立たない部分に限る。

⑹　キャンプ又は宣伝活動を行うための特種な設備を有する自動車

事例13

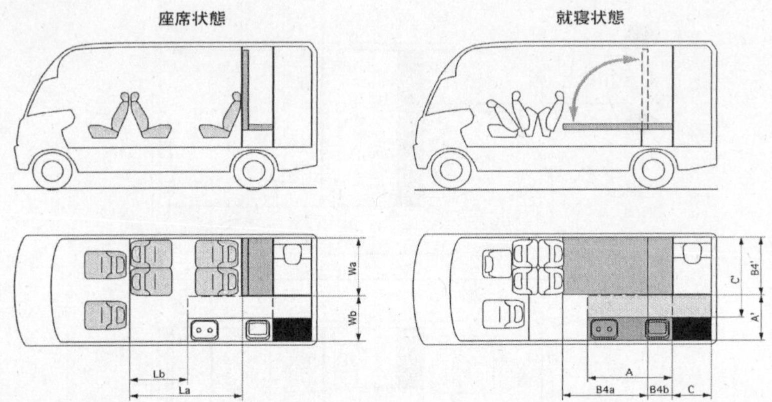

事例13

$(AA' + B4aB4' \times 1/2 + B4bB4' + CC') \div (LaWa + LbWb + AA' + B4bB4' + CC') > 50\%$

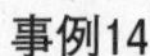

事例14

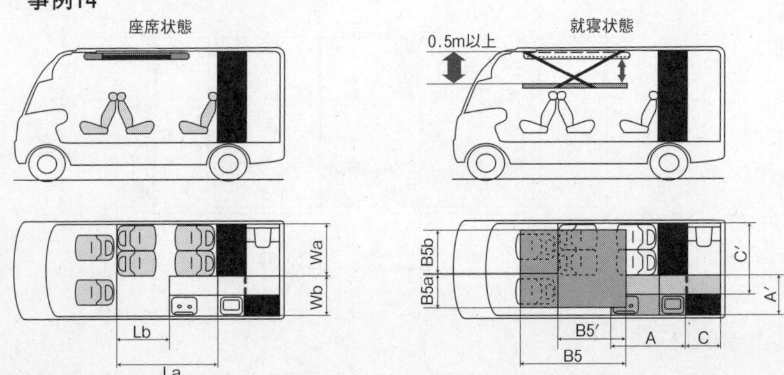

事例14

$(AA' + (B5a + B5b) \times B5' \times 1/2 + CC') \div (LaWa + LbWb + AA' + CC') > 50\%$

※水道設備等の占有する床面積と就寝設備の占有する床面積が重複する場合、重複する以外の水道設備等の占有する床面積0.5㎡が確保されていることが必要。

(6) キャンプ又は宣伝活動を行うための特種な設備を有する自動車

キャンピング車（610）

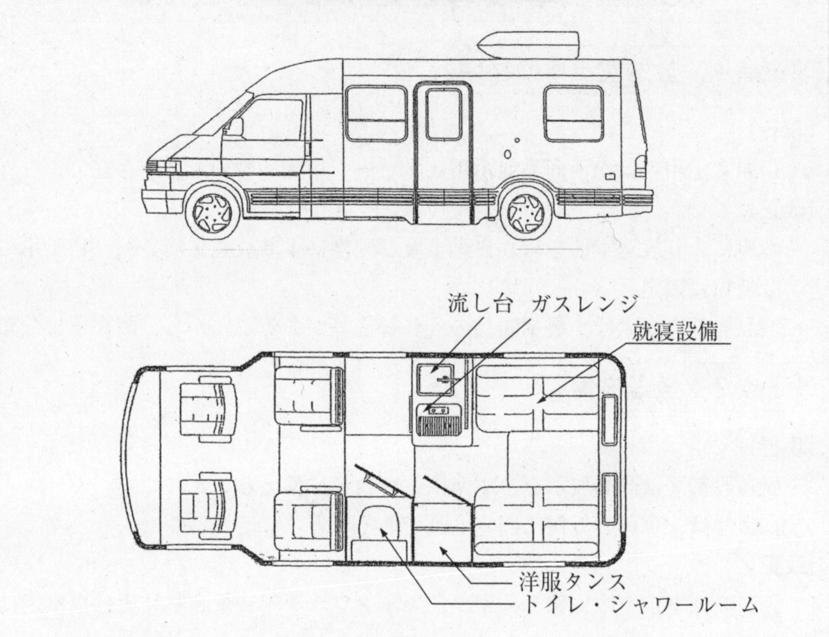

留　意　事　項

- 乗用自動車用又は貨物自動車用に製作された標準座席は、1(4)アに該当しない例とする。
- つなぎ目に穴・すき間があいているものは、1(4)イに該当しないものとする。
- 脱着式の設備は、車両重量に含めるものとする。
- 2(1)エ及び2(2)クにおいて、「上方には有効高さ1,600㎜以上の空間を有していること。」とあるのは、キャンプ時において、車室を拡張させることができる構造のものであって、展開した状態において2(1)エ及び2(2)クで規定する有効高さを満足する場合を含むものとする。
- 乗車設備、構造要件で規定する設備（二層構造の上層部分に設ける就寝設備を除く。）及びその他構造要件で規定されていない任意の設備と兼用である部位は、6「専用の収納場所」に該当しないものとする。

有　効　期　間

有効期間　**2年**
ただし、乗車定員が11人以上の場合は**1年**

(6) キャンプ又は宣伝活動を行うための特種な設備を有する自動車

放送宣伝車の構造要件の主な改正点

改正点１．放送宣伝車の種類

〔現行〕

街頭宣伝用のほか、商品展示用、ステージ用等多数の形態が存在

〔改正〕

・音声により放送宣伝を行う自動車及び映像により放送宣伝を行う自動車の２種類に限定

・商品展示自動車は、展示商品の入れ替え等があることから、販売車に分類

改正点２．放送設備

〔現行〕

・放送設備又は商品展示を、車室内、荷台等に備えること。

・拡声器は、車体の外側に固定されていること。

〔改正〕

・放送設備を車室内に備え、かつ、マイクロホンや音量調整装置は車室内において操作できるものでなければならない。

・拡声器は、車体の外側に固定、前後方向に指向していること。（ボンネット、フェンダの内側等外部に露出していないものは不可）

・放送を行う者の座席は、１人分のみ特種な設備として認める。

改正点３．演説用ステージ、放送宣伝用資機材置場

〔現行〕

・規定なし

・貨物車の荷台、ワゴン車のラゲッジスペースもステージ・資材置場になりうる。

〔改正〕

・演説用ステージ及び放送宣伝用資材置場の要件を明確化

・物品積載設備を有していないこととした（貨物車の荷台、ワゴン車のラゲッジスペースなどはステージ等にはならない）。

(6)　キャンプ又は宣伝活動を行うための特種な設備を有する自動車

改正点４．映像により放送宣伝を行う自動車

〔現行〕

・規定なし

〔改正〕

・映像設備の設置場所等の要件を明確化（映像表示部２m^2以上、走行中に表示しないこと等）

・車体の外表面の絵等（ボティーに描かれた商品の絵、写真等）は、映像に該当しないことを明確化

改正点５．特種な設備の固定方法

〔現行〕

・規定なし

〔改正〕

特種な設備の固定方法を明確に定め、固定されていない設備は、特種な設備として取り扱わない。

(6)　キャンプ又は宣伝活動を行うための特種な設備を有する自動車

放送宣伝車（651）

放送宣伝活動をする自動車であって、次の１又は２のいずれかに掲げる構造上の要件を満足しているものをいう。

1　音声により放送宣伝を行う自動車

音声により放送宣伝を行う自動車は、次の各号に掲げる構造上の要件を満足していること。

> 放送宣伝車のうち音声により放送宣伝する自動車の構造要件について規定している。

(1)　音声により放送宣伝を行うための設備（以下「放送設備」という。）を有しており、これらのうち、音声・音量等調整装置、マイクロホンは車室内において操作し、使用することができるものであること。

> ・　車室：63～65ページ参照
> ・　車室には、放送を行うための設備（以下「放送設備」という。）を有すること。
> ・　(1)の規定による放送設備のうち、操作装置等は運転者席（運転者席と並列の座席を含む。）以外の車室内に設けなければならない。
> ・　次の機器等は、「放送設備」に該当しないものと判断する。
> (1)　家庭用のCDプレーヤー等のオーディオ機器
> (2)　自動車用のAV機器（いわゆるカーオーディオ等）
> (3)　ポータブル式の機器　等
> これらの場合は、放送宣伝を行うための「特種な設備」とは言い難く、ベースの車体形状のままの用途、すなわち「乗用、貨物」と判断する。

(2)　車室内には、放送設備を用いて車外に放送する者の用に供する乗車設備の座席を有しており、かつ、この座席が固定された床面から上方に1,200㎜以上の空間を有すること。この場合において、当該座席は、１人分の乗車設備に限り、特種な目的に使用するための床面積と見なすことができる。

⑹ キャンプ又は宣伝活動を行うための特種な設備を有する自動車

・ 放送を行うための人の座席及び放送設備等の操作を行うために必要な最小限の空間を規定している。
・ 運転者席（運転者席と並列の座席を含む）以外の車室内に放送するための者（演説等を行う者）の座席が必要であり、当該座席は１人分に限り（乗車設備の座面が連続している場合には、幅400㎜とし、座席前縁から前方250㎜までを含む。)、「特種な設備の占有する面積」とすることができる。
・ ⑴の規定により放送設備は、車室内に設けなければならないとされており、当然のことながら当該装置の操作は、車室内で放送するための者の座席において操作可能であることとしているものである。
・ 座席が固定された床面から上方に1,200㎜以上の空間とは、座席（座面、背あて及び頭部後傾抑止装置）の床面への投影面積の全ての位置において、床面に垂直に測定した距離が1,200㎜以上あるものをいう。
・ 放送するための空間の測定方法は次による。

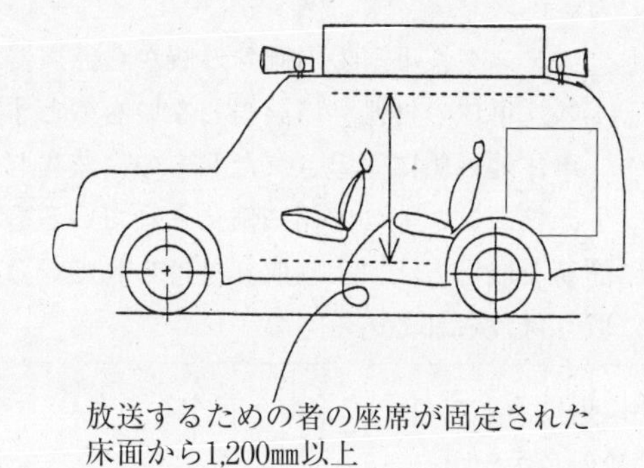

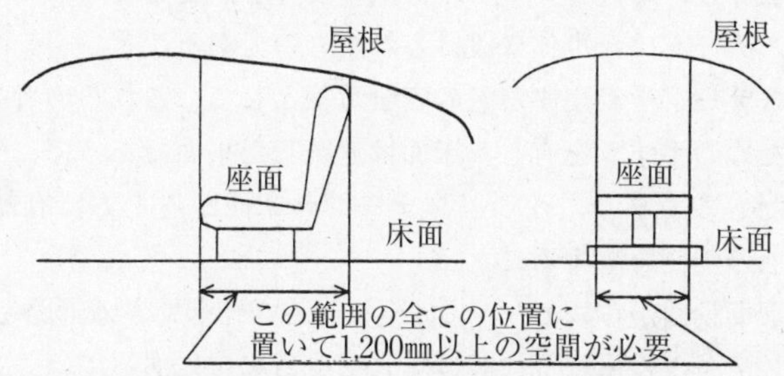

⑹　キャンプ又は宣伝活動を行うための特種な設備を有する自動車

・《背あての角度が可変する座席》

背当ての角度は背あての支点をとおる垂直な面と背あてのなす角度は後方に30度（30度に保持できない場合は、30度に最も近い角度）とした場合

《座席が前後、左右に可変又は回転する場合》

可変又は回転した状態で保持できるすべての位置

《折りたたみ式座席又は脱着式座席》

これを利用したとき

《これらの機能を併せ持った座席》

これらの要件のうち、該当するものすべてを組み合わせた状態

⑶　車体の外側には、放送設備のうち少なくとも前後方向を指向した拡声器を有すること。

・　車外に放送を行うための拡声器は、車体の外側に備えなければならないとしている。

・　ボンネット、フェンダ、車室の内側等外観から拡声器が視認できない場所は、1⑷の「車体の外側」に該当しないものとする。

この場合の「車体の外側に固定された」ものに該当しない例

⑴　ボンネット、フェンダ等の内側に備えられているもの

⑵　屋根等に簡易な取付方法により取り付けられているもの

⑶　車室内に取り付けられているもの

⑷　次の①又は②に掲げるいずれかの設備を有すること。

①　演説等のためのステージ

演説等のためのステージは、次の要件を満足していること。

ア　ステージは、車体に設けられたものであること。

イ　ステージを利用する者の安全対策として、これらの者の転落防止等のための手すりを有し、床面は連続した平面であって、滑り止めを施したものであり、かつ、ステージの床面から上方に有効高さ1,600㎜以上の空間を有すること。

ウ　乗車設備からステージに安全に至ることができる通路を有すること。

エ　ステージが屋根部に設けられている場合にあっては、ステージに至るための安全に昇降できる階段、はしご等を有していること。

⑹ キャンプ又は宣伝活動を行うための特種な設備を有する自動車

・ ステージの床面は、平らであること。

・ 屋根部に設けられたステージの固定方法は、「自動車部品を装着した場合の構造等変更検査時における取扱いについて（依命通達）」の細部取扱いについて（平成７年11月16日、自技第234号、自整第262号）による固定的取付方法、恒久的取付方法により固定されていること。

・ 乗車設備（放送する者の用に供する座席）から車室内を通りステージに至る、大人が通ることができる通路（ステージへの出口（間口）を含む。）を有していること。（屋根部に設けれたステージにあっては、車体外から安全に昇降できる階段、はしご等有していればよい。）

・ ステージに至るための安全に昇降できる階段、はしご等の固定方法は、「自動車部品を装着した場合の構造等変更検査時における取扱いについて（依命通達）」の細部取扱いについて（平成７年11月16日、自技第234号、自整第262号）による固定的取付方法及び恒久的取付方法により固定されていること。

・ ステージの上部にステージを備えている二重構造の場合には、下部のステージに床面から1,600㎜以上の空間を備えていること。

・ 「演説のためのステージ」に該当しない例

⑴ ルーフラック・キャリア等の各種ラック類

⑵ ボンネット

⑶ トランク

⑷ 屋根本体

⑸ 物品積載設備であった部位

⑹ ⑴から⑸に類する部位

放送宣伝車にならない例

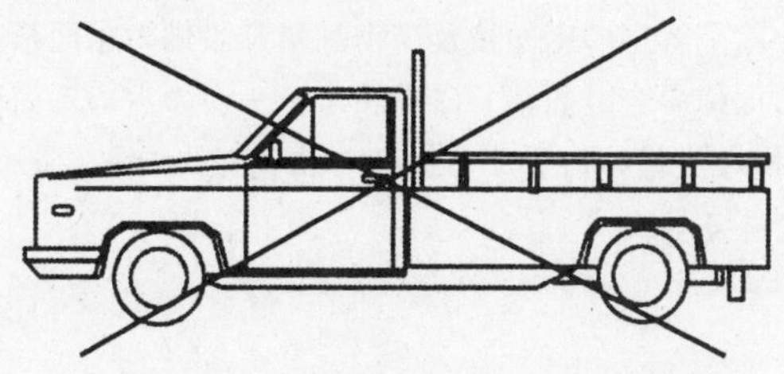

(6) キャンプ又は宣伝活動を行うための特種な設備を有する自動車

・ 「手すり」に該当しない例

(1) 物品積載設備であった部位の、いわゆる「あおり」

(2) (1)に類するもの

② 放送宣伝活動に必要な資材、機材等を収納する専用の置場

放送宣伝活動に伴い使用するビラ、チラシ、パンフレット、ノボリ、横断幕等の資材、機材等を収納するための専用の置場は、次の要件を満足していること。

ア 車室内に設けられていること。

イ 車室内の他の設備と隔壁、仕切り棒等により明確に区分されたものであること。

・ 「車室内の他の設備と隔壁、仕切り棒等により明確に区分されたもの」に該当しない例

(1) 乗車装置の上に固定された資材、機材等置場

(2) 車室に簡易な取付方法により取り付けられた資材、機材等置場

(5) 物品積載設備を有していないこと。

・ 当該放送宣伝車は、本来放送宣伝活動を行うものであるので、物品積載設備を備えていないことと規定している。

・ 普通荷台を有する自動車、バン型の荷台を有する自動車等の積み卸し口に蓋をしてふさいだものについては、なんら貨物自動車と構造が変わらず、蓋を取り外し、貨物を積載することが可能であることから、物品積載設備となり、**「貨物」**である。

(6) 屋根部にステージを有する場合の「特種な設備の占有する面積」の取扱い

屋根部にステージを有する場合には、用途区分通達４－１－３③の「運転者席を除く客室の床面積及び物品積載設備の床面積並びに特種な設備の占有する面積の合計面積」に当該ステージの占める面積を加える場合に限り、「特種な設備の占有する面積」に当該ステージの占める面積を加えることができる。

(6) キャンプ又は宣伝活動を行うための特種な設備を有する自動車

屋根部にステージを有する場合の「特種な設備の占有する面積」の取扱いを定めたものである。

2　映像により放送宣伝を行う自動車

映像により放送宣伝を行う自動車は、次の各号に掲げる構造上の要件を満足していること。

放送宣伝車のうち映像により放送宣伝する自動車の構造要件について規定している。

(1) 次のア又はイのいずれかの場所に、映像により放送宣伝を行うための設備（以下「映像設備」という。）のうちの映像表示部を有すること。

> ・　「映像設備」に該当する例
> ①　スポーツやコンサート等の中継映像を見せるために、普通荷台やウイングボデー車等の荷台に固定した大型のモニタ等
> ②　キューブ等が回転することで変化する静止画像
> ・　「映像設備」に該当しない例
> ①　映画用の白幕等のみを設置したもの
> [白幕設置用の架台等を併設又は設置した場合も同様]
> ②　家庭用テレビ、自動車用 AV 機器等

ア　車室外であって、運転者席より後方であり、かつ、車体の外表面以外の場所。

なお、物品積載設備であった床面に映像表示部を設けた場合における当該映像表示部は、この場合の車体の外表面とはみなさないものとする。以下イにおいて同じ。

イ　車室内であって、運転者席より後方であり、かつ、当該自動車の側面又は後方の隔壁を開放することができる構造で、開放した場合に当該映像表示部全体が外から容易に見える場所。

> ・　「外表面」とは、
> ①　ボンネット
> ②　フェンダ
> ③　屋根

④　ドア
⑤　トランクフード
⑥　荷台・荷台のアオリ・鳥居
⑦　バスの車体
⑧　バン型車の荷箱
⑨　タンク車のタンク　等
車体の外表面のすべてをいう。
・　したがって、車体の外表面に
①　商品等の絵
②　写真
③　文字・マーク　等
を記載したものは、この規定に該当せず、当該自動車のベースの車体の形状のままで差し支えないものであることから、特種な設備には該当しない。

⑵　映像表示部は、一つの映像表示部につき連続した2 m^2以上の表示面積を有すること。

・　必要最小限の映像設備のためのスペースを含めている。

⑶　⑴の映像表示部は、走行中に表示しない構造であること。

・　次に掲げるものは「走行中に表示しない構造」の例とする。
①　運転者席で映像表示部の操作ができないもの
②　運転者席において映像表示部の表示状態を確認できる装置を備えたもの
　なお、映像が灯光により点滅（増減）するものは、灯火としての保安基準第42条及び細目告示第62条・第140条・第218条第6項に抵触することとなる。このため、イベント会場等においてのみ映像を表示できるものであることに留意し、公道上で行わない旨を操作設備付近の見やすい場所にコーションプレート等で表示する措置を講ずること。

⑷　車室内等に、映像を再生する装置、調整する装置等の設備を有すること。ただし、外部から電波等の供給を受けて映像表示部に映像を表示するも

⑹　キャンプ又は宣伝活動を行うための特種な設備を有する自動車のにあっては、その電波を受信し、調整等する装置を有すること。

・　車室内等の「等」とは、運転者席以外に操作装置を設置していればよい。

⑸　映像装置を作動させるための動力源及び操作装置を有すること。ただし、外部から動力の供給を受けることにより映像装置を作動させるものにあっては、動力受給装置を有すること。

・　映像装置を作動させるための動力源及び操作装置を備えていること。（当該車両に備えられている原動機を除く。）

⑹　物品積載設備を有していないこと。

・　当該放送宣伝車は、本来商品等の展示・宣伝活動を行うものであるので、物品積載設備を備えていないこととしている。
・　普通荷台を有する自動車、バン型の荷台を有する自動車等の積み卸し口に蓋をしてふさいだものについては、なんら貨物自動車と構造が変わらず、蓋を取り外し、貨物を積載することが可能であることから、物品積載設備となり**「貨物」**である。

放送宣伝車（651）

1．音声により放送宣伝を行う自動車

①

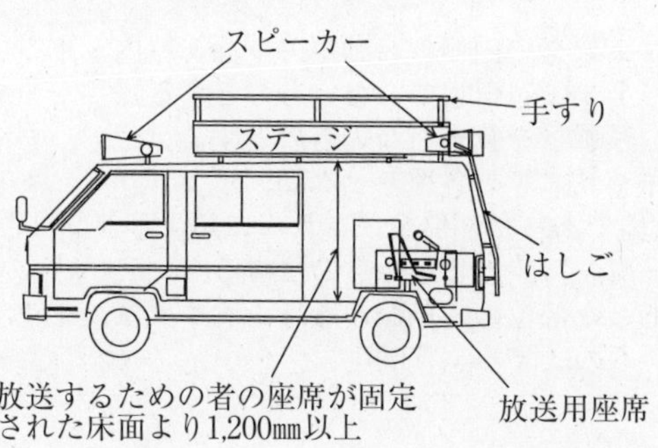

(6) キャンプ又は宣伝活動を行うための特種な設備を有する自動車

②

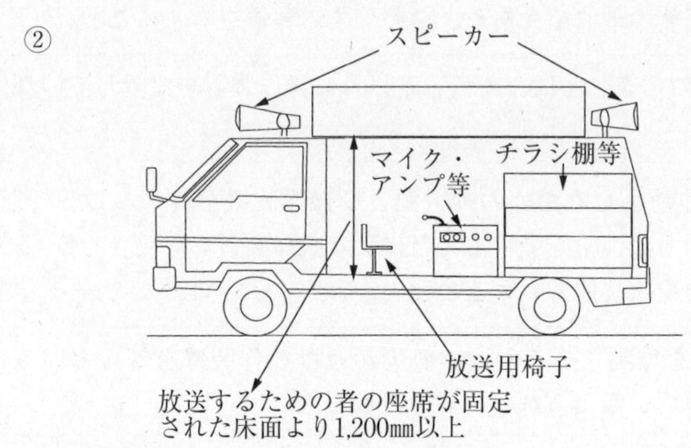

2. 映像により放送宣伝を行う自動車

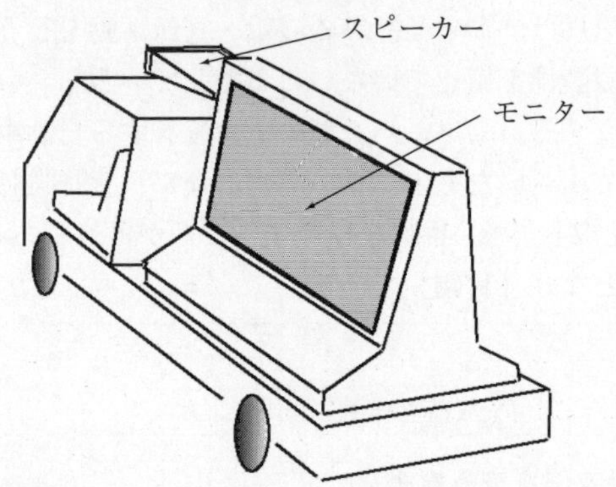

留 意 事 項

- ボンネット内、フェンダの内側、自動車の下面、屋内・車室内・客室内等にある拡声器は、1⑶に適合していないものとする。
- 1⑷②の設備は、積載量を算定しないものとする。
- ルーフラック・キャリア等の各種ラック類、ボンネット、トランク、屋根本体、物品積載設備であった部位及びこれらに類する部位は、1⑷①「演説等のためのステージ」に該当しないものとする。
- 物品積載設備であった部位の、いわゆる「あおり」は、1⑷①イの「手すり」に該当しないものとする。

有 効 期 間

有効期間 **2年**
ただし、乗車定員が11人以上の場合は**1年**

⑹　キャンプ又は宣伝活動を行うための特種な設備を有する自動車

キャンピングトレーラ（612）

キャンプをすることを目的とした被けん引自動車であって、キャンプ時において、次の各号に掲げる構造上の要件を満足しているものをいう。

1　車室内に居住することができるものであり、次の各号に掲げる要件を満足する就寝設備を有すること。

⑴　就寝設備の数

１人分以上の大人用就寝設備を有すること。

⑵　就寝設備の構造及び寸法

大人用就寝設備については、キャンピング車の構造要件1⑵を準用する。

子供用就寝設備の構造及び寸法については、キャンピング車の構造要件1⑶を準用する。

> ・　就寝設備の構造及び寸法については、キャンプ時においてキャンピング車の構造要件1⑵、1⑶（289～292ページ参照）に適合していることを規定している。
> ・　よって、けん引時に車室が折り畳まれている構造であるものは、キャンプ時で展開、拡張したときに規定の寸法が必要となる。

2　次に掲げる要件を満足する水道設備及び炊事設備を有し、車室内に水道設備の洗面台等及び炊事設備の調理台等並びにコンロ等の設備を有していること。

水道設備及び炊事設備の要件は、キャンピング車の構造要件2⑴、⑵、⑶を準用する。

なお、2⑴エ及び⑵ク中括弧内は適用しない。

> ・　水道設備及び炊事設備の要件はキャンプ時において、キャンピング車の構造要件2⑴⑵⑶、3（295～302ページ参照）に適合していること。
> ・　よって、けん引時に車室が折り畳まれている構造のものは展開、拡張したときに規定の寸法が必要となる。

(6) キャンプ又は宣伝活動を行うための特種な設備を有する自動車

キャンピングトレーラ（612）

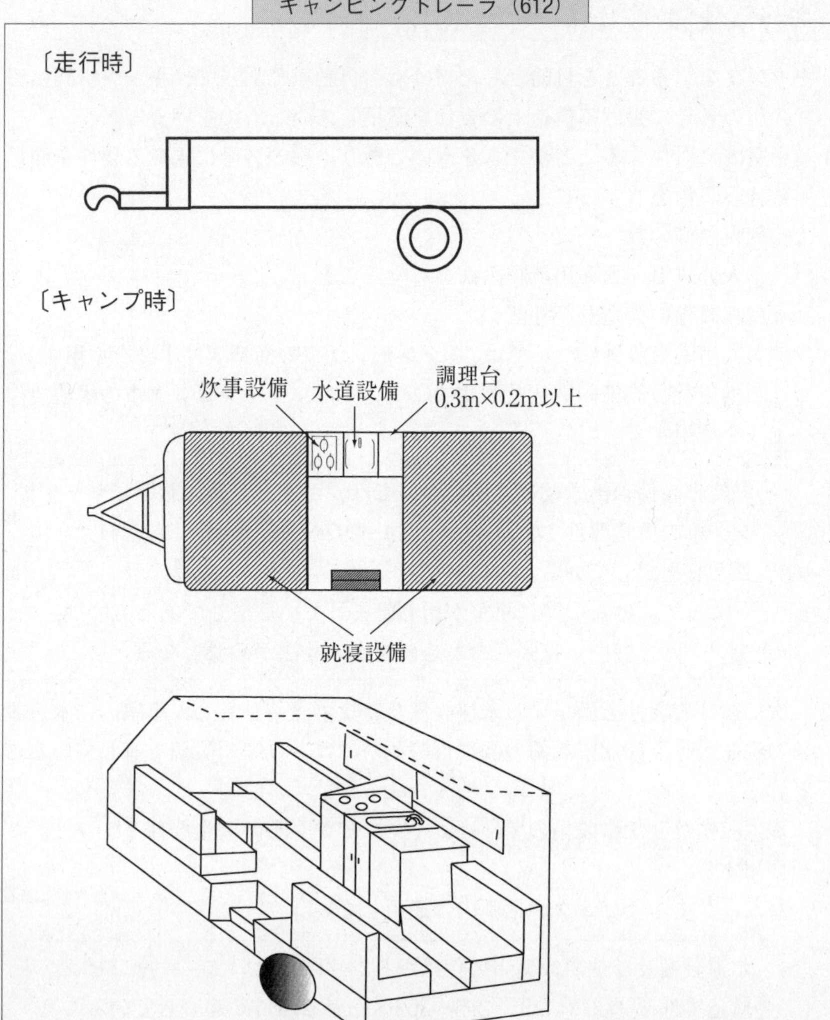

留　意　事　項

・キャンピングトレーラに備える座席は、乗車定員を算定しないものとする。

有　効　期　間

有効期間　**2年**

Ⅶ. 関係通達

1. 自動車の用途等の区分について（依命通達）

陸運局長　殿

自 車 第 4 5 2 号
昭和35年9月6日

自動車局長

改正　自 車 第 7 9 3 号
昭和39年11月12日
自 車 第1112号
昭和45年12月17日
自 車 第 2 7 4 号
昭和46年5月14日
自 車 第 2 8 0 号
昭和48年3月23日
自 車 第 5 9 9 号
昭和49年10月17日
地 技 第 1 7 6 号
昭和63年8月4日
地 技 第 1 4 4 号
平成2年8月2日
自 技 第 2 5 6 号
平成7年12月28日
自 技 第 6 5 号
平成8年4月15日
国自技第49号
平成13年4月6日
国自技第202号
平成19年1月4日
国自審第1465号
国自整第284号
平成26年2月12日
国自審第1235号
国自整第196号
平成28年10月31日

道路運送車両法施行規則（昭和26年運輸省令第74号）第35条の３第14号の自動車（軽自動車を除く。）の用途及び軽自動車（二輪自動車を除く。）の分類は、次のとおり区分して取り扱うこととされたい。なお、「貨物自動車と乗用自動車の区別に関する基準について」（昭和29年自車第366号）及び「貨物自動車と乗用自動車の区別に関する基準の解釈について」（昭和29年自車第436号）は、廃止する。

1　乗用自動車等

1－1　乗用自動車等とは、乗車定員10人以下の自動車であって、貨物自動車等及び特種用途自動車等以外のものをいう。

1－2　乗用自動車等を次のように分類するものとする。

⑴　乗用自動車

⑵又は⑶以外の乗用自動車等をいう。

⑵　貸渡乗用自動車

道路運送法施行規則（昭和26年運輸省令第75号。以下「運送法施行規則」という。）第52条の規定により許可を受けた乗用自動車等をいう。

⑶　幼児専用乗用自動車

専ら幼児の運送を目的とする乗用自動車等をいう。

2　乗合自動車等

2－1　乗合自動車等とは、乗車定員11人以上の自動車であって、貨物自動車等及び特種用途自動車等以外のものをいう。

2－2　乗合自動車等を次のように分類するものとする。

⑴　乗合自動車

⑵又は⑶以外の乗合自動車等をいう。

⑵　貸渡乗合自動車

運送法施行規則第52条の規定により許可を受けた乗合自動車等をいう。

⑶　幼児専用乗合自動車

専ら幼児の運送を目的とする乗合自動車等をいう。

3　貨物自動車等

3－1　貨物自動車等とは、特種用途自動車等以外の自動車であって、次の⑴又は⑵のいずれかを満足するものをいう。

⑴　⑵以外の自動車にあっては、次の①及び②を満足すること。

①　物品積載設備の床面積

自動車の物品積載設備（注１）を最大に利用した場合において物品積載設備の床面積（注２）が１㎡（軽自動車にあっては、0.6㎡、二輪の自動車でけん引される被けん引自動車にあっては、0.2㎡）以上あること。

②　構造及び装置

当該自動車の構造及び装置が３－１－１又は３－１－２に該当するも

のであること。

⑵　第五輪荷重を有するけん引自動車であって、セミトレーラ（前車軸を有しない被けん引自動車であって、その一部がけん引自動車に載せられ、かつ、当該被けん引自動車及びその積載物の重量の相当部分がけん引自動車によってささえられる構造のものをいう。以下同じ。）をけん引するための連結装置を有すること。

3－1－1　次の⑴から⑷までの基準に適合するものであること。

⑴　物品積載設備の床面積と乗車設備の床面積

自動車の乗車設備（注3）を最大に利用した場合において、残された物品積載設備の床面積が、この場合の乗車設備の床面積（注4）より大きいこと。

⑵　積載貨物の重量と乗車人員の重量

自動車の乗車設備を最大に利用した場合において、残された物品積載設備に積載し得る貨物の重量（注5）が、この場合の乗車設備に乗車し得る人員の重量より大きいこと。

⑶　物品の積卸口

物品積載設備が屋根及び側壁（簡単な幌によるものであって、その構造上屋根及び側壁と認められないものを除く。）によっておおわれている自動車にあってはその側面又は後面に開口部の縦及び横の有効長さがそれぞれ800㎜（軽自動車にあっては、縦600㎜横800㎜）以上で、かつ、鉛直面（後面の開口部にあっては車両中心線に直角なもの、側面の開口部にあっては車両中心線に平行なものをいう。）への投影面積が0.64㎡（軽自動車にあっては、0.48㎡）以上の大きさの物品積卸口を備えたものであること。ただし、物品積載設備の上方が開放される構造の自動車で、開口部の床面への投影面積が1㎡（軽自動車にあっては、0.6㎡）以上の物品積卸口を備えたものにあっては、この限りでない。

⑷　隔壁、保護仕切等

自動車の乗車設備と物品積載設備との間に適当な隔壁又は保護仕切等を備えたものであること。ただし、最大積載量500kg以下の自動車で乗車人員が座席の背あてにより積載物品から保護されると認められるもの、及び折たたみ式座席又は脱着式座席（注6）を有する自動車で乗車設備を最大に利用した場合には最大積載量を指定しないものにあってはこの限りでない。

3－1－2　次の⑴及び⑵の基準に適合するものであること。

⑴　隔壁等

自動車の運転者席（運転者席と並列の座席を含む。以下「運転者席」という。）の後方がすべて幌でおおわれた物品積載装置であって、運転者席と物品積載設備との間に乗車人員の移動ができないような完全な隔壁があること。

⑵　座席

物品積載装置内に設けられた座席は、そのすべてが折りたたみ式又は脱着式の構造のもので、折りたたんだ場合又は取り外した場合に乗車設備が残らず貨物の積載に支障のない構造のものであること。

3－2　貨物自動車等を次のように分類するものとする。

⑴　貨物自動車

⑵以外の貨物自動車等をいう。

⑵　貸渡貨物自動車

運送法施行規則第52条の規定により許可を受けた貨物自動車等をいう。

4　特種用途自動車等

4－1　特種用途自動車等とは、主たる使用目的が特種である自動車であって、次の⑴から⑶のすべてを満足するものをいう。

⑴　主たる使用目的遂行に必要な構造及び装置を有し（注7）、かつ、4－1－1、4－1－2又は4－1－3のいずれか1つに該当するものであること。

⑵　最大積載量を有する自動車にあっては、自動車の乗車設備と物品積載装置との間には、適当な隔壁又は保護仕切等を備えたものであること。

ただし、最大積載量500kg以下の自動車で乗車人員が座席の背あてにより積載物品から保護される構造と認められるものにあっては、この限りでない。

⑶　次の①から③のいずれかに該当する自動車でないこと。

ただし、4－1－1の各車体の形状の自動車にあっては、この限りでない。

①　型式認証等を受けた自動車（注8）の用途が乗用自動車であって、車体の形状が箱型又は幌型のものであり、かつ、その車枠が改造されていないもの

②　型式認証等を受けた自動車の用途が貨物自動車であって、その物品積

載設備の荷台部分の２分の１を超える部位が平床荷台、バン型の荷台、ダンプ機能付き荷台、車両運搬用荷台又はコンテナ運搬用荷台であるもの

③　型式認証等を受けた自動車の用途が貨物自動車であって、セミトレーラをけん引するための連結装置を有するもの

4－1－1　専ら緊急の用に供するための自動車

道路交通法施行令（昭和35年政令第270号）第13条により指定又は届出された緊急自動車であって、かつ、以下の車体の形状毎に別途定める構造上の要件に適合する設備を有するもの

救急車、消防車、警察車、臓器移植用緊急輸送車、保線作業車、検察庁車、緊急警備車、防衛省車、電波監視車、公共応急作業車、護送車、血液輸送車、交通事故調査用緊急車

なお、被けん引車又は二輪車若しくは三輪車であることにより車体の形状の一部が異なる場合については、上記の車体の形状を以下の事例に示すように読み替えて適用する（以下本項において同じ。）。

例：消防車　→　消防フルトレーラ
　　救急車　→　救急車二輪
　　警察車　→　警察車三輪

4－1－2　法令等で特定される事業を遂行するための自動車

使用者の事業が法令等（注９）の規定に基づき特定できるもので、その特定した事業を遂行するために専ら使用する自動車であって、以下の車体の形状毎に別途定める構造上の要件に適合する設備を有するもの

給水車、医療防疫車、採血車、軌道兼用車、図書館車、郵便車、移動電話車、路上試験車、教習車、霊柩車、広報車、放送中継車、理容・美容車

4－1－3　特種な目的に専ら使用するための自動車

特種な目的に専ら使用するため、次の①から③の全てを満足する自動車

①　次の⑴から⑷の区分に示す車体の形状毎に別途定める構造上の要件に適合する設備を運転者席以外に有していること。

②　乗車設備及び物品積載設備を最大に利用した状態で、水平かつ平坦な面（以下「基準面」という。）に特種な設備を投影した場合の面積（以下「特種な設備の占有する面積」（注10）という。）が１㎡（軽自動車にあっては、0.6㎡）以上であること。

③　特種な設備の占有する面積は、運転者席を除く客室の床面積（注11）

及び物品積載設備の床面積並びに特種な設備の占有する面積の合計面積の2分の1を超えること。

⑴　特種な物品を運搬するための特種な物品積載設備を有する自動車であって、車体の形状が次に掲げるもの

粉粒体運搬車、タンク車、現金輸送車、アスファルト運搬車、コンクリートミキサー車、冷蔵冷凍車、活魚運搬車、保温車、販売車、散水車、塵芥車、糞尿車、ボートトレーラ、オートバイトレーラ、スノーモービルトレーラ

⑵　患者、車いす利用者等を輸送するための特種な乗車設備を有する自動車であって、車体の形状が次に掲げるもの

患者輸送車、車いす移動車

⑶　特種な作業を行うための特種な設備を有する自動車であって、車体の形状が次に掲げるもの

消毒車、寝具乾燥車、入浴車、ボイラー車、検査測定車、穴掘建柱車、ウインチ車、クレーン車、くい打車、コンクリート作業車、コンベア車、道路作業車、梯子車、ポンプ車、コンプレッサー車、農業作業車、クレーン用台車、空港作業車、構内作業車、工作車、工業作業車、レッカー車、写真撮影車、事務室車、加工車、食堂車、清掃車、電気作業車、電源車、照明車、架線修理車、高所作業車

⑷　キャンプ又は宣伝活動を行うための特種な設備を有する自動車であって、車体の形状が次に掲げるもの

キャンピング車、放送宣伝車、キャンピングトレーラ

4－2　特種用途自動車等を次のように分類するものとする。

⑴　特種用途自動車

⑵以外の特種用途自動車等をいう。

⑵　貸渡特種用途自動車

運送法施行規則第52条の規定により許可を受けた特種用途自動車等をいう。

5　建設機械

建設機械抵当法施行令（昭和29年政令第294号）別表に掲げる大型特殊自動車をいう。

6　自動車の用途等の区分に係る細部取扱い

⑴　この通達に規定する自動車の用途等の区分を定量的に判断するに当たっ

て必要な事項は、別途定める（以下「細部取扱通達」という。）。

(2) 細部取扱通達において、本通達の規定を読み替えて適用する旨の規定がある場合にあっては、細部取扱通達の規定により本通達の規定に適合するものと見なすものとする。

注1　物品積載設備

運転者席の後方にある物品積載装置（原則として、一般の貨物を積載することを目的としたものであって、物品の積卸ろしが容易に出来る構造のもの。）をいう。

注2　物品積載設備の床面積

(1) 乗車人員の携帯品の積載箇所と認められるもの、例えば後部トランク及び屋根上の物品積載装置の床面積は、この場合の物品積載設備の床面積には含めないものとする。

(2) タイヤえぐり、蓄電池箱等の占める面積は、物品の積載に支障のない限り物品積載設備の床面積に含めるものとする。

(3) 物品積載設備の上方開放部の面積が床面積より小さい構造の自動車にあっては、床面からの高さが１ｍ未満の箇所における最小開放部の水平面への投影面積をもって床面積とする。

(4) 物品積載装置が屋根及び側壁で覆われている自動車、例えばバン型の自動車の類にあっては、室内最高部と床面との中点を含む車室の断面積で大部分の床面に平行なものをもって床面積とする。

注3　乗車設備

運転者席の後方にある乗車装置をいう。

注4　乗車設備の床面積

(1) 運転者席の後方に設けられた座席の背あて後端から前方（前方を含む。）には物品が積載されない構造の自動車にあっては、運転者席背あて後端（隔壁又は保護用の仕切のあるものにあってはその後端。）から最後部座席の最後端までの大部分の床面に平行な距離に室内幅を乗じたものを床面積とする。

(2) 運転者席の後方に設けられた座席の前方又は側方に物品が積載される構造の自動車（この場合、積載物品により安全な乗車が妨げられないよう、座席の前方又は側方に保護仕切等が必要である。）にあっては、座席の床面への投影面積をもって床面積とする。ただし、次の床面は、乗車設備の床面積に含める。

(イ) 座席の前縁から250m/m までの床面（補助座席にあっては、座席を含む幅400m/m、奥行650m/m の床面）

(ロ) 乗車装置の一部として使用されることが明らかな床面。例えば保護仕切で囲まれた床面又は乗車する人員の通路と認められる床面等

注５　積載し得る貨物の重量

(1) 物品積載設備内に折りたたみ式又は脱着式の座席を備えた自動車にあっては、物品積載設備を最大に利用した場合の最大積載量を指定する際に、最大積載量の基となる重量から乗車設備を最大に利用した場合の乗車設備に乗車出来る人員の重量（脱着式の座席を備えた自動車にあっては、乗車設備を最大に利用した場合の乗車設備に乗車出来る人員の重量と脱着式の座席の重量との和）を減じた重量をいう。

(2) 物品積載設備内に折りたたみ式及び脱着式の座席がなく、物品積載設備と乗車設備とが明確に区分された自動車にあっては、最大積載量を指定する際に最大積載量の基となる重量をいう。

注６　脱着式座席

脱着して使用することを目的とした座席であり、工具等を用いることなく、容易に脱着ができ、かつ、確実に装着ができる構造の座席をいう。

注７　主たる使用目的遂行に必要な構造及び装置を有し

車枠又は車体に、特種な目的遂行のための設備（「自動車部品を装着した場合の構造等変更検査時等における取扱いについて（依命通達）」（平成７年11月16日付け自技第234号、自整第262号）の指定部品は、「特種な目的遂行のための設備」には該当しないものとする。）がボルト、リベット、接着剤又は溶接により確実に固定されているものをいう。

なお、蝶ねじ類、テープ類、ロープ類、針金類、その他これらに類するもので取り付けられた設備は、確実に固定されているものに該当しないものとする。

注８　型式認証等を受けた自動車

「型式認証等を受けた自動車」とは、次に掲げる各号のいずれかに該当するものをいう。

(1) 道路運送車両法（昭和26年法律第185号）（以下「法」という。）第75条第１項の規定によりその型式について指定されたもの

(2) 法第75条の２第１項の規定によりその型式について指定を受けた指定特定共通構造部であって、「共通構造部（多仕様自動車）型式指定実施

要領について（依命通達）」（平成28年６月30日国自審535号）別添「共通構造部（多仕様自動車）型式指定実施要領」によりその型式について指定された特定共通構造部（多仕様自動車）を有するもの

(3)　「製造過程自動車の型式認定に関する規程」（平成26年国土交通省告示第120号）によりその型式について認定されたもの

(4)　「自動車型式認証実施要領について（依命通達）」（平成10年11月12日付け自審第1252号）別添２「新型自動車取扱要領」により新型自動車として届け出された型式のもの

(5)　「輸入自動車特別取扱制度について（依命通達）」（平成10年11月12日付け自審第1255号）別紙「輸入自動車特別取扱要領」により輸入自動車特別取扱自動車として届け出された型式のもの

(6)　「並行輸入自動車取扱要領について」（平成９年３月31日付け自技第61号）別添「並行輸入自動車取扱要領」（以下「並行輸入自動車取扱要領」という。）に基づく並行輸入自動車であって、並行輸入自動車取扱要領により届出自動車との関連を判断するにあたり、上記(1)から(3)の型式と比較して同一又は関連ありと判断したもの

注９　法令等

法律、政令、府令、省令及びこれらの規定に基づく告示並びに地方自治体が定める条例をいう。

注10　特種な設備の占有する面積

(1)　車体の形状毎に別途定める構造上の要件に適合する設備を基準面に投影した場合の面積をいう。

なお、車体の形状毎に別途定める構造上の要件に適合する設備が格納式又は折りたたみ式の構造である場合にあっては、これを格納又は折りたたんだ状態とする。

(2)　次の各号のいずれかに該当する部位及び当該部位に設けられた設備の基準面への投影面積は、特種な設備の占有する面積には含めないものとする。

①　乗車人員の携帯品の積載箇所と認められるところ（トランク、ラゲッジスペース、インストルメント・パネル、グローブボックス、トレイ、ルーフ・ラック等の各種ラック類等）

②　乗車装置の座席

③　乗車装置の座席の上方又は下方（背あての角度が可変する座席に

あっては、背あての角度は背あての支点をとおる垂直な面と背あてのなす角度は後方に30度（30度に保持できない場合は、30度に最も近い角度）とした場合の床面への投影面、座席が前後、左右に可変又は回転する場合は、可変又は回転した状態で保持できるすべての位置における床面への投影面、折りたたみ式座席又は脱着式座席にあっては、当該座席を乗車設備として利用したときの床面への投影面、これらの機能を併せ持った座席にあっては、これらの要件のうち、該当するものすべてを組み合わせた状態における床面への投影面とする。）

④　乗車装置の座席の前縁から前方250㎜までの床面（座席が前後、左右に可変、回転、折りたたみ式又は脱着式である場合にあっては、当該座席を利用できるすべての位置において、座席の前縁から前方250㎜までの床面）

⑤　特種な設備を基準面に投影した場合の部位と、物品積載設備を基準面に投影した場合の部位が重なる部位

⑥　当該自動車の修理等に使用する工具等を収納する荷箱

⑦　いかなる名称によるかを問わず、①から⑥と類似する部位

注11　運転者席を除く客室の床面積

(1)　運転者席の背あて後端（隔壁又は保護用の仕切のある場合にあっては、その後端）から乗車設備の最後部座席までを含む客室の後端（乗車設備の最後部座席より後方に物品積載設備又は特種な目的に専ら使用するための設備を有する場合にあっては、乗車設備の最後部座席の背あて後端（隔壁又は保護用の仕切がある場合には、その前端））までの車両中心線上における大部分の床面に平行な距離に室内幅を乗じたものを客室の床面積とする。

この場合において、運転者席が前後に可変する座席にあっては、座席の位置は最後端とし、運転者席の背あての角度が可変する座席にあっては、背あての角度は背あての支点をとおる垂直な面と背あてとのなす角度は後方に30度（30度に保持できない場合は、30度に最も近い角度）とする。

また、乗車設備の側方等に物品積載設備又は特種な目的に専ら使用するための設備を有する場合にあっては、上記にかかわらず、乗車設備の座席の床面への投影面積をもって客室の床面積とすることができる。

この場合において、次の床面は客室の床面積に含むものとする。

⑴ 座席の前縁から250㎜までの床面（幅400㎜、奥行400㎜未満の補助座席にあっては、座席を含む幅400㎜、奥行650㎜の床面）

⑵ 乗車装置の一部として使用されることが明らかな床面。例えば保護仕切で囲まれた床面又は乗車する人員の通路と認められる床面等。

⑵ タイヤえぐり等の占める面積は、安全な乗車に支障がない限り、客室の床面積に含めるものとする。

⑶ 客室の室内幅（乗車設備の側方等に物品積載設備又は特種な目的に専ら使用するための設備を有する場合を除く。）は、運転者席の背あて後端から客室の後端までの中間点における車両中心線に直交する大部分の床面に平行な距離とする。

附　則　（平成19年１月４日　国自技第202号）

（適用時期）

1　この要領は、平成19年１月９日から適用する。

附　則　（平成26年２月12日　国自審第1465号・国自環第195号・国自技第179号・国自整第284号）

本改正規定は、平成26年２月12日から適用する。

附　則　（平成28年10月31日　国自審第1235号・国自整第196号）

（施行期日）

1　本改正規定は、平成28年10月31日より施行する。

2.「自動車の用途等の区分について（依命通達）」の細部取扱いについて

各地方運輸局長
沖縄総合事務局長 殿

国自技第 50 号
平成13年4月6日
改正 国自技第368号
平成15年4月1日
国自技第112号
平成16年9月24日
国自技第203号
平成19年1月4日
国自技第248号
平成20年2月26日
国自整第245号
平成25年12月10日
国自整第410号
平成28年3月22日
国自整第303号
平成29年1月24日
国自整第7号
平成30年4月6日
国自整第14号
平成31年4月17日
国自整第278号
令和4年3月1日

自動車交通局
技術安全部長

「自動車の用途等の区分について（依命通達）」（昭和35年9月6日付け自車第452号。以下「用途区分通達」という。）に基づく特種用途自動車等の車体の形状毎の構造要件等の細部取扱いは、別添によるものとし、平成13年10月1日からこれにより実施するものとする。

ただし、3－4中の車体の形状がキャンピング車にあっては、本通達の規定にかかわらず、平成15年3月31日までは、従前の例によることができる。

なお、「放送宣伝用自動車の構造要件について」（平成7年12月28日付け自技第257号）は、平成13年9月30日、及び「キャンピング自動車の構造要件について」（平成7年12月28日付け自技第258号）は、平成15年3月31日限りで廃止する。

2.「自動車の用途等の区分」細部取扱い

別添

目　次

用途区分通達４－１－１、４－１－２及び４－１－３の各自動車の構造要件（共通事項）

1. 用語の定義

この通達で用いる用語は、関係法令、関係通達によるほか、次の各号に掲げるとおりとする。

(1) 屋内

「屋内」とは、隔壁、幌等により構成される屋根及び側壁で覆われており、かつ、車体を床面とする自動車の空間をいう。

なお、車両の停止時に車体の一部を拡大することによって屋内を拡張することができるものにあっては、車体を床面とするものに限り、当該部分を含むものとする。

(2) 車室

「車室」とは(1)の屋内のうち、隔壁により外気と遮断されており、車体を床面とする自動車の空間をいう。

なお、車両の停止時に車体の一部を拡大することによって車室を拡張することができるものにあっては、車体を床面とするものに限り、当該部分を含むものとする。

(3) 客室

「客室」とは、道路運送車両の保安基準（昭和26年運輸省令第67号。以下「保安基準」という。）第20条第２項の客室をいう。

(4) 物品積載設備

「物品積載設備」とは、運転者席（運転者席と並列の座席を含む。）の後方にある物品積載装置であって、物品の積卸しができる構造のものをいう。

2.「使用者特定書面」の確認等

用途区分通達４－１－１及び４－１－２の自動車の構造要件の留意事項において、使用者の事業等を特定するために提出を求めることとしている書面（以下「使用者特定書面」という。）は、車体の形状を判定する際に必要な書面であることから、それぞれ以下のとおり取扱うものとする。

(1) 新規検査等の際の取扱い

(ア) 書面の確認の取扱い

道路運送車両法（平成26年法律第185号。以下「法」という。）第59条の新規検査、法第67条の自動車検査証の記載事項の変更及び構造等変更検査（車体の形状の変更に係る場合に限る。）（以下、「新規検査等」という。）を行う際、構造要件の留意事項で規定している使用者特定書面の提出を求め、確認するものとする。

(イ) 書面が提出されない場合の取扱い

新規検査等の際に、使用者特定書面が提出されない場合には、車体の形状が特定できないため、構造要件に適合するかどうかも判断できないことから、特種用途自動車に該当しないことに留意する。

(2) 使用者の変更申請の際の取扱い

(ア) 書面の確認の取扱い

法第67条第１項の規定に基づく使用者に係る自動車検査証の記載事項の変更により、新使用者の事業等が、旧使用者の事業等と異なることとなった場合には、当該自動車が構造要件に適合するかどうか判断できないこととなるおそれがある。

このため、法第67条第１項に基づく使用者の変更申請の際、構造要件の留意事項で規定している使用者特定書面の提出を求め、確認するものとする。

(イ) 書面が提出されない場合の取扱い

(ア)の確認の結果、車体の形状が適切でなかった場合又は使用者特定書面の提出がない場合には、構造要件に適合しているかどうか判断することができないものとし、用途又は車体の形状が変更となるものとして、法第67条第３項に基づき、当該使用者に対し構造等変更検査を受けるべきことを命ずるものとする。

ただし、3.(1)に掲げる変更に係る場合にあってはこの限りではない。

(3) 予備検査の際の取扱い

(ア) 書面の確認の取扱い

用途区分通達４－１－２（緊急自動車を除く。）の自動車であって、法第71条の予備検査の場合においては、予備検査時に所有者からの車体の形状の申請内容により車体の形状毎に定める構造上の基準に適合することを確認し、当該車体の形状における保安基準の適合性判断を行うこととし、法第71条第４項による交付申請を行う際（以下「交付申請時」という。）に、整備担当部署等の担当者が構造要件の留意事項で規定している使用者特定書面の提出を求め、車体の形状が適切であることを確認するものとする。

(ｲ) 書面が提出されない場合の取扱い

(ｱ)の確認の結果、車体の形状が適切でなかった場合又は使用者特定書面の提出がない場合には、構造要件に適合しているかどうか判断することができないものとし、用途又は車体の形状が変更となるものとして、法第67条第３項に基づき、当該使用者に対し構造等変更検査を受けるべきことを命ずるものとする。

３．自動車の用途、車体の形状の変更等に係る取扱い

(1) 用途区分通達４－１－１の救急車又は消防車であって、かつ、救急車の構造要件及び消防車の構造要件のいずれにも適合するものについては、車体の形状は消防車とする。

(2) 用途区分通達４－１－２に掲げる自動車のうち、車体の形状が「教習車又は路上試験車」であり、使用者のみの変更に伴う用途、車体の形状の変更であって、次の各号のいずれかの変更に該当する場合においては、法第67条第３項に定める「保安基準に適合しなくなるおそれがあると認められるとき」に該当しないものとして取り扱うものとする。

(ｱ) 使用者の変更前、変更後に係わらず、助手席に補助ブレーキを装備している場合（補助ブレーキに変更がない場合）

この場合において、使用者の変更後における車体の形状を路上試験車又は教習車としようとする場合にあっては、変更後の使用者が、それぞれの構造要件の留意事項で規定している使用者の事業等を特定するための書面の提出がある場合に限る。

路上試験車又は教習車 ⇔ 乗用自動車の各車体の形状
（基本車が乗用自動車である場合に限る）

路上試験車又は教習車 ⇔ 乗合自動車の各車体の形状
（基本車が乗合自動車である場合に限る）

路上試験車又は教習車 ⇔ 貨物自動車の各車体の形状
（基本車が貨物自動車である場合に限る）

教習車 ⇔ 路上試験車

(ｲ) 使用者の変更後は、助手席に補助ブレーキを装備していない場合（補助ブレーキを取り外した場合）

路上試験車又は教習車 ⇒ 乗用自動車の各車体の形状

（基本車が乗用自動車である場合に限る）

路上試験車又は教習車 ⇒ 乗合自動車の各車体の形状

（基本車が乗合自動車である場合に限る）

路上試験車又は教習車 ⇒ 貨物自動車の各車体の形状

（基本車が貨物自動車である場合に限る）

注１　教習車又は路上試験車から変更した後の車体の形状は、基本車の用途及び車体の形状とする。

注２　基本車とは、用途区分通達注８の型式認証等を受けた自動車をいう。

(3) 助手席に補助ブレーキを装備して、車体の形状を路上試験車又は教習車に変更する次の場合にあっては、法第67条第３項に定める「保安基準に適合しなくなるおそれがあると認めるとき」に該当するものとして、構造等変更検査を命ずるものとする。

乗用自動車（補助ブレーキ無）⇒ 路上試験車又は教習車

乗合自動車（補助ブレーキ無）⇒ 路上試験車又は教習車

貨物自動車（補助ブレーキ無）⇒ 路上試験車又は教習車

2.「自動車の用途等の区分」細部取扱い

使用者特定書面一覧表

書面の要否欄の記号の意味　◎：提出が必要　×：提出が不必要

車体の形状	書面の要否	使用者の業を特定するために提出を求めている書面
用途区分通達４－１－１の自動車		
全ての車体の形状	◎	・公安委員会から緊急自動車として指定又は届出されていることを証する書面（指定申請済証明書又は届出済証明書でもよい。）
用途区分通達４－１－２の自動車（注１）		
給水車	◎	・緊急自動車である場合には、公安委員会から緊急自動車として指定又は届出されていることを証する書面（指定申請済証明書又は届出済証明書でもよい。） ・使用者が国・地方自治体であった場合はそれを確認できる委任状等の書面
医療防疫車	◎	・医療法に基づく病院又は診療所等（中小企業等協同組合の場合は、その組合員がこれらの団体で構成されていることを証する書面）若しくは獣医療法に基づく診療施設の開設の届出をしたものであることを証する書面の写し ・使用者が国・地方自治体・日本赤十字社であった場合はそれを確認できる委任状等の書面
採血車	◎	・安全な血液製剤の安定供給の確保に関する法律の規定により業として行う採血の許可を得た者又は医療法の規定により病院又は診療所の開設の許可を得た者であることを証する書面の写し ・使用者が日本赤十字社であった場合はそれを確認できる委任状等の書面
軌道兼用車	◎	・鉄道事業の許可を受けた者又は軌道事業の特許を受けた者であることを証する書面（これらの者と線路又は軌道の維持、修繕、復旧作業等を行うことに関する契約を締結している者にあっては、当該契約書）の写し
図書館車	◎	・図書館法第２条に規定する一般社団法人又は一般財団法人である場合には、当該法人であることを証する書面の写し ・使用者が地方自治体・日本赤十字社であった場合はそれを確認できる委任状等の書面
郵便車	◎	・使用者が日本郵便株式会社であることを確認できる委任状等の書面
移動電話車	◎	・電気通信事業法に基づく電気通信事業者であることを証する書面の写し
路上試験車	◎	・公安委員会以外の使用者の場合には、道路交通法第97条第２項（同法第100条の２第３項において準用する場合も含む。）の規定に基づく技能試験を行うための自動車として、公安委員会が指定した自動車の使用者であることを証する書面の写し ・使用者が公安委員会であった場合はそれを確認できる委任状等の書面
教習車	◎	・公安委員会が発行した指定自動車教習所で使用する路上教習用自動車証明書又は届出自動車教習所で使用する路上教習用自動車証明書の写し
霊柩車	◎	・貨物自動車運送事業法に基づく一般貨物自動車運送事業の許可を受けた者等にあっては、霊柩事業を行う者である旨の書面の写し ・使用者が地方自治体であった場合はそれを確認できる委任状等の書面
広報車	◎	・公益財団法人、公益社団法人又は公益企業である場合には、当該法人等の定款等で広報業務を行うこととしている旨の書面の写し ・使用者が国、地方自治体であった場合はそれを確認できる委任状等の書面
放送中継車	◎	・電波法及び放送法に基づく放送事業者であることを証する書面の写し ・放送事業者以外の者である場合には、放送等に係る学部等を擁する大学等である旨の書面等の写し ・使用者が日本放送協会であった場合はそれを確認できる委任状等の書面
理容・美容車	◎	・理容師法又は美容師法に基づき、都道府県知事に理容所又は美容所として届出をした者であることを証する書面の写し
用途区分通達４－１－３の自動車		
全ての車体の形状	×	・不要（注２）

注１：「用途区分通達４－１－２の自動車」について、法第71条に規定する予備検査を受ける場合においては、車検証の交付申請時に書面を確認すること。

注２：「道路作業車」又は「検査測定車」については、構造要件を参照のこと。

1　用途区分通達4－1－1の自動車

車体の形状	構　造　要　件	留　意　事　項
救急車	国、地方自治体又は医療機関等において救急業務のための使用する自動車であって、次の各号に掲げる構造上の要件を満足しているものをいう。 ただし、地方自治体が、傷病者の応急手当のための出動に使用する二輪自動車にあっては、4を満足していればよい。 1　車室には、傷病者の搬送のための専用の寝台又は担架及びその担架を固定するための設備を有すること。 2　車室には、傷病者の応急手当てに必要な資器材を収納できる構造を有すること。 3　寝台又は担架は、傷病者を十分収容できる面積を有すること。 4　保安基準第49条の規定に適合する警光灯及びサイレンを有すること。	・道路交通法施行令（昭和35年政令第270号）第13条に基づき、公安委員会から緊急自動車として指定されていること又は指定申請済みであること若しくは当該自動車の使用者が公安委員会に届出たものであることを証する書面の写しの提出を求めるものとする。
消防車	消防機関又はその他の者が消防又は防災のために使用する自動車であって、次の各号に掲げる構造上の要件を満足しているものをいう。 1　消防又は防災の諸活動（以下「消防活動等」という。）に必要な次の各号に掲げる設備を有すること。 ア　消防活動等に従事する要員を輸送するための乗車装置を有すること。 イ　保安基準第49条の規定に適合する警光灯及びサイレンを有すること。 2　消防活動等のために必要な次の各号に掲げるいずれか1つの設備を有すること。 なお、これらの設備の専用の設置場所を有する場合には、これらの設備は取り外すことができる構造でもよい。 ア　消火のための水等を吸入し吐出することができるポンプ機能を有し、かつ、これに付随するホース等の設備又はこれを積載する専用の装備を有すること。	・道路交通法施行令第13条に基づき、公安委員会から緊急自動車として指定されていること又は指定申請済みであること若しくは当該自動車の使用者が公安委員会に届出たものであることを証する書面の写しの提出を求めるものとする。 ・消火水等を収納するためのタンク状の容器は、積載量として算

特種車の車体形状と構造用件

車体の形状	構　造　要　件	留　意　事　項
	イ　消火のための水等を収納するタンク等の容器を有すること。 ウ　消防活動等に使用する機材を有すること。 エ　消防活動等の指揮、消防思想の普及及び宣伝又は防災等のための設備を有すること。	定するものとする。 ・乗車定員10人以下の場合には、最大積載量の有無に係わらず、自動車検査証の有効期間は2年とする。
警察車	警察庁又は都道府県警察において使用する自動車であって、次の各号に掲げる構造上の要件を満足しているものをいう。 1　犯罪捜査、交通取締等警察の職務遂行に必要な特種な設備を有すること。 2　保安基準第49条の規定に適合する警光灯（格納式、着脱式又は自動車の外形上に設置されていないものを除く。）及びサイレンを有すること。	・道路交通法施行令第13条に基づき、公安委員会から緊急自動車として指定されていること又は指定申請済みであることを証する書面の写しの提出を求めるものとする。 ・職務遂行に必要な放水装置を備えた自動車であって、放水する水等を収納するためのタンク状の容器は、積載量として算定するものとする。 なお、乗車定員10人以下の場合は、放水する水等の積載量の有無にかかわらず、自動車検査証の有効期間は2年とする。
臓器移植用	医療機関において死体から摘出された臓器、臓	・道路交通法施行

特種車の車体形状と構造用件

車体の形状	構　造　要　件	留　意　事　項
緊急輸送車	器摘出のための医師又は臓器摘出に必要な器材の輸送に使用する自動車であって、次の各号に掲げる構造上の要件を満足しているものをいう。 1　臓器の摘出に必要な器材又は摘出した臓器の収納容器を搭載する場所を有すること。 2　保安基準第49条の規定に適合する警光灯及びサイレンを有すること。	令第13条に基づき、公安委員会から緊急自動車として指定されていること又は指定申請済みであることを証する書面の写しの提出を求めるものとする。 ・最大積載量は算定しないものとする。
保線作業車	線路又は軌道上の復旧作業若しくは応急作業のために使用する自動車であって、次の各号に掲げる構造上の要件を満足しているものをいう。 1　線路又は軌道上の復旧作業又は応急作業に必要な資機材を収納する棚等の設備を有すること。 2　保安基準第49条の規定に適合する警光灯及びサイレンを有すること。	・道路交通法施行令第13条に基づき、公安委員会から緊急自動車として指定されていること又は指定申請済みであることを証する書面の写しの提出を求めるものとする。
検察庁車	検察庁において使用する自動車のうち、犯罪の捜査に使用するものであって、次の各号に掲げる構造上の要件を満足しているものをいう。 1　犯罪捜査に必要な特種な設備を有すること。 2　保安基準第49条の規定に適合する警光灯（格納式及び着脱式のものを除く。）及びサイレンを有すること。	・道路交通法施行令第13条に基づき、公安委員会から緊急自動車として指定されていること又は指定申請済みであることを証する書面の写しの提出を求めるものとする。
緊急警備車	刑務所その他の矯正施設において使用する自動車のうち、逃走者の逮捕若しくは連れ戻し又は被収容者の警備のために使用するものであって、	・道路交通法施行令第13条に基づき、公安委員会

特種車の車体形状と構造用件

車体の形状	構造要件	留意事項
	次の各号に掲げる構造上の要件を満足しているものをいう。 1　逃走者の逮捕若しくは連れ戻し又は被収容者の警備のために必要な特種な設備を有すること。 2　保安基準第49条の規定に適合する警光灯及びサイレンを有すること。	から緊急自動車として指定されていること又は指定申請済みであることを証する書面の写しの提出を求めるものとする。
防衛省車	自衛隊において使用する自動車のうち、部内の秩序維持又は自衛隊の行動若しくは自衛隊の部隊の運用のために使用するものであって、次の各号に掲げる構造上の要件を満足しているものをいう。 1　部内の秩序維持又は自衛隊の行動若しくは自衛隊の部隊の運用活動等のために必要な特種な設備を有すること。 2　保安基準第49条の規定に適合する警光灯（格納式、着脱式又は自動車の外形上に設置されていないものを除く。）及びサイレンを有すること。	・道路交通法施行令第13条に基づき、公安委員会から緊急自動車として指定されていること又は指定申請済みであることを証する書面の写しの提出を求めるものとする。
電波監視車	総務省において使用する自動車のうち、不法に開設された無線局の探査のために使用するものであって、次の各号に掲げる構造上の要件を満足しているものをいう。 1　不法に開設された無線局の探査等のために必要な受信装置、アンテナ等の特種な設備を有すること。 2　保安基準第49条の規定に適合する警光灯（格納式、着脱式又は自動車の外形上に設置されていないものを除く。）及びサイレンを有すること。	・道路交通法施行令第13条に基づき、公安委員会から緊急自動車として指定されていること又は指定申請済みであることを証する書面の写しの提出を求めるものとする。
公共応急作業車	電気事業、ガス事業、水防機関、道路管理、電気通信事業その他公益事業を行う者において、公益事業における危険の防止及び公益を確保するため、応急作業のために使用する自動車であって、次の各号に掲げる構造上の要件を満足しているものをいう。 1　電気、ガス、水防、道路管理、電気通信等の応急作業に必要な資機材を収納する設備を有	・道路交通法施行令第13条に基づき、公安委員会から緊急自動車として指定されていること又は指定申請済みであることを証す

特種車の車体形状と構造用件

車体の形状	構造要件	留意事項
	すること。 ただし、道路管理者が使用する自動車であって、道路における危険を防止するために使用する自動車にあっては、道路の通行を禁止し、若しくは制限するための応急措置又は障害物を排除するための応急作業に必要な設備を備えていればよい。 2　保安基準第49条の規定に適合する警光灯及びサイレンを有すること。	る書面の写しの提出を求めるものとする。
護送車	法務省、検察庁、警察庁及び都道府県警察等において使用する自動車であって、次の各号に掲げる構造上の要件を満足しているものをいう。 1　護送任務を遂行するために必要な特種な設備を有すること。 2　保安基準第49条の規定に適合する警光灯及びサイレンを有すること。	・道路交通法施行令第13条に基づき、公安委員会から緊急自動車として指定されていること又は指定申請済みであることを証する書面の写しの提出を求めるものとする。
血液輸送車	保存血液を販売する者が、保存血液の緊急運搬に使用する自動車であって、次の各号に掲げる構造上の要件を満足しているものをいう。 1　血液の収納容器を搭載する場所を有すること。 2　保安基準第49条の規定に適合する警光灯及びサイレンを有すること。	・道路交通法施行令第13条に基づき、公安委員会から緊急自動車として指定されていること又は指定申請済みであることを証する書面の写しの提出を求めるものとする。 ・最大積載量は算定しないものとする。
交通事故調査用緊急車	交通事故調査分析センターが、道路交通法第108条の14に定める事業遂行のための事故例調査に使用する自動車であって、保安基準第49条の規定に適合する警光灯及びサイレンを有するもの	・道路交通法施行令第13条に基づき、公安委員会から緊急自動車

車体の形状	構　造　要　件	留　意　事　項
	をいう。	として指定されていること又は指定申請済みであることを証する書面の写しの提出を求めるものとする。

2　用途区分通達４－１－２の自動車

車体の形状	構　造　要　件	留　意　事　項
給水車	国、地方自治体において、災害時等に飲料水を専用に輸送するために使用する自動車であって、次の各号に掲げる構造上の要件を満足しているものをいう。 1　飲料水を収容するための物品積載設備を有し、かつ、飲料水を積み込むための適当な大きさの投入口又は飲料水を吸入するためのポンプ及びこれに付帯するホース等を有すること。 2　飲料水を給水するための専用の取り出し口を有すること。 3　緊急自動車である場合には、保安基準第49条の規定に適合する警光灯及びサイレンを有すること。	・物品積載設備に積載した物品（水）を当該自動車又は乗員等が使用するものは、給水車として取り扱わないものとする。 ・飲料水を収容するための物品積載設備は、積載量を算定するものとする。 ・当該自動車の使用者が、国、地方自治体であることを委任状等の書面により確認を行うものとする。 なお、緊急自動車である場合には、道路交通法施行令第13条に基づき、公安委員会から緊急自動車として指定されていること又は指定申請済みであることを証する書面の写しの提出を求めるものとする。 ・当該自動車の所有者が給水車

特種車の車体形状と構造用件

車体の形状	構　造　要　件	留　意　事　項
		（緊急自動車を除く。）として道路運送車両法第71条に規定する予備検査を受ける場合においては、交付申請時に国、地方自治体が使用者であることを委任状等の書面により確認を行うものとする。
医療防疫車	国、地方自治体、日本赤十字社又は医療法に基づく病院若しくは診療所等（これらの団体により構成される中小企業等協同組合を含む）において、健康診断、治療等のため、又は獣医療法に基づく診療施設の開設の届出をした者が、動物の治療等のために使用する自動車であって、次の各号に掲げる構造上の要件を満足しているものをいう。 1　健康診断、治療等の用に供する椅子又は寝台を有し、かつ、医師又は看護師等が作業を行うのに必要な空間を有していること。 2　健康診断、治療等の用に供するエックス線撮影装置、検眼装置又は心電図測定装置等を有すること。 　なお、他の部位と明確に区別ができる専用の設置場所を有する場合には、脱着式であってもよい。 3　健康診断、治療等に伴い用いる医薬品等を収納する棚等を有すること。 4　1の設備には、適当な室内照明灯を有すること。 5　2の装置等を作動させるための動力源及び操作装置を有すること。 　ただし、外部から動力の供給を受けることにより2の装置を作動させるものにあっては、動	・治療等のための寝台及び椅子は乗車定員を算定しないものとする。 ・医療法（昭和23年法律第205号）第7条、第8条 ・獣医療法（平成4年法律第46号）第3条 ・国、地方自治体、日本赤十字社が使用者となる場合にあっては、その者が使用者となることを委任状等の書面により確認を行うものとする。 ・国、地方自治体、日本赤十字社以外が使用者となる場合にあっては、当該自動車

車体の形状	構　造　要　件	留 意 事 項
	力受給装置及び操作装置を有すること。 6　次に掲げる寸法等を満足する乗降口が当該自動車の右側面以外の面に１ヶ所以上設けられており、かつ、通路と連結されていること。 ア　乗降口は、有効幅300㎜以上、かつ、有効高さ1,600㎜（イの規定において通路の有効高さを1,200㎜とすることができる場合は、1,200㎜）以上あること。 イ　乗降口から１及び２の設備に至るための通路は、有効幅300㎜以上、かつ、有効高さ1,600㎜（当該通路に係る１及び２の設備の端部と乗降口との車両中心線方向の最遠距離が２m未満である場合は、1,200㎜）以上あること。 ウ　空車状態において床面の高さが450㎜を超える乗降口には、一段の高さが400㎜（最下段の踏段にあっては、450㎜）以下の踏段を有するか又は踏台を備えること。 この場合における踏台は、走行中の振動等により移動することがないよう所定の格納場所に確実に収納できる構造であること。 エ　ウの踏段又は踏台は、滑り止めを施したものであること。 オ　ウの乗降口には、安全な乗降ができるように乗降用取手及び照明灯を有すること。	の使用者が、医療法に基づく病院又は診療所等であることを証する書面（中小企業等協同組合の場合は、その組合員がこれらの団体で構成されていることを証する書面）又は獣医療法に基づく診療施設の開設の届出をした者であることを証する書面の写しの提出を求めるものとする。 なお、当該自動車の所有者が医療防疫車として道路運送車両法第71条に規定する予備検査を受ける場合においては、交付申請時に当該書面の写し（国、地方自治体、日本赤十字社が使用者となる場合にあっては、委任状等）の提出を求め確認を行うものとする。
採血車	安全な血液製剤の安定供給の確保等に関する法律の規定により業として行う採血の許可を得た者又は医療法の規定による病院又は診療所の	

車体の形状	構　造　要　件	留　意　事　項
	開設の許可を得た者が、専ら献血等の採血を行うために使用する自動車であって、次の各号に掲げる構造上の要件を満足しているものをいう。 1　採血に必要な器材及び採血した血液を保存する収納容器を格納する設備を有すること。 2　採血用の寝台又は椅子を有しており、かつ、採血作業を行うに必要な空間を有していること。 3　2の設備には、適当な室内照明灯を有すること。 4　次に掲げる寸法等を満足する乗降口が当該自動車の右側面以外の面に1ヶ所以上設けられており、かつ、通路と連結されていること。 ア　乗降口は、有効幅300㎜以上、かつ、有効高さ1,600㎜（イの規定において通路の有効高さを1,200㎜とすることができる場合は、1,200㎜）以上あること。 イ　乗降口から2の設備に至るための通路は、有効幅300㎜以上、かつ、有効高さ1,600㎜（当該通路に係る1及び2の設備の端部と乗降口との車両中心線方向の最遠距離が2m未満である場合は、1,200㎜）以上あること。 ウ　空車状態において床面の高さが450㎜を超える乗降口には、一段の高さが400㎜（最下段の踏段にあっては、450㎜）以下の踏段を有するか又は踏台を備えること。 　この場合における踏台は、走行中の振動等により移動することがないよう所定の格納場所に確実に収納できる構造であること。 エ　ウの踏段又は踏台は、滑り止めを施したものであること。 オ　ウの乗降口には、安全な乗降ができるように乗降用取手及び照明灯を有すること。	・安全な血液製剤の安定供給の確保等に関する法律（平成14年法律第96号）第13条（業として行う採血の許可） ・医療法（昭和23年法律第205号）第7条、第8条 ・採血用の寝台及び椅子は乗車定員を算定しないものとする。 ・日本赤十字社が使用者となる場合にあっては、その者が使用者となることを委任状等の書面により確認を行うものとする。 ・日本赤十字社以外が使用者となる場合にあっては、当該自動車の使用者が安全な血液製剤の安定供給の確保等に関する法律の規定により業として行う採血の許可を得た者又は医療法の規定による病院又は診療所の開設の許可を得た者であることを証する書面の写しの

特種車の車体形状と構造用件

車体の形状	構　造　要　件	留　意　事　項
		提出を求めるものとする。 なお、当該自動車の所有者が採血車として道路運送車両法第71条に規定する予備検査を受ける場合においては、交付申請時に当該書面の写し（日本赤十字社が使用者となる場合にあっては、委任状等）の提出を求め確認を行うものとする。
軌道兼用車	鉄道事業の許可を受けた者若しくは軌道事業の特許を受けた者又はこれらの者と線路又は軌道の維持、修繕、復旧作業等を行うことに関する契約を締結している者が、線路又は軌道の維持、修繕、復旧作業等のために使用する自動車であって、次の各号に掲げる構造上の要件を満足しているものをいう。 なお、用途区分通達４－１(3)の規定は、本車体の形状には適用しないものとする。 1　線路又は軌道上を走行するための車輪を有していること。 2　線路又は軌道上を走行するための車輪の駆動は、運転者席、作業台等において操作できること。 3　線路又は軌道の維持、修繕、復旧作業等のための設備を有すること。	・鉄道事業法（昭和61年法律第92号）第３条（許可)、軌道法（大正10年法律第３号）第３条（事業の特許） ・鉄道事業の許可を受けた者又は軌道事業の特許を受けた者であることを証する書面の写し（これらの者と線路又は軌道の維持、修繕、復旧作業等を行うことに関する契約を締結している者にあっては、

特種車の車体形状と構造用件

車体の形状	構造要件	留意事項
		当該契約書の写し）の提出を求めるものとする。 なお、当該自動車の所有者が軌道兼用車として道路運送車両法第71条に規定する予備検査を受ける場合においては、交付申請時に当該書面の写しの提出を求め確認を行うものとする。
図書館車	図書館法第2条に規定する地方公共団体、日本赤十字社又は一般社団法人若しくは一般財団法人が設置する図書館において、図書館法第3条第5号の自動車文庫を行うために使用する自動車であって、次の各号に掲げる構造上の要件を満足しているものをいう。 なお、用途区分通達4－1⑶②の規定は、本車体の形状には適用しないものとする。 1　図書を搭載するための専用の書棚を有すること。 2　1の書棚は、図書が走行中の振動等により移動等することがないような構造であること。 3　図書を閲覧するため及び図書館事務を行うための机、椅子を有すること。 ただし、1の書棚が大部分を占めていることにより、図書を閲覧するため及び図書館事務を行うための机、椅子を設けることができない場合にあっては、この限りでない。 4　図書を閲覧又は図書館事務を行う場所には、適当な室内照明灯を有すること。 5　次に掲げる寸法等を満足する乗降口が当該自動車の右側面以外の面に1ヶ所以上設けられており、かつ、通路と連結されていること。	・積載する図書は、車両重量に含むものとする。 ・3の椅子は、乗車定員を算定しないものとする。 ・地方公共団体、日本赤十字社が使用者となる場合にあっては、その者が使用者となることを委任状等の書面により確認を行うものとする。 ・地方公共団体、日本赤十字社以外が使用者となる場合にあっては、当該自動車の使用者が図書館法（昭和25年法律第118号）

車体の形状	構造要件	留意事項
	ただし、利用者が車室外からのみ利用する図書貸出し形態の構造のものにあっては、この限りでない。 ア　乗降口は、有効幅300mm以上、かつ、有効高さ1,600mm（イの規定において通路の有効高さを1,200mmとすることができる場合は、1,200mm）以上あること。 イ　乗降口から1及び3の設備に至るための通路は、有効幅300mm以上、かつ、有効高さ1,600mm（当該通路に係る1及び3の設備の端部と乗降口との車両中心線方向の最遠距離が2m未満である場合は、1,200mm）以上あること。 ウ　空車状態において床面の高さが450mmを超える乗降口には、一段の高さが400mm（最下段の踏段にあっては、450mm）以下の踏段を有するか又は踏台を備えること。 この場合における踏台は、走行中の振動等により移動することがないよう所定の格納場所に確実に収納できる構造であること。 エ　ウの踏段又は踏台は、滑り止めを施したものであること。 オ　ウの乗降口には、安全な乗降ができるように乗降用取手及び照明灯を有すること。 6　物品積載設備を有していないこと。	第2条に規定する一般社団法人若しくは一般財団法人であることを証する書面の写しの提出を求めるものとする。 なお、当該自動車の所有者が図書館車として道路運送車両法第71条に規定する予備検査を受ける場合においては、交付申請時に当該書面の写し（地方公共団体、日本赤十字社が使用者となる場合にあっては、委任状等）の提出を求め確認を行うものとする。
郵便車	郵便業務に使用する自動車であって、次の各号に掲げる構造上の要件を満足しているものをいう。 なお、用途区分通達4－1⑶②の規定は、本車体の形状には適用しないものとする。 1　郵便差出箱、切手等の販売等の郵便業務を行うために必要な設備を有すること。 2　車室外からのみ直接利用できる場合以外の1の設備にあっては、適当な室内照明灯を有すること。 3　次に掲げる寸法等を満足する乗降口が当該自動車の右側面以外の面に1ヶ所以上設けられており、かつ、通路と連結されていること。	・郵便業務とは、郵便法（昭和22年法律第165号）等の規定による郵便物の送達、ハガキ、切手の販売等の事業をいう。 ・当該自動車の使用者が、日本郵便株式会社であることを委任状等の書面により

車体の形状	構造要件	留意事項
	ただし、車室外からのみ直接利用する形態の構造のものにあっては、この限りでない。 ア　乗降口は、有効幅300㎜以上、かつ、有効高さ1,600㎜（イの規定において通路の有効高さを1,200㎜とすることができる場合は、1,200㎜）以上あること。 イ　乗降口から1の設備に至るための通路は、有効幅300㎜以上、かつ、有効高さ1,600㎜（当該通路に係る1の設備の端部と乗降口との車両中心線方向の最遠距離が2m未満である場合は、1,200㎜）以上あること。 ウ　空車状態において床面の高さが450㎜を超える乗降口には、一段の高さが400㎜（最下段の踏段にあっては、450㎜）以下の踏段を有するか又は踏台を備えること。 この場合における踏台は、走行中の振動等により移動することがないよう所定の格納場所に確実に収納できる構造であること。 エ　ウの踏段又は踏台は、滑り止めを施したものであること。 オ　ウの乗降口には、安全な乗降ができるように乗降用取手及び照明灯を有すること。 4　物品積載設備を有していないこと。	確認を行うものとする。 ・当該自動車の所有者が郵便車として道路運送車両法第71条に規定する予備検査を受ける場合においては、交付申請時にその使用者が日本郵便株式会社であることを委任状等の書面により確認を行うものとする。
移動電話車	電気通信事業法に基づく電気通信事業者が、他人の需要に応じ電気通信業務を行うために使用する自動車であって、次の各号に掲げる構造上の要件を満足しているものをいう。 ただし、専ら電話の電波の中継を行うことを目的とする自動車にあっては、交換機を有し、かつ、アンテナ等電波の中継に必要な設備を有していればよい。 1　電話機（携帯電話を除く。）、交換機その他電気通信業務に必要な通信機器又は電報の取りつぎ業務等を行うための机、椅子、カウンター等を有すること。 2　1の椅子及び利用者の用に供する椅子は、乗車設備の座席と兼用でないこと。 3　車室外からのみ直接利用できる場合以外の	・電気通信事業者とは、電気通信事業法（昭和59年法律第86号）第9条第1項の登録を受けた者、第16条第1項の規定による届出をした者をいう。 ・当該自動車の使用者が、電気通信事業法に基づく電気通信事業者であることを

特種車の車体形状と構造用件

車体の形状	構　造　要　件	留　意　事　項
	1及び2の設備にあっては、適当な室内照明灯を有すること。 4　次に掲げる寸法等を満足する乗降口が当該自動車の右側面以外の面に1ヶ所以上設けられており、かつ、通路と連結されていること。 ただし、車室外からのみ直接利用する形態の構造のものにあっては、この限りでない。 ア　乗降口は、有効幅300mm以上、かつ、有効高さ1,600mm（イの規定において通路の有効高さを1,200mmとすることができる場合は、1,200mm）以上あること。 イ　乗降口から1及び2の設備に至るための通路は、有効幅300mm以上、かつ、有効高さ1,600mm（当該通路に係る1及び2の設備の端部と乗降口との車両中心線方向の最遠距離が2m未満である場合は、1,200mm）以上であること。 ウ　空車状態において床面の高さが450mmを超える乗降口には、一段の高さが400mm（最下段の踏段にあっては、450mm）以下の踏段を有するか又は踏台を備えること。 この場合における踏台は、走行中の振動等により移動することがないよう所定の格納場所に確実に収納できる構造であること。 エ　ウの踏段又は踏台は、滑り止めを施したものであること。 オ　ウの乗降口には、安全な乗降ができるように乗降用取手及び照明灯を有すること。 5　物品積載設備を有していないこと。	証する書面の写しの提出を求めるものとする。 なお、当該自動車の所有者が移動電話車として道路運送車両法第71条に規定する予備検査を受ける場合においては、交付申請時に当該書面の写しの提出を求め確認を行うものとする。 ・1の椅子は、乗車定員を算定しないものとする。
路上試験車	道路交通法第97条第2項（同法第100条の2第3項において準用する場合を含む。）の規定に基づく技能試験に使用する自動車であって、助手席にて操作できる補助ブレーキを有するものをいう。 なお、用途区分通達4－1(3)の規定は、本車体の形状には適用しないものとする。	・道路交通法（昭和35年法律第105号）第97条第2項（道路における運転技能検定試験） ・同条第100条の2第3項（公安委員会が行う再

車体の形状	構造要件	留意事項
		試験） ・公安委員会が使用者となる場合にあっては、その者が使用者となることを委任状等の書面により確認を行うものとする。 ・公安委員会以外が使用者となる場合にあっては、道路交通法第97条 第２項（同法第100条の２第３項において準用する場合も含む。）の規定に基づく技能試験を行うため、公安委員会が指定した自動車の使用者であることを証する書面の写しの提出を求めるものとする。 　なお、当該自動車の所有者が路上試験車として道路運送車両法第71条に規定する予備検査を受ける場合においては、交付申請時に当該書面の写し（公安委員会が使用者となる場合にあっ

車体の形状	構　造　要　件	留　意　事　項
		ては、委任状等）の提出を求め確認を行うものとする。
教習車	道路交通法第98条の自動車教習所又は同法第99条の指定自動車教習所において使用し、かつ、専ら自動車の運転に関する技能の検定又は教習の用に供する自動車、又は道路交通法第108条の4第1項に定める指定講習機関において使用し、かつ、初心運転者に対し運転について必要な技能の講習の用に供する自動車であって、助手席にて操作できる補助ブレーキを有するものをいう。 なお、用途区分通達4－1(3)の規定は、本車体の形状には適用しないものとする。	・自動車教習所又は指定自動車教習所において使用する自動車については、使用者から公安委員会に対して教習用自動車の証明願いをした場合、公安委員会は、所定の事実確認をした後、使用者に対し指定自動車教習所路上教習用自動車証明書又は届出自動車教習所路上教習用自動車証明書を交付することとなっているので、これらの証明書の写しの提出を求めるものとする。 なお、当該自動車の所有者が教習車として道路運送車両法第71条に規定する予備検査を受ける場合においては、交付申請時に当該書面の写しの提出を求め

車体の形状	構造要件	留意事項
		確認を行うものとする。
霊柩車	地方自治体、貨物自動車運送事業法に基づく一般貨物自動車運送事業の許可を受けた者等が、専ら柩又は遺体を運搬するために使用する自動車であって、柩又は遺体を収容するための担架を収納する専用の場所（長さ1.8m以上、幅0.5m以上、高さ0.5m以上）を有しており、かつ、柩又は担架を確実に固定できる装置を有するものをいう。 なお、用途区分通達4－1⑶②の規定は、本車体の形状には適用しないものとする。	・貨物自動車運送事業法（平成元年法律第83号）第3条（一般貨物自動車運送事業の許可） ・柩又は担架については、その重量を100kgとして安全性等の確認をする。 この場合において、当該重量は車両重量に含めないこととし、また、積載量も付与しないこととする。 ・地方自治体が使用者となる場合にあっては、その者が使用者となることを委任状等の書面により確認を行うものとする。 ・地方自治体以外が使用者となる場合にあっては、当該自動車の使用者が、貨物自動車運送事業法に基づく一般貨物自動車運送事業の許可を受けた者等に

車体の形状	構　造　要　件	留 意 事 項
		あっては、霊柩事業を行う者である旨の書面の写しの提出を求めるものとする。 なお、当該自動車の所有者が霊柩車として道路運送車両法第71条に規定する予備検査を受ける場合においては、交付申請時に当該書面の写し（地方自治体が使用者となる場合にあっては、委任状等）の提出を求め確認を行うものとする。 ・最大積載量は算定しないものとする。
広報車	国、地方自治体、公益社団法人、公益財団法人又は電気、ガス等の公益企業（公益企業の団体を含む。）が、施策や業務内容等を広く一般の人に知らせるために使用する自動車であって、次の各号に掲げる構造上の要件を満足しているものをいう。 なお、用途区分通達４－１⑶②の規定は、本車体の形状には適用しないものとする。 1　広報を行うための設備（以下「広報設備」という。）を有すること。 2　広報するための者の用に供する座席を有する場合には、この座席が固定された床面から上方に1,200㎜以上の空間を有すること。 3　広報設備のうち、車室外に放送するための設	・広報業務を伴って使用する必要最小限の道具等を積載するための最大積載量500kg以下の装置は、この場合の物品積載設備と見なさないものとする。 ・国、地方自治体が使用者となる場合にあっては、その者が使

車体の形状	構造要件	留意事項
	備は、車室内において操作可能であり、かつ、車体の外側に固定された拡声器により、車室外に放送できること。 4 当該自動車の車体の両側面には、当該自動車の使用者を示す表示がなされていること。 5 物品積載設備を有していないこと。	用者となることを委任状等の書面により確認を行うものとする。 ・国、地方自治体以外が使用者となる場合にあっては、当該自動車の使用者が、公益社団法人、公益財団法人又は公益企業である場合には、当該法人等の定款等で広報業務を行うこととしている書面の写しの提出を求めるものとする。 なお、当該自動車の所有者が広報車として道路運送車両法第71条に規定する予備検査を受ける場合においては、交付申請時に当該書面の写し（国、地方自治体が使用者となる場合にあっては、委任状等）の提出を求め確認を行うものとする。 ・車体両側面への表示文字は、一辺が８cm以上の大きさであり、

車体の形状	構　造　要　件	留　意　事　項
		かつ、容易に消えないもので地色と同色でないこと。
放送中継車	放送法に基づく放送事業者等が、専らテレビ中継、ラジオ中継等の放送中継業務を行うために使用する自動車であって、次の各号に掲げる構造上の要件を満足しているものをいう。 1　テレビ中継を行う自動車はテレビ中継を行うために必要な設備を有し、ラジオ中継を行う自動車はラジオ中継に必要な設備を有し、音声中継等を行う自動車は音声中継等に必要な設備を有し、かつ、画像、音量調整等を行うための専用の調整室を有すること。 2　放送中継地まで送信することができる送信設備等を有すること。 3　放送中継設備を作動させるための動力源及び操作装置を有すること。 　ただし、外部から動力の供給を受けることにより放送中継設備を作動させるものにあっては、動力受給装置及び操作装置を有するものであること。 4　当該自動車の車体の両側面には、当該自動車の使用者を示す表示がなされていること。	・日本放送協会が使用者となる場合にあっては、その者が使用者となることを委任状等の書面により確認を行うものとする。 ・日本放送協会以外が使用者となる場合にあっては、当該自動車の使用者が、放送法（昭和25年法律第132号）に基づく放送事業者等であることを証する書面（電波法（昭和25年法律第131号）に基づく放送を行う無線局の免許状）の写しの提出を求めるものとする。 　また、放送事業者以外の使用者（放送事業者以外の者には、教育の一貫として放送にかかる学部を擁する大学及び放送事業者の委託により

車体の形状	構　造　要　件	留 意 事 項
		放送中継業務を行う番組を制作する法人に限られる。）の場合には、当該自動車の使用目的と使用者の業務の関連を記載した書面の提出を求めるものとする。 　なお、当該自動車の所有者が放送中継車として道路運送車両法第71条に規定する予備検査を受ける場合においては、交付申請時に当該書面の写し（日本放送協会が使用者となる場合にあっては、委任状等）の提出を求め確認を行うものとする。 ・車体両側面への表示文字は、一辺が8㎝以上の大きさであり、かつ、容易に消えないもので地色と同色でないこと。
理容・美容車	理容師法又は美容師法の規定に基づき、都道府県知事に理容所又は美容所として届出をした者が、理容業務又は美容業務（以下「理容業務等」という。）を行うために使用する自動車であって、	・理容作業に伴って使用する必要最小限の工具等を積載するため

車体の形状	構　造　要　件	留　意　事　項
	次の各号に掲げる構造上の要件を満足しているものをいう。 　なお、用途区分通達４－１⑶②の規定は、本車体の形状には適用しないものとする。 １　理容業務等を行うために必要な理容器具、美容器具、消毒用具等の設備を有すること。 ２　１の設置場所は、採光、照明及び換気装置を有すること。 ３　理容業務等を受ける者の用に供する椅子を有しており、当該椅子は乗車装置の座席と兼用でないこと。 ４　理容業務等を受けるための者の用に供する椅子の付近には一辺が30㎝の正方形を含む0.5㎡以上の作業用床面積を有しており、かつ、当該床面から上方1,600㎜以上の空間を有すること。 ５　物品積載設備を有していないこと。	の最大積載量500kg以下の装置は、この場合の物品積載設備と見なさないものとする。 ・理容師法（昭和22年法律第234号）第11条（理容所の開設の届出）に基づき、都道府県知事に理容所として届出をした者であることを証する書面の写しの提出を求めるものとする。 　なお、当該自動車の所有者が理容・美容車として道路運送車両法第71条に規定する予備検査を受ける場合においては、交付申請時に当該書面の写しの提出を求め確認を行うものとする。 ・美容師法（昭和32年法律第163号）第11条（美容所の位置等の届出）に基づき、都道府県知事に美容所として届出をした者であることを証する

車体の形状	構　造　要　件	留　意　事　項
		書面の写しの提出を求めるものとする。 　なお、当該自動車の所有者が理容・美容車として道路運送車両法第71条に規定する予備検査を受ける場合においては、交付申請時に当該書面の写しの提出を求め確認を行うものとする。

3－1　用途区分通達4－1－3(1)の自動車

車体の形状	構　造　要　件	留　意　事　項
粉粒体運搬車	粉粒体物品を専用に輸送する自動車であって、次の各号に掲げる構造上の要件を満足しているものをいう。 1　粉粒体物品（バラセメント、フライアッシ、飼料、カーボンブラック等）を収納する密閉された物品積載設備を有すること。 2　1の物品積載設備には、粉粒体物品を積み込むための適当な大きさの投入口を有し、かつ、粉粒体物品を排出するための適当な大きさの排出口を有すること。 3　排出するためのポンプ等を作動させるための動力源及び操作装置を有すること。 ただし、自然落下により粉粒体物品を排出する構造又は粉粒体物品を排出するための動力を外部から供給を受けて行う構造のものにあっては、この限りでない。	・道路運送車両の保安基準の細目を定める告示第81条第2項第8号、第159条第2項第8号又は第237条第2項第8号参照
タンク車	危険物、高圧ガス、食料品等の液状の物品（以下「液体等」という。）を専用に輸送する自動車であって、次の各号に掲げる構造上の要件を満足しているものをいう。 1　密閉されたタンク状の物品積載設備を有すること。 2　1の物品積載設備には、液体等を積み込むための適当な大きさの投入口を有し、かつ、液体等を排出するための適当な大きさの排出口を有すること。 3　排出するためのポンプ等を作動させるための動力源及び操作装置を有すること。 ただし、自然落下方式により液体等を排出する構造又は液体等を排出するための動力を外部から供給を受ける構造のものにあっては、この限りでない。	・道路運送車両の保安基準の細目を定める告示第81条第2項第4号、5号又は6号、第159条第2項第4号、5号又は5号若しくは第237条第2項第4号、5号又は6号参照 ・タンク状の物品積載設備に積載した物品を自らの燃料として使用するものその他当該自動車の運行に当たり使用するものは、タンク車として

特種車の車体形状と構造用件

車体の形状	構　造　要　件	留意事項
		取り扱わないものとする。
現金輸送車	現金、証券等を専用に輸送する自動車であって、次の各号に掲げる構造上の要件を満足しているものをいう。 なお、用途区分通達4－1(3)②の規定は、本車体の形状には適用しないものとする。 1　大量の現金、証券等を収納でき、かつ、客室（客室がない場合は運転者席）と隔壁により区分された施錠することができる物品積載設備を有すること。 2　防犯用の警報装置を有すること。 3　1の物品積載設備の側面又は後面には、現金、証券等を積卸するための適当な大きさの開口部を有する積卸口を有すること。なお、乗員の乗降のための扉は、この場合の積卸口には該当しないものとする。	・南京錠等の簡易な鍵等は、1の施錠することができる設備に該当しないものとする。
アスファルト運搬車	アスファルト溶液を専用に輸送する自動車であって、次の各号に掲げる構造上の要件を満足しているものをいう。 1　密閉されたタンク状の物品積載設備を有すること。 2　1の物品積載設備には、アスファルト溶液を積み込むための適当な大きさの投入口を有し、かつ、アスファルト溶液を排出するための適当な大きさの排出口を有すること。 3　排出するためのポンプ等を作動させるための動力源及び操作装置を有すること。 ただし、自然落下方式によりアスファルト溶液を排出する構造又はアスファルト溶液を排出するための動力を外部から供給を受ける構造のものにあっては、この限りでない。	・道路運送車両の保安基準の細目を定める告示第81条第2項第4号、第159条第2項第4号又は第237条第2項第4号参照
コンクリートミキサー車	ミキシング（混練）又はアジテーティング（攪拌）を必要とする積載物品をドラム内で混練又は攪拌しながら専用に輸送する自動車であって、次の各号に掲げる構造上の要件を満足しているものをいう。 1　ミキシング又はアジテーティングを必要と	・道路運送車両の保安基準の細目を定める告示第81条第2項第7号、第159条第2項第7号又は

車体の形状	構造要件	留意事項
	する積載物品を収納するドラムを有すること。 2　1のドラムは、ミキシング又はアジテーティングができるものであり、かつ、積載物品を積み込むための適当な大きさの投入口を有すること。 3　ミキサー又はアジテータは、当該自動車が有する動力源により作動させることができるものであること。 4　ドライ方式ミキサーにあっては、ドラムに水を注入するための適当な容量を有する水タンク及び注水装置を有すること。 5　ドラム内の積載物品は、当該自動車が有する動力源により排出させることができるものであること。 6　セメント、骨材及び水を混ぜた生コンクリート以外のものを積載物品とするものにあっては、最大積載容積及び積載物品名を車体の後面の見やすい位置に表示すること。	第237条第2項第7号参照 ・洗浄用の水タンクを有する場合には、当該水タンクの水は積載量として算定するものとする。
冷蔵冷凍車	輸送する食料品等の品質保持等のため、物品積載設備の内部を低温に保って専用に輸送する自動車であって、次の各号に掲げる構造上の要件を満足しているものをいう。 なお、用途区分通達4－1(3)②の規定は、本車体の形状には適用しないものとする。 1　食料品等を収納する物品積載設備を有し、かつ、客室（客室がない場合は、運転者席）と隔壁により区分されていること。 2　1の物品積載設備には、外気温に関わらず食料品等を冷蔵又は冷凍できる冷蔵冷凍装置を有すること。 3　物品積載設備内の水が、走行等による揺動により漏洩、飛散することを有効に防止することができる構造を有すること。 4　冷蔵冷凍装置は、自動車に備えた動力源により作動させることができるか、又は自動車に備えた冷媒液等により作動させることができるものであること。 5　物品積載設備には、適当な大きさの開口部を有する積卸口を有すること。なお、乗員の乗降	・冷媒液等の重量は、車両重量に含めるものとする。

車体の形状	構　造　要　件	留　意　事　項
	のための扉は、この場合の積卸口には該当しないものとする。	
活魚運搬車	魚介類を生きたまま専用に輸送する自動車であって、次の各号に掲げる構造上の要件を満足しているものをいう。 1　魚介類が生存するに十分な海水等を貯蔵することができる物品積載設備を有し、かつ、客室（客室がない場合は、運転者席）と隔壁により区分されていること。 2　1の物品積載設備に酸素等を供給することができる装置を有すること。 3　物品積載設備内の海水、泡等が、走行等による揺動により漏洩、飛散することを有効に防止することができる構造を有すること。 4　物品積載設備には、適当な大きさの開口部を有する積卸口を有し、かつ、海水等を排出するための排出口を有すること。 5　海水等を排出するためのポンプを有する場合には、当該ポンプを作動させるための動力源及び操作装置を有すること。 6　密閉されていない物品積載設備にあっては、積載できる最大水位（最大積載量を算定する際の容器の上限）を示す線等を物品積載設備の側面又は後面に明確に表示してあること。	・密閉された容器の最大積載量の算定は、道路運送車両の保安基準の細目を定める告示第81条第2項第4号、第159条第2項第4号又は第237条第2項第4号を準用する。 ・酸素等を供給する装置は、車両重量に含めるものとする。
保温車	輸送する食料品等の品質保持等のため、物品積載設備の内部の温度を一定に保って専用に輸送する冷蔵冷凍車以外の自動車であって、次の各号に掲げる構造上の要件を満足しているものをいう。 なお、用途区分通達4－1⑶②の規定は、本車体の形状には適用しないものとする。 1　食料品等を収納する物品積載設備を有し、かつ、客室（客室がない場合は、運転者席）と隔壁により区分されていること。 2　1の物品積載設備は、外気温に関わらず食料品等を一定の温度に保つことができる保温装置を有すること。 3　物品積載設備内の水が、走行等による揺動に	

車体の形状	構造要件	留意事項
	より漏洩、飛散することを有効に防止することができる構造を有すること。 4　保温装置は、自動車に備えた動力源により作動させることができるものであること。 5　物品積載設備には、適当な大きさの開口部を有する積卸口を有すること。	
販売車	移動先において、商品を販売又は展示するために使用する自動車であって、次の1又は2のいずれかに掲げる構造上の要件を満足しているものをいう。 1　商品を販売するために使用する自動車は、次の各号に掲げる構造上の要件を満足していること。 (1)　商品を陳列する棚又はショーケース等販売商品を搭載する物品積載設備（以下「ショーケース等」という。）を有すること。 (2)　(1)のショーケース等は、積載物品が走行中の振動等により移動することがないよう、仕切り等を有すること。 (3)　(1)のショーケース等は、適当な明るさの照明灯を有すること。 (4)　ショーケース等には、適当な大きさの開口部を有する積卸口を有すること。 (5)　次に掲げる寸法等を満足する乗降口が当該自動車の右側面以外の面に1ヶ所以上設けられており、かつ、通路と連結されていること。ただし、車室外のみから直接利用できる場合は、この限りでない。 ア　乗降口は、有効幅300㎜以上、かつ、有効高さ1,600㎜（イの規定において通路の有効高さを1,200㎜とすることができる場合は、1,200㎜）以上あること。 イ　通路は、有効幅300㎜以上、かつ、有効高さ1,600㎜（ショーケース等の端部と乗降口との車両中心線方向の最遠距離が2m未満である場合は、1,200㎜）以上あること。 ウ　空車状態において床面の高さが450㎜を超える乗降口には、一段の高さが400㎜（最	・1(1)及び2(1)の物品積載設備は、最大積載量を算定するものとする。

車体の形状	構　造　要　件	留　意　事　項
	下段の踏段にあっては、450㎜）以下の踏段を有するか又は踏台を備えること。 　この場合における踏台は、走行中の振動等により移動することがないよう所定の格納場所に確実に収納できる構造であること。 エ　ウの踏段又は踏台は、滑り止めを施したものであること。 オ　ウの乗降口には、安全な乗降ができるように乗降用取手及び照明灯を有すること。 2　商品を展示するための設備を有する自動車は、次の各号に掲げる構造上の要件を満足していること。 ⑴　商品を展示する棚等商品を展示するための物品積載設備（以下「展示設備」という。）を有すること。 　なお、自動車の車体の外表面は、この場合の展示設備には当たらないものとする。 ⑵　1⑵から⑸の要件を満足すること、この場合において、「ショーケース等」は「展示設備」と読み替えるものとする。	
散水車	散水作業を行うために使用する自動車であって、次の各号に掲げる構造上の要件を満足しているものをいう。 1　散水作業に用いる水を収納する密閉されたタンク状の物品積載設備を有すること。 2　1の物品積載設備には、水を積み込むための適当な大きさの投入口を有し、かつ、当該物品積載設備の水を走行中に散水することができるノズル等の装置を車体に有すること。 3　2の設備を作動させるための操作装置を運転者席等に有すること。	・1の物品積載設備は、最大積載量を算定するものとする。 ・道路運送車両の保安基準の細目を定める告示第81条第2項第4号、第159条第2項第4号又は第237条第2項第4号参照
塵芥車	塵芥を専用に運搬するために使用する自動車であって、次の各号に掲げる構造上の要件を満足しているものをいう。 1　塵芥を収納する物品積載設備を有し、かつ、客室（客室がない場合は、運転者席）と隔壁に	・塵芥を収納する物品積載設備は、最大積載量を算定するものとする。

車体の形状	構　造　要　件	留　意　事　項
	より区分されていること。 2　1の物品積載設備には、収集した塵芥を積み込むための適当な大きさの投入口を有すること。 3　1の物品積載設備には、投入された塵芥を1の物品積載設備に送り込む装置等及び収納した塵芥を排出するための機構を有すること。 4　3の設備を作動させるための動力源及び操作装置を有すること。	
糞尿車	糞尿を回収して運搬するために使用する自動車であって、次の各号に掲げる構造上の要件を満足しているものをいう。 1　密閉されたタンク状の物品積載設備、糞尿を吸引するためのポンプを有し、吸入・排出用のホースを備えること。 　ただし、自ら便器を有し、かつ、糞尿を蓄積する密閉されたタンク状の物品積載設備を有する自動車にあっては、排出用の弁及びホースを有していればよい。 2　タンク状の物品積載設備に糞尿を吸引するための構造を有するものは、吸入ホースを接続できる構造であること。 3　1の吸引ポンプ（1のただし書きの自動車を除く。）を作動させるための動力源及び操作装置を有すること。	・1の物品積載設備は、最大積載量を算定するものとする。 ・道路運送車両の保安基準の細目を定める告示第81条第2項第4号、第159条第2項第4号又は第237条第2項第4号参照
ボートトレーラ	モーターボート等を専用に輸送することを目的としたトレーラであって、次の各号に掲げる構造上の要件を満足しているものをいう。 1　モーターボート等の積載物品の外形に応じた物品積載設備を有すること。 2　物品積載設備には、モーターボート等を確実に固定することができる金具等を有すること。	
オートバイトレーラ	オートバイを専用に輸送することを目的としたトレーラであって、次の各号に掲げる構造上の要件を満足しているものをいう。 1　オートバイの外形に応じた物品積載設備を有すること。 2　物品積載設備には、オートバイを確実に固定	

車体の形状	構造要件	留意事項
	することができる金具等を有すること。	
スノーモービルトレーラ	スノーモービルを専用に輸送することを目的としたトレーラであって、次の各号に掲げる構造上の要件を満足しているものをいう。 1　スノーモービルの外形に応じた物品積載設備を有すること。 2　物品積載設備には、スノーモービルを確実に固定することができる金具等を有すること。	

3－2　用途区分通達4－1－3(2)の自動車

車体の形状	構造要件	留意事項
患者輸送車	医療機関等において医療等の提供を受ける者(以下「患者等」という。)を輸送する自動車であって、次の各号に掲げる構造上の要件を満足しているものをいう。 なお、特種な目的に使用するための床面積を算定するための設備には、寝台又は担架の他、患者等1人につき介護人1人までの乗車設備を含めることができる。 この場合における介護人の乗車設備は、1の設備の近くに設けられていること。 また、用途区分通達4－1(3)の規定は、本車体の形状には適用しないものとする。 1　車室には、患者等の輸送のための専用の寝台又は担架及び当該担架を固定するための設備を有すること。 2　寝台又は担架の就寝部の上面は連続した平面であり、クッション材等により走行中の路面等からの衝撃が緩和されるものであること。 3　寝台及び担架の固定場所は、乗車設備の座席と兼用でないこと。 4　寝台又は担架の就寝部の寸法は、患者等1人につき長さ1.8m以上、幅0.5m以上であり、かつ、就寝部の上方は、寝台又は担架を固定した状態において、当該寝台又は担架の上面から0.5m以上の空間を有すること。 5　寝台又は担架に患者等を載せた状態で、容易に乗降できる適当な寸法を有する乗降口を当該自動車の右側面以外の面に1ヶ所以上設けられていること。 6　物品積載設備を有していないこと。	・患者等の輸送の用に供する寝台又は担架等は、乗車定員を算定するものとする。 ・折りたたみ式座席等を設けている場所に設けられた担架の固定装置は、特種な目的に使用するための床面積を算定するための設備に含まないものとする。 ・上記を除き、複数の位置で担架を固定するための固定装置は、そのすべてを特種な目的に使用するための面積を算定するための設備に含むものとする。 ・患者等の看護のために必要な薬品等を収納する棚等が設置された部分については、物品積載設備には該当しないものとする。
車いす移動車	車いすに着座した状態で乗降でき、かつ、車いすを固定することにより、専ら車いす利用者の移動の用に供する自動車であって、次の各号に掲げ	・車いすの利用者は乗車定員として算定するもの

車体の形状	構造要件	留意事項
	る構造上の要件を満足しているものをいう。 なお、特種な目的に使用するための床面積を算定するための設備には、車いすの利用者１人につき介護人１人までの乗車設備を含めることができる。 この場合における介護人の乗車設備は、車いすの近くに設けられていること。 また、用途区分通達４－１(3)の規定は、本車体の形状には適用しないものとする。 1　車室には、車いすを確実に車体に固定することができる装置を有すること。 2　車いす利用者が容易に乗降できるスロープ又はリフトゲート等の装置を有すること。 3　車いすを固定する場所は、車いす利用者の安全な乗車を確保できるよう、必要な空間を有すること。 4　車いすに車いす利用者が着座した状態で、容易に乗降できる適当な寸法を有する乗降口を１ヶ所以上設けられていること。 5　４の乗降口から１の車いす固定装置に至るための適当な寸法を有する通路を有すること。 6　車いす利用者の安全を確保するため、車いす利用者が装着することができる座席ベルト等の安全装備を有すること。 7　物品積載設備を有していないこと。	とする。 ・折りたたみ式座席等を設けている場所に設けられた車いす固定装置は、特種な目的に使用するための床面積を算定するための設備に含まないものとする。

3－3　用途区分通達４－１－３(3)の自動車

車体の形状	構　造　要　件	留　意　事　項
消毒車	消毒剤等の薬剤を散布等するために使用する自動車であって、次の各号に掲げる構造上の要件を満足しているものをいう。 1　消毒剤等を収納する容器及び消毒剤等を散布等するためのポンプ、噴射ノズル等の設備を有すること。 2　ポンプを作動させるための動力源及び操作装置を有すること。 3　消毒剤等を散布等するための装置は、ノズル部の伸縮及びバルブの開閉等が行える構造であること。	・消毒剤等の薬剤は積載量として算定するものとする。 ・1の噴射ノズル等の設備は車両重量に含めるものとする。 ・家庭用薬剤散布器、携帯用薬剤散布器、及びこれらに類似するものは、1の設備には該当しないものとする。
寝具乾燥車	寝具、衣料、カーテン等（以下「寝具等」という。）の乾燥作業を行うために使用する自動車であって、次の各号に掲げる構造上の要件を満足しているものをいう。 なお、用途区分通達4－1(3)②の規定は、本車体の形状には適用しないものとする。 1　寝具等を乾燥させるための室（以下「乾燥室」という。）を有し、かつ、乾燥室内には、寝具等を掛ける等のための棚等を有すること。 2　乾燥室は、客室（客室がない場合は、運転者席）と隔壁により区分されていること。 3　乾燥室は、寝具等を出し入れするための適当な大きさの扉を有すること。 4　電熱器等で発生させた温風を、乾燥室に送風することができる構造であること。 5　電熱器等の乾燥装置及びこれを作動させるための動力源及び操作装置を有すること。 ただし、外部から動力の供給を受けることにより電熱器等の乾燥装置を作動させるものにあっては、動力の受給装置及び操作装置を有するものであること。	・家庭用の寝具乾燥機、暖房用電熱器、セラミックヒータ、エアコンディショナ、ヘアドライヤ若しくは当該自動車に備えられた乗員用のエアコン、ヒータ等の冷暖房装置等その他これらに類するものは、この場合の電熱器等には該当しないものとする。

特種車の車体形状と構造用件

車体の形状	構　造　要　件	留　意　事　項
入浴車	入浴介護等のために使用する自動車であって、次の１又は２のいずれかに掲げる構造上の要件を満足しているものをいう。 １　入浴介護を行うための設備を有する自動車は、次の各号に掲げる構造上の要件を満足していること。 ⑴　成人が入浴できる浴槽を有し、かつ、温水器等を有すること。 なお、浴槽は着脱式であってもよい。 ⑵　浴槽を満たすための十分な容量を有する水タンク等を有するか、又は最寄りの水道栓から水を取り入れて温水器等に給水することができる構造であり、かつ、温水器からの温水を浴槽に導くことができる構造を有すること。 ２　遺体を湯灌するための設備を有する自動車は、次の各号に掲げる構造上の要件を満足していること。 ⑴　成人の遺体を湯灌できる浴槽を有し、かつ、温水器等を有すること。 なお、浴槽は着脱式であってもよい。 ⑵　浴槽を満たすための十分な容量を有する水タンク等を有するか、又は最寄りの水道栓から水を取り入れて温水器等に給水することができる構造であり、かつ、温水器からの温水を浴槽に導くことができる構造を有すること。 ⑶　使用済みの排水を回収し、収納することができるタンクを有すること。	・水タンク等の浴用水は、車両重量に含め、積載量を算定しないものとする。
ボイラー車	蒸気を発生させ、この蒸気を他の設備機器等の動力として供給するために使用する自動車であって、次の各号に掲げる構造上の要件を満足しているものをいう。 １　ボイラー装置、ボイラー用水タンク、ボイラー用燃料タンク及び蒸気を供給するための装置を有しており、かつ、これらの装置と客室（客室がない場合は、運転者席）は隔壁で区分されていること。 ２　ボイラー装置には、圧力に応じて作動する安	・ボイラー用の水、燃料等は、積載量を算定するものとする。 ・発生させた蒸気を自ら走行又は当該自動車に搭載した設備機器等に供給して消費するものは、

特種車の車体形状と構造用件

車体の形状	構　造　要　件	留　意　事　項
	全弁を有すること。 3　ボイラー装置を作動させるための動力源及び操作装置を有すること。	ボイラー車として扱わないものとする。
検査測定車	検査、検定、観測、計測、実験等（以下「検査等」という。）を行うために使用する自動車であって、次の各号に掲げる構造上の要件を満足しているものをいう。 なお、国、地方自治体又は調査研究を行うことを目的として設立した一般社団法人若しくは一般財団法人が、検査等を行うために使用する被牽引自動車にあっては、1に掲げる要件を満足するものであればよい。 1　検査等を行うのに必要な機械器具又はデータ処理装置を有すること。 ただし、検査等を行うのに必要な機械器具を構成するセンサー、アンテナ等、検出部は自動車の車室外に設置、展開して使用するものであってもよい。この場合において、特種な目的に使用するための面積には、車室外において検出部を調整するために自動車の車体外表面に設置された作業スペースを含めることができる。 なお、ノギス、マイクロメータ等、手に持って検査等を行うことができる機械器具は、この場合の検査等に必要な機械器具に該当しないものとする。 2　1の作業スペースが屋根部に設けられている場合にあっては、作業スペースに至るための安全に昇降できる階段、はしご等を有していること。 3　1の機械器具及びデータ処理装置の付近には、これを用いて検査等に携わる者の作業空間として床面から上方に1,200㎜以上が確保されていること。 4　検査等の作業で使用する椅子は、乗車装置の座席と兼用でないこと。 ただし、専ら走行中に検査等を行う自動車にあっては、この限りでない。 この場合において、特種な目的に使用するた	・構造要件中なお書きに定める自動車であって、かつ、国又は地方自治体が使用者となる場合にあっては、その者が使用者となることを委任状等の書面により確認を行うものとする。 ・構造要件中なお書きに定める自動車であって、かつ、当該自動車の使用者が調査研究を行うことを目的として設立した一般社団法人又は一般財団法人となる場合には、当該法人の定款等で検査等を行うこととしている書面の写しの提出を求めるものとする。 なお、当該自動車の所有者が検査測定車として道路運送車両法第71条に規定する予備検査を受ける場合にお

車体の形状	構　造　要　件	留　意　事　項
	めの面積を算定するための設備には、検査等を行う機械器具又はデータ処理装置の近くに設けられた１人分の乗車設備を含めることができる。	いては、交付申請時に当該書面の写しの提出を求め確認を行うものとする。 ・ルーフラック・キャリア等の各種ラック類、ボンネット、トランク、屋根本体及びこれらに類する部位は、１「自動車の車体外表面に設置された作業スペース」に該当しないものとする。
穴掘建柱車	地面の掘削又は建柱を行うために使用する自動車であって、次の各号に掲げる構造上の要件を満足しているものをいう。 １　掘削又は建柱作業を行うためのドリル装置、ハンマー装置、建柱装置又は掘削装置を有すること。 ２　１の作業を安定して行うため、アウトリガー等の安全設備を有すること。 ３　１の設備を作動させるための動力源及び操作装置を有すること。	
ウインチ車	ロープ又はワイヤー等を用いて重量物を引き上げる作業又は電力ケーブルの引き入れ・撤去作業を行うために使用する自動車であって、次の各号に掲げる構造上の要件を満足しているものをいう。 １　ロープ又はワイヤー等を巻き取り若しくは巻き戻し又は電力ケーブルの引き入れ・撤去作業を行うことができるウインチ装置を有すること。 ただし、車両の前部又は車両の後部若しくは荷役用に荷台等に備えたウインチ（これに類す	

車体の形状	構　造　要　件	留　意　事　項
	るウインチを含む。）は、この場合のウインチ装置には該当しないものとする。 2　巻き取り等の作業を安定して行うため、アウトリガー等の安全設備を有すること。 3　ウインチを作動させるための動力源及び操作装置を有すること。	
クレーン車	建設、土木資材等の吊り上げ、吊り下げ、水平移動等の作業を行うために使用する自動車であって、次の各号に掲げる構造上の要件を満足しているものをいう。 1　資材等を吊り上げ、吊り下げ、水平移動等を行うクレーン装置を車台に有すること。 ただし、物品積載設備を有する自動車であって、当該物品積載設備に積載する物品を積み卸しするものは、この場合のクレーン装置には該当しないものとする。 2　クレーン作業を安定して行うため、アウトリガー等の安全設備を有すること。 3　クレーンを作動させるための動力源及び操作装置を有すること。	
くい打車	地面にくいの打ち込み作業を行うために使用する自動車であって、次の各号に掲げる構造上の要件を満足しているものをいう。 1　くいの打ち込み作業を行うためのハンマー装置等を車台に有すること。 2　くいの打ち込み作業を安定して行うため、アウトリガー等の安全設備を有すること。 3　くいの打ち込み作業を行うための動力源及び操作装置を有すること。	
コンクリート作業車	生コンクリートの圧送、打設等の作業を行うために使用する自動車であって、次の各号に掲げる構造上の要件を満足しているものをいう。 1　コンクリートミキサー車等から生コンクリートの供給を受けるための設備を有すること。 2　生コンクリートの圧送を行うために必要なポンプ、ガイドブームを組み合わせた圧送ホース等の設備を有すること。	・洗浄用の水タンクを有する場合には、当該水タンクの水は、積載量として算定するものとする。 ・油圧シリンダ、油圧シリンダの作動油を冷却す

特種車の車体形状と構造用件

車体の形状	構　造　要　件	留　意　事　項
	3　生コンクリートの圧送作業を安定して行うため、アウトリガー等の安全設備を有すること。 4　生コンクリートの圧送を行うために必要な設備を作動させるための動力源及び操作装置を有すること。	るための水を収容する水タンクの水及び2の圧送ホース等は、車両重量に含めるものとする。
コンベア車	梱包品等を移動させるために使用する自動車であって、次の各号に掲げる構造上の要件を満足しているものをいう。 1　梱包品等を搭載し、移動させることができるベルトコンベアを有すること。 2　ベルトコンベアを作動させるための動力源及び操作装置を有すること。	
道路作業車	道路の維持、修繕等のために使用する自動車であって、次の1又は2のいずれかに掲げる構造上の要件を満足しているものをいう。 なお、2の自動車については、用途区分通達4－1⑶①及び②の規定は適用しないものとし、かつ、同通達4－1－3②及び③を満足しているものとみなす。 1　道路を維持し、若しくは修繕し、又は道路標識を設置するための自動車にあっては、次の各号に掲げる設備のいずれかを有すること。 ⑴　道路線引又は塗料熔解のための装置 ⑵　道路舗装のための装置 ⑶　道路の除雪のための装置 ⑷　道路情報又は道路規制標識のための装置 ⑸　道路に薬剤を散布するための装置 ⑹　道路、トンネル、橋梁等道路構造物を清掃するための装置 ⑺　道路、トンネル、橋梁等道路構造物の維持若しくは修繕等のための装置 2　道路の管理者が道路の損傷個所等を発見するために使用する自動車にあっては、次に掲げる要件を満足すること。 ⑴　当該道路の管理者の申請に基づき公安委員会が指定したものであること。 ⑵　道路交通法施行規則（昭和35年総理府令第	・保安基準第49条の2の規定に適合する黄色の点滅灯火を有する自動車にあっては、道路交通法施行令第14条の2に基づき、当該自動車の使用者が公安委員会に届出されたもの又は指定を受けたものであることを証する書面の写しの提出を求めるものとする。

特種車の車体形状と構造用件

車体の形状	構　造　要　件	留　意　事　項
	60号）第６条の２に規定する車体の塗色であること。 ⑶　保安基準第49条の２の規定に適合する黄色の点滅灯火を有すること。	
梯子車	梯子を用いて高所等へ物品等を搬入する作業を行うために使用する自動車であって、次の各号に掲げる構造上の要件を満足しているものをいう。 1　梯子を有し、その梯子を伸縮及び角度調整することができる機構を有すること。 2　梯子による作業を安定して行うため、アウトリガー等の安全設備を有すること。 3　1の機構を作動させるための動力源及び操作装置を有すること。	
ポンプ車	液体を吸い込み、吐出する作業を行うために使用する自動車であって、次の各号に掲げる構造上の要件を満足しているものをいう。 1　ポンプ装置を有し、これに接続している配管、ホース等の設備を有すること。 2　ポンプ装置を作動させるための動力源及び操作装置を有すること。	・当該ポンプによる作業を、当該自動車が自ら使用、消費するもの、家庭用ポンプ、携帯用ポンプ、及びこれらに類するものは、この場合のポンプ装置には該当しないものとする。
コンプレッサー車	気体を圧縮させ、この圧縮気体を他の設備機器等の動力として供給するために使用する自動車であって、次の各号に掲げる構造上の要件を満足しているものをいう。 1　気体を圧縮するためのコンプレッサー装置を有していること。 2　圧縮した気体を蓄圧するタンクを有していること。 3　コンプレッサー装置から蓄圧タンクまで及び蓄圧タンクから圧縮した気体を外部に取り出すためのパイプ等を有していること。 4　コンプレッサー装置を作動させるための動	・圧縮した気体を、当該自動車が自ら使用、又は自ら有する設備機器若しくは当該自動車に搭載した設備機器等に供給して消費するもの、家庭用コンプレッサー、携帯用コンプレッサー及びこれ

特種車の車体形状と構造用件

車体の形状	構　造　要　件	留　意　事　項
	力源及び操作装置を有すること。	らに類するものは、この場合のコンプレッサー装置には該当しないものとする。 ・内圧容器及びその附属装置については、保安基準第48条に適合していることが必要である。
農業作業車	農地、牧場等において、種子、堆肥等の散布、草刈等の作業を行うために使用する自動車であって、次の1から3に掲げる構造上の要件のいずれかを満足しているものをいう。 1　種子等を散布するための自動車 (1)　種子等を収納する容器を有し、かつ、種子等を散布するためのノズル等散布作業に必要な設備を有すること。 (2)　(1)の設備を作動させるための動力源及び操作装置を有すること。 2　堆肥を散布するための自動車 (1)　堆肥を収納する荷台を有し、かつ、この堆肥を散布する装置まで導く装置及び堆肥を散布する装置を有すること。 (2)　(1)の設備を作動させるための動力源及び操作装置を有すること。 3　草刈作業を行うための自動車 (1)　草刈に必要な刈り込み部及び刈り込み部をブームを介して伸縮及び旋回等させることができる設備を有すること。 (2)　(1)の設備を作動させるための動力源及び操作装置を有すること。	・種子等を収納する容器又は堆肥を収納する荷台等は積載量を算定するものとする。
クレーン用台車	建設、土木資材等の吊り上げ、吊り下げ、水平移動等の作業を行うためのクレーン本体を装備するために使用する自動車であって、次の各号に掲げる構造上の要件を満足するものをいう。 1　車台は、クレーン本体を装備するための旋回	・最大積載量は算定しないものとする。 ・クレーン本体等を全装備した場

車体の形状	構　造　要　件	留意事項
	支持体を有したものであり、旋回支持体上の旋回台及びクレーン本体はすべて除かれていること。 ただし、旋回台（クレーンブームを除く。）と旋回支持体が一体となっている構造のものにあっては、この限りではない。 2　クレーン本体等を全装備した場合の車両総重量等が「特殊車両通行許可限度算定要領について（昭和53年12月1日付け、建設省道交発第99号、道企発第57号）」に規定する通行条件の区分のうちのD条件に対応する許可基準を超えるもの（即ち、道路法第47条の2第1項の規定に基づく道路管理者の通行許可を取ることができないもの。）であること。 3　物品積載設備を有していないこと。	合とは、旋回台、クレーンブーム、アウトリガー等クレーン作業に必要な装置を全て備えた状態をいう。
空港作業車	空港内において、航空機をけん引する等空港内の各種作業を行うために専ら使用する自動車であって、次の各号に掲げる構造上の要件のいずれかを満足しているものをいう。 なお、用途区分通達4－1⑶③の規定は、本車体の形状には適用しないものとする。 1　航空機をけん引するための自動車 航空機をけん引するための専用のけん引装置を有すること。 2　航空機に荷物の積み卸しをするための自動車 荷物の積み卸しを容易に行うことができる昇降装置、コンベア等の設備及びこれらの設備を作動させるための動力源及び操作装置を有すること。 3　航空機への乗降を容易にするための自動車 乗降者の乗降を容易に行うことができる階段等の設備を有すること。 4　航空機のエンジンを始動させるための自動車 航空機のエンジンを始動させるための動力源、動力源からの動力を供給する装置又は操作装置等の設備を有すること。 5　滑走路等の除雪作業・清掃作業を行うための自動車 除雪作業に必要なブラシ、ブロワ、ノズル等	

特種車の車体形状と構造用件

車体の形状	構　造　要　件	留意事項
	を有し、かつ、これらの設備を作動させるための動力源及び操作装置を有すること。 6　航空機に航空燃料を給油するための自動車 (1)　航空燃料を収容するタンク又は中継するための装置を有し、かつ、航空機に航空燃料を給油するためのポンプ、これに付帯するホース等を有すること。 (2)　ポンプを作動させるための動力源及び操作装置を有すること。 ただし、航空機への燃料供給のための動力を外部から供給を受ける構造のものにあっては、この限りでない。	
構内作業車	卸売市場、工場、倉庫等の構内において、構内における貨物運搬用トレーラをけん引するために使用する乗車定員１人の自動車であって、構内専用の貨物運搬用トレーラをけん引するための連結装置等を有し、物品積載設備を有していないものをいう。	・最大積載量は算定しないものとする。
工作車	電気、ガス、水道、電気通信等の事業の遂行のために使用する自動車であって、次の各号に掲げる構造上の要件を満足しているものをいう。 1　電気、ガス、水道、電気通信等の設備工事作業に必要な作業台等の設備を有すること。 2　作業台等は屋内に設けられており、資材を加工等するための万力、その他の加工等を行うための設備を有していること。 3　１及び２の設備は、作業する者が屋内において使用することができるものであって、その設備の付近には一辺が30cmの正方形を含む0.5㎡以上の作業用床面積を有し、かつ、当該床面の上方に1,600㎜（２の設備の端部と乗降口との車両中心線方向の最遠距離が２m未満である場合は、1,200㎜）以上が確保されていること。	・工作等の作業で使用する椅子は、乗車定員を算定しないものとする。
工業作業車	工業製品の粉砕、鉱物の選別等の作業を行うために使用する自動車であって、次の各号に掲げる構造上の要件のいずれかを満足しているものをいう。 1　粉砕作業を行う自動車	・工業製品の粉砕、鉱物の選別の作業に伴って使用する必要最小限の工具等を積載

車体の形状	構　造　要　件	留　意　事　項
	⑴　工業製品の粉砕作業を行うに必要なプレス等の機械設備を有すること。 ⑵　⑴の機械設備を作動させるための動力源及び操作装置を有すること。 ⑶　物品積載設備を有していないこと。 2　鉱物の選別等の作業を行う自動車 ⑴　鉱物の選別等の作業に必要な機械設備を有すること。 ⑵　⑴の機械設備を作動させるための動力源及び操作装置を有すること。 ⑶　物品積載設備を有していないこと。	するための最大積載量500kg以下の装置は、この場合の物品積載設備と見なさないものとする。 ・家庭用空き缶プレス器及びこれらに類するものは、1⑴及び2⑴の機械設備には該当しないものとする。
レッカー車	交通事故、車両故障等で運行することができない自動車又は違法駐車の自動車の車輪を吊り上げて移動させるために使用する自動車であって、次の各号に掲げる構造上の要件を満足しているものをいう。 なお、用途区分通達4－1⑶②の規定は、本車体の形状には適用しないものとする。 1　自動車の車輪を吊り上げるための装置及び吊り上げた車輪をその状態に保持して固定し、移動させることができる設備を有すること。 2　物品積載設備を有していないこと。	・レッカー作業に伴って使用する必要最小限の工具等を積載するための最大積載量500kg以下の装置は、この場合の物品積載設備と見なさないものとする。
写真撮影車	写真撮影等を行うために使用する自動車であって、次の各号に掲げる構造上の要件を満足するものをいう。 1　写真撮影を行うための独立した場所（以下「写真撮影室」という。）を屋内に有すること。 2　写真撮影室は、有効高さ1,600㎜以上であること。 3　写真撮影室には、写真撮影等のための専用の照明装置、撮影用カメラ等を有すること。 4　写真撮影室には、写真撮影用の資機材、フィルム等を収納する棚等を有すること。 5　次に掲げる寸法等を満足する乗降口が当該自動車の右側面以外の面に1ヶ所以上設けられており、かつ、通路と連結されていること。	・写真撮影等に伴って使用する必要最小限の工具等を積載するための最大積載量500kg以下の装置は、この場合の物品積載設備と見なさないものとする。 ・1の写真撮影室に設けられている座席は、乗車定員を算定しな

特種車の車体形状と構造用件

車体の形状	構　造　要　件	留　意　事　項
	ア　乗降口は、有効幅300㎜以上、かつ、有効高さ1,600㎜（イの規定において通路の有効高さを1,200㎜とすることができる場合は、1,200㎜）以上あること。 イ　通路は、有効幅300㎜以上、かつ、有効高さ1,600㎜（写真撮影用の設備等の端部と乗降口との車両中心線方向の最遠距離が2m未満である場合には、1,200㎜）以上あること。 ウ　空車状態において床面の高さが450㎜を超える乗降口には、一段の高さが400㎜（最下段の踏段にあっては、450㎜）以下の踏段を有するか又は踏台を備えること。 　この場合における踏台は、走行中の振動等により移動することがないよう所定の格納場所に確実に収納できる構造であること。 エ　ウの踏段又は踏台は、滑り止めを施したものであること。 オ　ウの乗降口には、安全な乗降ができるように乗降用取手及び照明灯を有すること。 6　物品積載設備を有していないこと。	いものとする。 ・室内灯等の車室内全体を照明する灯火は、3の照明装置には該当しないものとする。
事務室車	移動先において、事務室又は教室として使用する自動車であって、次の各号に掲げる構造上の要件を満足しているものをいう。 1　事務を行うための机又は教室として使用するための机及びその机を利用するための椅子を屋内に有すること。 2　事務を行うための机は、1人当たり500㎜×800㎜以上の寸法を有すること。 　また、事務を行うための椅子又は教室として使用する椅子は、乗車装置の座席と兼用でないこと。 3　事務室又は教室として使用する場所は、屋内の有効高さ1,600㎜（5イの規定において通路の有効高さを1,200㎜とすることができる場合は、1,200㎜）以上であること。 4　事務室又は教室として使用する場所には、適当な照明装置を有すること。 5　次に掲げる寸法等を満足する乗降口が当該自動車の右側面以外の面に1ヶ所以上設けら	・事務を行うための椅子及び教室として使用するための椅子は、乗車定員を算定しないものとする。 ・事務等に伴って使用する必要最小限の工具等を積載するための最大積載量500kg以下の装置は、この場合の物品積載設備と見なさないものとする。

車体の形状	構　造　要　件	留　意　事　項
	れており、かつ、通路と連結されていること。 ア　乗降口は、有効幅300㎜以上、かつ、有効高さ1,600㎜（イの規定において通路の有効高さを1,200㎜とすることができる場合は、1,200㎜）以上あること。 イ　通路は、有効幅300㎜以上、かつ、有効高さ1,600㎜（事務用の椅子又は教室用の椅子の端部と乗降口との車両中心線方向の最遠距離が２ｍ未満である場合は、1,200㎜）以上あること。 ウ　空車状態において床面の高さが450㎜を超える乗降口には、一段の高さが400㎜（最下段の踏段にあっては、450㎜）以下の踏段を有するか又は踏台を備えること。 　この場合における踏台は、走行中の振動等により移動することがないよう所定の格納場所に確実に収納できる構造であること。 エ　ウの踏段又は踏台は、滑り止めを施したものであること。 オ　ウの乗降口には、安全な乗降ができるように乗降用取手及び照明灯を有すること。 6　車室内の他の設備と隔壁により区分された専用の場所に設けられた浴室設備及びトイレ設備、及び手洗い設備並びに給湯設備の占める面積は、「特種な設備の占有する面積」に加えることができる。 7　物品積載設備を有していないこと。	
加工車	食料品の原料や素材の加工作業を行うために使用する自動車であって、次の各号に掲げる構造上の要件を満足しているものをいう。 1　加工作業に必要な加工台、流し台、加工するための用具を収納する棚等を屋内に有し、かつ、当該設備は屋内において使用することができるものであること。 2　加工作業を行う場所には、照明及び換気装置を有すること。 3　火気等熱量を発生する場所の付近は、発生した熱量により火災を生じない等十分な耐熱性・耐火性を有し、その付近に換気装置を備え必要	・食料品の原料や素材の加工作業に伴って使用する必要最小限の工具及び食料品の原料や素材等を積載するための最大積載量500kg以下の装置は、この場合の物品積載設備と見なさないも

車体の形状	構　造　要　件	留　意　事　項
	な換気が行えること。 4　1の設備の付近には一辺が30cmの正方形を含む0.5㎡以上の加工作業用の床面積を有し、かつ、当該床面から上方1,600㎜（1の設備の端部と乗降口との車両中心線方向の最遠距離が2m未満である場合は、1,200㎜）以上が確保されていること。 5　物品積載設備を有していないこと。	のとする。 ・加工作業に使用する椅子は、乗車定員を算定しないものとする。
食堂車	料理をし、かつ、これを利用者に提供するために使用する自動車であって、次の各号に掲げる構造上の要件を満足しているものをいう。 1　調理に必要な加工台、流し台、調理するための設備機材等を屋内に有し、かつ、当該設備は屋内において使用することができるものであること。 2　調理用の水を貯蔵することができる容器及び排水された水を収納することができる容器を有すること。 3　調理作業及び食事をする場所は、照明及び換気装置を有すること。 4　火気等熱量を発生する場所の付近は、発生した熱量により火災を生じない等十分な耐熱性・耐火性を有し、その付近に換気装置を備え必要な換気が行えること。 5　1の設備の付近には、一辺が30cmの正方形を含む0.5㎡以上の調理作業用床面積を有し、かつ、当該床面から上方に1,600㎜以上が確保されていること。 6　屋内には、食事をする者のためのテーブル、椅子を有すること。 7　食事をする者の出入りのため、次に掲げる寸法等を満足する乗降口が当該自動車の右側面以外の面に1ヶ所以上設けられており、かつ、通路と連結されていること。 ア　乗降口は、有効幅300㎜以上、かつ、有効高さ1,600㎜（イの規定において通路の有効高さを1,200㎜とすることができる場合は、1,200㎜）以上あること。 イ　通路は、有効幅300㎜以上、かつ、有効高	・調理作業に伴って使用する必要最小限の工具及び食料品等を積載するための最大積載量500kg以下の装置は、この場合の物品積載設備と見なさないものとする。 ・調理の作業で使用する椅子及び食事をする者のための椅子は、乗車定員を算定しないものとする。

車体の形状	構　造　要　件	留　意　事　項
	さ1,600㎜(食事をする者のためのテーブル、椅子の端部と乗降口との車両中心線方向の最遠距離が２ｍ未満である場合は、1,200㎜)以上あること。 ウ　空車状態において床面の高さが450㎜を超える乗降口には、一段の高さが400㎜（最下段の踏段にあっては、450㎜）以下の踏段を有するか又は踏台を備えること。 この場合における踏台は、走行中の振動等により移動することがないよう所定の格納場所に確実に収納できる構造であること。 エ　ウの踏段又は踏台は、滑り止めを施したものであること。 オ　ウの乗降口には、安全な乗降ができるように乗降用取手及び照明灯を有すること。 ８　物品積載設備を有していないこと。	
清掃車	下水道等の清掃作業に使用する自動車であって、次の１又は２のいずれかに掲げる構造上の要件を満足しているものをいう。 １　塵芥、汚泥等を収納する物品積載設備を有する清掃作業用の自動車 (1)　清掃作業に必要なブラシ装置、吸込み装置、洗浄装置等の設備を有すること。 (2)　塵芥、汚泥等を回収する装置又は収納する物品積載設備を有すること。 (3)　(1)の各装置を作動させるための動力源及び操作装置を有すること。 ２　１以外の清掃作業用の自動車 (1)　下水道、建物、配電線等を清掃する高圧洗浄装置、ブラシ装置等の設備を有すること。 (2)　(1)の各装置を作動させるための動力源及び操作装置を有すること。	・塵芥、汚泥等を収納する物品積載設備は積載量を算定するものとする。 ・油圧シリンダ等の作動油、冷却水等は、車両重量に含めるものとする。
電気作業車	電気溶接作業を行うために使用する自動車であって、次の各号に掲げる構造上の要件を満足しているものをいう。 １　電気溶接機、溶接作業台を屋内に有し、かつ、当該設備は屋内において使用することができるものであること。	・電気溶接作業に伴って使用する必要最小限の工具等を積載するための最大積載量500㎏以下の

特種車の車体形状と構造用件

車体の形状	構造要件	留意事項
	2　電気溶接作業を行う場所は、換気設備を有すること。 3　1の電気溶接機を作動させるための発電機（走行用の原動機を動力とするものを除く。）を有すること。 4　1及び3の設備は、客室（客室がない場合は、運転者席）と隔壁により区分されていること。 5　3の発電機は、排気管を有し、かつ、排気口は車室内に開口していないこと。 6　電気溶接作業に必要な溶接棒及び工具を収納できる棚等を有すること。 7　1の設備の付近には、一辺が30cmの正方形を含む0.5㎡以上の電気溶接作業用床面積を有し、かつ、当該床面から上方に1,600mm（当該作業場所及び1の設備の端部と乗降口との車両中心線方向の最遠距離が2m未満である場合は、1,200mm）以上が確保されていること。 8　物品積載設備を有していないこと。	装置は、この場合の物品積載設備と見なさないものとする。 ・溶接の作業で使用する椅子は、乗車定員を算定しないものとする。
電源車	電気設備へ電力を供給又は中継するために使用する自動車であって、次の各号に掲げる構造上の要件を満足しているものをいう。 1　発電機（走行用の原動機を動力とするものを除く。）、電力の変圧、又は電力配電の設備を有すること。 2　発電した電力を供給するための配線、供給を受けた電力を変圧して供給するための配線、又は供給を受けた電力を複数箇所に配電して供給するための配線等の設備を有すること。 3　1及び2の設備は、客室（客室がない場合は、運転者席）と隔壁により区分されていること。 4　1及び2の設備は、発電機の発電能力又は供給される電力に対応したものであり、これらは少なくとも5kW以上の発電、変圧、配電等の能力を有すること。 5　1の発電機は、排気管を有し、かつ、排気口は車室内に開口していないこと。 6　物品積載設備を有していないこと。	・電気設備へ電力を供給する作業に伴って使用する必要最小限の工具等を積載するための最大積載量500kg以下の装置は、この場合の物品積載設備と見なさないものとする。
照明車	照明作業を行うために使用する自動車であっ	・自動車に備えら

車体の形状	構造要件	留意事項
	て、次の各号に掲げる構造上の要件を満足しているものをいう。 1　車室外に、照明作業を行うための複数の投光器及び当該投光器の支持台を有すること。 　この場合において、投光器は1灯につき消費電力が200W以上の能力又は1基につき全光束（定格値）が3,330lm以上の能力を有していればよい。 2　1の支持台は、旋回、伸縮及び投光器の照射角度を任意に調整することができるものであること。 　ただし、複数の方向に向けて固定された複数の投光器を有する場合は、旋回しない構造であってもよい。 3　すべての投光器を点灯させるために十分な発電能力のある発電機（走行用の原動機を動力とするものを除く。）を有すること。 　ただし、外部の電源から電力の供給を受けることにより投光器を作動させることができるものにあっては、外部からの電力の供給を受けることができる設備を有している場合にあっては、この限りでない。 4　3の発電機は、排気管を有し、かつ、排気口は車室内に開口していないこと。	れた走行に必要な照明灯火及び家庭用の照明装置、バッテリーの電源により点灯する照明装置等は、この場合の投光器には該当しないものとする。 ・投光器の全光束（定格値）については、当該投光器の仕様が記載された書面、カタログ又は試験データ等により確認を行うものとする。
架線修理車	送・配電線や電話線等の工事を行うために使用する自動車であって、次の各号に掲げる構造上の要件を満足しているものをいう。 1　架線の工事において電線等の敷設又は撤去等を行うため、電線等を巻いたドラムを設置する装置を有すること。 2　ドラムにより、電線等を巻き取り又は送り出したりすることができる機構を有すること。 3　2の設備を作動させるための動力源及び操作装置を有すること。 4　電線等を張る作業を安定して行うため、アウトリガー等の安全設備を有すること。 　ただし、電線等の巻き取り方向が当該自動車の前後方向のみの場合にあっては、この限りでない。	・1の装置は、積載量を算定するものとする。

特種車の車体形状と構造用件

車体の形状	構　造　要　件	留　意　事　項
高所作業車	送・配電線、電話線等の高所又は橋梁等の下方に設置された施設等の補修工事等の作業を行うために使用する自動車であって、次の各号に掲げる構造上の要件を満足しているものをいう。 1　作業員等が乗る作業床及び当該作業床を上昇・下降させるための機構を有すること。 　ただし、作業員等が乗る作業床の代わりに遠隔操作の作業装置を有する場合は、「作業床」は「作業装置」に読み替えるものとする。(以下本車体の形状において同じ。) 2　作業員等が乗る部位は、十分な強度を有しており、かつ、作業員等がつかまる握り棒等の安全対策が施されていること。 3　1の機構を作動させるための動力源及び操作装置を有すること。 4　高所作業を安定して行うため、アウトリガー等の安全設備を有すること。 　ただし、作業床が上昇及び降下のみする構造である場合にあっては、この限りでない。	

3－4　用途区分通達4－1－3(4)の自動車

車体の形状	構　造　要　件	留　意　事　項
キャンピング車	車室内に居住してキャンプをすることを目的とした自動車であって、次の各号に掲げる構造上の要件を満足しているものをいう。 1　次の各号に掲げる要件を満足する就寝設備を車室内に有すること。 (1)　就寝設備の数 乗車定員の3分の1以上（端数は切り捨てることとし、乗車定員2人以下の自動車にあっては1人以上）の大人用就寝設備を有すること。 この場合において、大人用就寝設備を少なくとも1人分以上有している場合は、子供用就寝設備2人分をもって大人用就寝設備1人分と見なすことができる。 (2)　大人用就寝設備の構造及び寸法 ア　就寝部位の上面は水平かつ平らである等、大人が十分に就寝できる構造であること。 イ　就寝部位は1人につき長さ1.8m以上、かつ、幅0.5m以上の連続した平面を有すること。 ウ　1人当たりの就寝部位毎に、就寝部位の上面から上方に0.5m以上の空間を有すること。 ただし、就寝部位の一方の短辺から就寝部位の長手方向に0.9mまでの範囲にあっては、0.3m以上の空間があればよい。 (3)　子供用就寝設備の構造及び寸法 (2)の要件は、子供用就寝設備について準用する。 この場合において、(2)イ中「1.8m」とあるのは「1.5m」と、「0.5m」とあるのは「0.4m」と、(2)ウ中「0.5m」とあるのは「0.4m」と、「0.9m」とあるのは「0.8m」と読み替えるものとする。 (4)　就寝設備と座席の兼用	・乗用自動車用又は貨物自動車用に製作された標準座席は、1(4)アに該当しない例とする。 ・つなぎ目に穴・すき間があいているものは、1(4)イに該当しないものとする。 ・脱着式の設備は、車両重量に含めるものとする。 ・2(1)エ及び2(2)クにおいて、「上方には有効高さ1,600㎜以上の空間を有していること。」とあるのは、キャンプ時において、車室を拡張させることができる構造のものであって、展開した状態において2(1)エ及び2(2)クで規定する有効高さを満足する場合を含むものとする。 ・乗車設備、構造要件で規定する設備（二層構造の上層部分に設

車体の形状	構　造　要　件	留　意　事　項
	就寝設備は、乗車装置の座席と兼用でないこと。 ただし、就寝設備及び乗車装置の座席が次の各号のすべての要件を満足する場合は、就寝設備と乗車装置の座席を兼用とすることができる。 ア　乗車装置の座席の座面及び背あて部が就寝設備になることを前提に製作されたものであること。 イ　乗車装置の座席の座面及び背あて部を就寝設備として使用する状態にした場合に、就寝設備の上面全体が連続した平面を作るものであること。 (5)　格納式、折りたたみ式及び脱着式の就寝設備は、これを展開又は拡張した状態で(2)又は(3)の要件を満足すること。 2　次の各号に掲げる要件を満足する水道設備及び炊事設備を有すること。 (1)　水道設備 水道設備とは、次の各号に掲げる要件を満足するものをいう。 ア　10リットル以上の水を貯蔵できるタンク及び洗面台等（水を溜めることができる設備をいう。以下同じ。）を有し、タンクから洗面台等に水を供給できる構造機能を有していること。 イ　10リットル以上の排水を貯蔵できるタンクを有していること。 ウ　洗面台等は、車室内において容易に使用することができる位置（洗面台等に正対して使用でき、かつ、洗面台等と利用者の間に他の設備等がなく、かつ、洗面台等を利用するための床面がその他の床面との間に著しい段差を有していないことをいう。）にあること。 エ　洗面台等を利用するための床面から上方には有効高さ1,600㎜（洗面台等の上端（蛇口、レバー及び浄水器等、水を供給する構造を除く。）が、これを利用するため	ける就寝設備を除く。）及びその他構造要件で規定されていない任意の設備と兼用である部位は、6「専用の収納場所」に該当しないものとする。

車体の形状	構　造　要　件	留　意　事　項
	の床面から上方に850㎜以下の場合にあっては1,200㎜)以上の空間を有していること。 (2)　炊事設備 炊事設備とは、次の各号に掲げる要件を満足するものをいう。 ア　調理台等調理に使用する場所は0.3m以上×0.2m以上の平面を有すること。 イ　コンロ等により炊事を行うことができること。 ウ　火気等熱量を発生する場所の付近は、発生した熱量により火災を生じない等十分な耐熱性・耐火性を有し、その付近の窓又は換気扇等により必要な換気が行えること。 エ　コンロ等に燃料を供給するためのLPガス容器等の常設の燃料タンクを備えるものにあっては、燃料タンクの設置場所は車室内と隔壁で仕切られ、かつ、車外との通気が十分確保されていること。 オ　エの燃料タンクは、衝突等により衝撃を受けた場合に、損傷を受けるおそれの少ない場所に取り付けられていること。 カ　コンロ等に燃料を供給するための燃料配管は振動等により損傷を生じないように確実に取り付けられ、損傷を受けるおそれのある部分は適当なおおいで保護されていること。 キ　調理台等は、車室内において容易に使用することができる位置（調理台・コンロ等に正対して使用でき、かつ、調理台・コンロ等と利用者の間に他の設備等がなく、かつ、調理台・コンロ等を利用するための床面がその他の床面との間に著しい段差を有していないことをいう。）にあること。 ク　調理台等を利用するための床面から上方には有効高さ1,600㎜（調理台等の上面が、これを利用するための床面から上方に850㎜以下の場合にあっては1,200㎜）以上の空間を有していること。	

車体の形状	構　造　要　件	留　意　事　項
	⑶　水道設備及び炊事設備の設置方法 　水道設備のうちの水タンク、炊事設備のうちの常設の燃料タンクその他これらの設備に付帯する配線・配管については、床下等に配置しても差し支えない。 　また、水道設備のうちの水タンク及び炊事設備の設置場所が他の部位と明確に区別ができる等専用の設置場所を有する場合には、取り外すことができる構造のものでもよい。 3　水道設備の洗面台等及び炊事設備の調理台・コンロ等並びにこれらの設備を利用するための場所の床面への投影面積は、0.5㎡以上あること。 4　「特種な設備の占有する面積」について、次のとおり取り扱うものとする。 ⑴　車室内の他の設備と隔壁により区分された専用の場所に設けられた浴室設備及びトイレ設備の占める面積は、「特種な設備の占有する面積」に加えることができる。 ⑵　車室内が明らかに二層構造（注）である自動車（キャンプ時において屋根部を拡張させることにより車室内が二層構造となる自動車を含む。）の上層部分に就寝設備を有する場合には、用途区分通達４－１－３③の「運転者席を除く客室の床面積及び物品積載設備並びに特種な設備の占有する面積の合計面積」に当該就寝設備の占める面積を加える場合に限り、「特種な設備の占有する面積」に当該就寝設備の占める面積を加えることができるものとする。 ⑶　1⑷ただし書きの規定により、就寝設備と乗車装置の座席を兼用とする場合には、当該就寝設備のうちの乗車装置の座席と兼用される部分の２分の１は、「特種な設備の占有する面積」とみなすことができる。 ⑷　1⑸に規定する格納式及び折りたたみ式の就寝設備であって、当該設備を展開又は拡張した部分の基準面への投影面積と乗車装置の座席の基準面への投影面積が重複する	

車体の形状	構　造　要　件	留 意 事 項
	場合、その重複する面積の2分の1は、「特種な設備の占有する面積」とみなすことができる。 5　構造要件に規定されない任意の設備（乗車設備以外の座席（道路運送車両の保安基準の適用を受けない座席をいう。）及びテーブルに限る。）は、その他の面積とし、その基準面への投影面積と1⑸に規定する格納式及び折りたたみ式の就寝設備を展開又は拡張した部分の基準面への投影面積が重複する場合にあっては、用途区分通達4－1－3③の「運転者席を除く客室の床面積及び物品積載設備並びに特種な設備の占有する面積の合計面積」に当該就寝設備の重複する部分を加える場合に限り、「特種な設備の占有する面積」に当該就寝設備の重複する部分の2分の1を加えることができるものとする。 6　脱着式の設備は、走行中の振動等により移動することがないよう所定の場所に確実に収納又は固縛することができるものであること。 また、専用の収納場所を有する場合にあっては、「特種な設備の占有する面積」に当該収納場所の占める面積を、脱着式の設備を当該格納場所に格納する面積を上限として、加えることができるものとする。 7　物品積載設備を有していないこと。 （注）　二層構造 ここでいう二層構造とは、上層部の最下部と上層部の投影面である床面との間のすべての位置において、1,200㎜以上の有効高さがあり、かつ、上層部の上面と屋根の内側との間のすべての位置において1,200㎜以上（上層部の上面が就寝設備である場合には500㎜以上（就寝設備の一方の短辺から就寝設備の長手方向に0.9mまでの範囲にあっては、0.3m以上））である構造のものをいう。	
放送宣伝車	放送宣伝活動をする自動車であって、次の1又は2のいずれかに掲げる構造上の要件を満足し	・ボンネット内、フェンダの内側、

特種車の車体形状と構造用件

車体の形状	構　造　要　件	留 意 事 項
	ているものをいう。 1　音声により放送宣伝を行う自動車 音声により放送宣伝を行う自動車は、次の各号に掲げる構造上の要件を満足していること。 (1)　音声により放送宣伝を行うための設備（以下「放送設備」という。）を有しており、これらのうち、音声・音量等調整装置、マイクロホンは車室内において操作し、使用することができるものであること。 (2)　車室内には、放送設備を用いて車外に放送する者の用に供する乗車設備の座席を有しており、かつ、この座席が固定された床面から上方に1,200㎜以上の空間を有すること。 この場合において、当該座席は、１人分の乗車設備に限り、特種な目的に使用するための床面積と見なすことができる。 (3)　車体の外側には、放送設備のうち少なくとも前後方向を指向した拡声器を有すること。 (4)　次の①又は②に掲げるいずれかの設備を有すること。 ①　演説等のためのステージ 演説等のためのステージは、次の要件を満足していること。 ア　ステージは、車体に設けられたものであること。 イ　ステージを利用する者の安全対策として、これらの者の転落防止等のための手すりを有し、床面は連続した平面であって、滑り止めを施したものであり、かつ、ステージの床面から上方に有効高さ1,600㎜以上の空間を有すること。 ウ　乗車設備からステージに安全に至ることができる通路を有すること。 エ　ステージが屋根部に設けられている場合にあっては、ステージに至るための安全に昇降できる階段、はしご等を有していること。 ②　放送宣伝活動に必要な資材、機材等を収納する専用の置場	自動車の下面、屋内・車室内・客室内等にある拡声器は、1(3)に適合していないものとする。 ・1(4)②の設備は、積載量を算定しないものとする。 ・ルーフラック・キャリア等の各種ラック類、ボンネット、トランク、屋根本体、物品積載設備であった部位及びこれらに類する部位は、1(4)①「演説等のためのステージ」に該当しないものとする。 ・物品積載設備であった部位の、いわゆる「あおり」は、1(4)①イの「手すり」に該当しないものとする。

車体の形状	構　造　要　件	留　意　事　項
	放送宣伝活動に伴い使用するビラ、チラシ、パンフレット、ノボリ、横断幕等の資材、機材等を収納するための専用の置場は、次の要件を満足していること。 ア　車室内に設けられていること。 イ　車室内の他の設備と隔壁、仕切り棒等により明確に区分されたものであること。 (5)　物品積載設備を有していないこと。 (6)　屋根部にステージを有する場合の「特種な設備の占有する面積」の取扱い 屋根部にステージを有する場合には、用途区分通達４－１－３③の「運転者席を除く客室の床面積及び物品積載設備の床面積並びに特種な設備の占有する面積の合計面積」に当該ステージの占める面積を加える場合に限り、「特種な設備の占有する面積」に当該ステージの占める面積を加えることができる。 ２　映像により放送宣伝を行う自動車 映像により放送宣伝を行う自動車は、次の各号に掲げる構造上の要件を満足していること。 (1)　次のア又はイのいずれかの場所に、映像により放送宣伝を行うための設備（以下「映像設備」という。）のうちの映像表示部を有すること。 ア　車室外であって、運転者席より後方であり、かつ、車体の外表面以外の場所。 なお、物品積載設備であった床面に映像表示部を設けた場合における当該映像表示部は、この場合の車体の外表面とはみなさないものとする。以下イにおいて同じ。 イ　車室内であって、運転者席より後方であり、かつ、当該自動車の側面又は後方の隔壁を開放することができる構造で、開放した場合に当該映像表示部全体が外から容易に見える場所。 (2)　映像表示部は、一つの映像表示部につき連続した２㎡以上の表示面積を有すること。	

特種車の車体形状と構造用件

車体の形状	構　造　要　件	留　意　事　項
	(3) (1)の映像表示部は、走行中に表示しない構造であること。 (4) 車室内等に、映像を再生する装置、調整する装置等の設備を有すること。 ただし、外部から電波等の供給を受けて映像表示部に映像を表示するものにあっては、その電波を受信し、調整等する装置を有すること。 (5) 映像装置を作動させるための動力源及び操作装置を有すること。 ただし、外部から動力の供給を受けることにより映像装置を作動させるものにあっては、動力受給装置を有すること。 (6) 物品積載設備を有していないこと。	
キャンピングトレーラ	キャンプをすることを目的とした被けん引自動車であって、キャンプ時において、次の各号に掲げる構造上の要件を満足しているものをいう。 1　車室内に居住することができるものであり、次の各号に掲げる要件を満足する就寝設備を有すること。 (1) 就寝設備の数 １人分以上の大人用就寝設備を有すること。 (2) 就寝設備の構造及び寸法 大人用就寝設備については、キャンピング車の構造要件１(2)を準用する。 子供用就寝設備の構造及び寸法については、キャンピング車の構造要件１(3)を準用する。 2　次に掲げる要件を満足する水道設備及び炊事設備を有し、車室内に水道設備の洗面台等及び炊事設備の調理台等並びにコンロ等の設備を有していること。 水道設備及び炊事設備の要件は、キャンピング車の構造要件２(1)、(2)、(3)を準用する。 なお、２(1)エ及び(2)ク中括弧内は適用しない。	・キャンピングトレーラに備える座席は、乗車定員を算定しないものとする。

附　則　（平成20年２月26日　国自技第248号）

本改正規定は、平成20年３月１日以降に実施する新規検査、予備検査及び構造等変更検査において適用することとし、改正前に警察車となっている車両の構造要件については、なお従前の例による。

附　則　（平成25年12月10日　国自整第245号）

1　本改正規定は、平成25年12月16日から適用する。

2　改正前に防衛省車となっている車両の構造要件は、なお従前の例によるものとし、改正後に実施する新規検査、予備検査及び構造等変更検査においては、改正後の防衛省車の構造要件を適用する。

附　則　（平成28年３月22日　国自整第410号）

1　本改正規定は、平成28年４月１日から適用する。

2　改正前に清掃車、照明車となっている車両の構造要件は、従前の例による。

附　則　（平成29年１月24日　国自整第303号）

1　本改正規定は、平成29年４月１日から適用することとする。

2　改正前に加工車、食堂車として登録を受けている自動車又は車両番号の指定を受けている自動車にあっては、その自動車の構造・装置に変更がない限りにおいて、なお従前の例によることができることとする。

附　則　（平成30年４月６日　国自整第７号）

1　本改正規定は、公布の日から適用する。

附　則　（平成31年４月17日　国自整第14号）

1　本改正規定は、公布の日から適用する。

附　則　（令和４年３月１日　国自整第278号）

1　本改正規定は、令和４年４月１日から適用する。

2　改正前に登録を受けている自動車又は車両番号の指定を受けている自動車にあっては、本通達で定める自動車の構造要件に関し、その自動車の構造・装置に変更がない限りにおいて、なお従前の例によることとする。

参考資料

1．新規検査等の際に使用者の事業等を証する書面の例

2．特種用途自動車の車体の形状コード一覧

3．特種用途自動車の車体の形状別有効期間の一覧

4．定期点検の間隔及び自動車検査証の有効期間に関する整理表

5．構造要件における作業用面積及び有効高さ等の規定一覧

1．新規検査等の際に使用者の事業等を証する書面の例

⑴　提出を求めている書面の様式例（参考例）

車体の形状「医療防疫車」「採血車」の例　①

保健　指令　第　　　号
年　　月　　日

診療所開設許可書

住　所

氏　名

市長

年　　月　　日に申請のありました診療所に開設については、医療法第7条第1項の規定により、次のとおり許可します。

名　　称	
所 在 地	
許可事項	

1．新規検査等の際に使用者の事業等を証する書面の例

車体の形状「医療防疫車」「採血車」の例　②

保健　指令　第　　　号
年　　月　　日

診療所開設許可事項変更許可書

住 所

氏 名

市長

　年　　月　　日に申請のありました診療所の変更許可については、医療法第７条第２項の規定により、次のとおり許可します。

名　称	
所 在 地	
変更事項	

１．新規検査等の際に使用者の事業等を証する書面の例

車体の形状「軌道兼用車」の例

鉄　都　第　　　号

免　　許　　状

株式会社
　　代表取締役社長

年　　月　　日付け　　　　　　　　　　をもって申請のあった

第一種鉄道事業については、免許する。

工事施行認可申請期限は、　　　年　　月　　日までとする。

年　　　月　　　日

○○大臣　　○　○　○　○

1．新規検査等の際に使用者の事業等を証する書面の例

車体の形状「霊柩車」①

事業者番号	

関自振第　　　号

許　可　書

申　請　者　あ　て

年　　月　　日付けで申請のあった一般貨物自動車運送事業の経営は、次の条件を付し下記のとおり許可する。

条　件

1　運輸開始は、許可の日から1年以内に行われなければならい。

2　事業用自動車は、自動車損害賠償責任保険又は自動車損害賠償責任共済の上積みである一般自動車損害保険（任意保険）等に加入しなければならない。

3　霊きゅうの運送に限る。

4　使用する車両は、バン型に限る。

5　車体には、「限定」（霊きゅう）の表示をすること。

6　運輸開始前には、運輸局長の承認がなければ事業計画又は事業施設概要書の記載内容を変更してはならない。

記

1．経営しようとする事業

一般貨物自動車運送事業

2．営業区域

の区域とする。

年　　月　　日

○○運輸局長

１．新規検査等の際に使用者の事業等を証する書面の例

車体の形状「霊柩車」②

別添２

（一般から霊きゅうへ種別変更）

認　可　書

年　　月　　日付けで申請のあった一般貨物自動車運送事業の事業計画（営業所に配置する事業用自動車の種別）変更は、次の条件を付し認可する。

条　件

1．霊きゅう自動車による運送は霊きゅう運送事業に限る。
2．霊きゅう運送事業に係る営業区域は東京都（県）に限る。
3．霊きゅう運送事業に使用する自動車はバン型に限る。
4．霊きゅう自動車の車体には、（霊きゅう）の表示をすること。

年　　月　　日

運　輸　局　長

1．新規検査等の際に使用者の事業等を証する書面の例

車体の形状「放送中継車」

別表第６号　基幹放送局に交付する免許状の様式（第21条第１項関係）

無　線　局　免　許　状

<table>
<tr><td>免許人の氏名又は名称</td><td colspan="4"></td></tr>
<tr><td>免許人の住所</td><td colspan="4"></td></tr>
<tr><td>無線局の種別</td><td></td><td>免許の番号</td><td colspan="2"></td></tr>
<tr><td>免許の年月日</td><td></td><td>免許の有効期間</td><td colspan="2"></td></tr>
<tr><td rowspan="2">無線局の目的</td><td colspan="3" rowspan="2"></td><td>運用許容時間</td></tr>
<tr><td></td></tr>
<tr><td>放送事項</td><td colspan="4"></td></tr>
<tr><td>放送区域</td><td colspan="4"></td></tr>
<tr><td>通信事項</td><td colspan="4"></td></tr>
<tr><td>通信の相手方</td><td colspan="4"></td></tr>
<tr><td>識別信号</td><td colspan="4"></td></tr>
<tr><td colspan="5">無線設備の設置場所</td></tr>
<tr><td colspan="5"></td></tr>
<tr><td colspan="5">電波の型式、周波数及び空中線電力</td></tr>
<tr><td colspan="5"></td></tr>
<tr><td>認定基幹放送事業者の氏名又は名称</td><td colspan="4"></td></tr>
<tr><td colspan="5">備考</td></tr>
</table>

法律に別段の定めがある場合を除くほか、この無線局の無線設備を使用し、特定の相手方に対して行われる無線通信を傍受してその存在若しくは内容を漏らし、又はこれを窃用してはならない。

年　　月　　日

総務大臣　　印

長辺

短　　辺　　（日本産業規格Ａ列４番）

注１　放送事項の欄は、特定地上基幹放送局に限り設ける。

２　通信事項及び通信の相手方の欄は、基幹放送以外の無線通信の送信をする無線局に限り設ける。

1．新規検査等の際に使用者の事業等を証する書面の例

車体の形状「理容・美容車」①

年　月　日　□起案　□供覧				類　別			受　付　印
年　月　日　決裁又は供覧済み				類　別	—　—３種(5年)—		
所　長	課　長	係　長	係　員	起案者	文書主任	公印承認	
意見 月　日調査 月　日調査						照　合	
							帳票番号

年　月　日

理容所開設届出書

保健所長

郵便番号
届出者　住　所
氏　名

［法人の場合は、名称・代表者の氏名］
電話番号

本証確認

理容所を開設したいので、理容師法第11条第１項の規定により、次のとおり届け出ます。

名　称				
所　在　地				
管理理容師	住　所			
	氏　名			確認欄
	理容師免許証又は免許証明書	年　月　日　第　号		
	管理理容師講習会修了証	年　月　日　第　号		
	厚生労働省令に規定する疾病の有無	有（　）・無		
従業者	氏　名	理容師免許証又は証明書	厚生省令に規定する疾病の有無	
		第　号 年　月　日	有（　）・無	
		第　号 年　月　日	有（　）・無	
		第　号 年　月　日	有（　）・無	
		第　号 年　月　日	有（　）・無	
開設予定年月日	年　月　日	調査予定年月日	年　月　日	

1. 新規検査等の際に使用者の事業等を証する書面の例

車体の形状「理容・美容車」②

年　月　日 □起案 □供覧				類　別			受　付　印
年　月　日 決裁又は供覧済み				類　別	―　―3種(5年)―		
所　長	課　長	係　長	係　員	起案者	文書主任	公印承認	
意見						照　合	
月　日調査 月　日調査							帳票番号

年　月　日

美 容 所 開 設 届

保健所長

郵便番号
届出者 住　所
氏　名

〔法人の場合は、名称・代表者の氏名〕
電話番号

本証確認

美容所を開設したいので、美容師法第11条第1項の規定により、次のとおり届け出ます。

名　称				
所　在　地				
管理美容師	住　所			
	氏　名			確認欄
	美容師免許証又は免許証明書	年　月　日	第　号	
	管理美容師講習会修了証	年　月　日	第　号	
	厚生労働省令に規定する疾病の有無	有（　）・無		
従業者	氏　名	美容師免許証又は証明書	厚生省令に規定する疾病の有無	
		第　号 年　月　日	有（　）・無	
		第　号 年　月　日	有（　）・無	
		第　号 年　月　日	有（　）・無	
		第　号 年　月　日	有（　）・無	
開設予定年月日	年　月　日	調査予定年月日	年　月　日	

1．新規検査等の際に使用者の事業等を証する書面の例

車体の形状「理容・美容車」③

諸証明交付申請書

年　月　日

保健所長　様

住　所

氏　名

このたび　　　　　　　　　　　　　　　　　　　　　　のため
必要なので、次のとおり ※届出／申請 したことを証明願います。

開設者の住所（法人にあっては主たる事務所の所在地）	
開設省の氏名（法人にあってはその名称及び代表者氏名）	
施設の名称	
施設の所在地	市　　　区
※届出書又は申請書に記載された開設・休止・廃止年月日	年　　月　　日
その他の事項	

証明書

保健　第　　　号

年　月　日

上記については、　　年　　月　　日当保健所において受け付けたことを証明します。

保健所長

〔備考〕1　この様式は2枚重ねの複写式とし、2枚目を正とし、1枚目を控として保存する。

1．新規検査等の際に使用者の事業等を証する書面の例

緊急自動車及び道路維持作業用自動車

緊急自動車及び道路維持作業用自動車の取扱いの変更について

各陸運局整備部長
沖縄総合事務局運輸部長 殿　　自車第1113号
昭和53. 11. 27　　自動車局整備部車両課長

今般、道路交通法及びその関係法令の一部改正により、緊急自動車及び道路維持作業用自動車は、すべて公安委員会による指定又は公安委員会への届出が必要となった。

これに伴い、道路運送車両の保安基準の規定による緊急自動車又は道路維持作業用自動車の取扱いについては、昭和53年12月１日以降は下記によられたい。なお、本取扱いについては、警察庁と連絡ずみである。

また、「緊急自動車及び道路維持作業用自動車の取扱いについて」（昭和46年自車第605号）は、昭和53年11月30日限り廃止する。

記

自動車の使用者又は道路管理者（以下「使用者等」という。）が公安委員会に対して、新たに緊急自動車又は道路維持作業用自動車の指定申請又は届出（道路交通法第39条第１項、第41条第４項、同法施行令第13条第１項、第14条の２）をした場合、公安委員会は所定の審査の後、使用者等に対し、緊急自動車又は道路維持作業用自動車の指定申請済証明書又は届出済証明書等を交付することとなっているので、前記証明書等の提出があった場合には、当該自動車を道路運送車両の保安基準第１条第１項第13号の緊急自動車又は第13号の２の道路維持作業用自動車として検査するものとする。

1．新規検査等の際に使用者の事業等を証する書面の例

年　　月　　日

警察本部

殿

願出人住所

氏名

緊　急　自　動　車
~~道路維持作業用自動車~~　指定申請証明願

自動車登録のため、　　　　　　　　へ提出する必要がありますので、下記の自動車に係る緊　急　自　動　車
~~道路維持作業用自動車~~の申請をしたことを証明して下さい。

申　請　者	住所（申請自動車の使用の本拠の位置）
	氏名（法人にあっては、名称及び代表者の氏名）
業務委託契約に基づく場合の使用者	
申請自動車	種　類　普通貨物自動車
	車　名　トヨタ
	型　式　U-HZJ81V
	車台番号

記

交規収第　　　号

年　　月　　日

上記の自動車については、緊急自動車の申請があったことを証明します。

警察本部

⑵ 使用者の事業等を特定するための根拠法令（抜粋）

医療防疫車（500）

【使用者の事業を特定する法令】

医療法（昭和23年7月30日法律第205号）

（病院等の開設許可）

第7条 病院を開設しようとするとき、医師法（昭和23年法律第201号）第16条の6第1項の規定による登録を受けた者（同法第7条の2第1項の規定による厚生労働大臣の命令を受けた者にあつては、同条第2項の規定による登録を受けた者に限る。以下「臨床研修等修了医師」という。）及び歯科医師法（昭和23年法律第202号）第16条の4第1項の規定による登録を受けた者（同法第7条の2第1項の規定による厚生労働大臣の命令を受けた者にあつては、同条第2項の規定による登録を受けた者に限る。以下「臨床研修等修了歯科医師」という。）でない者が診療所を開設しようとするとき、又は助産師（保健師助産師看護師法（昭和23年法律第203号）第15条の2第1項の規定による厚生労働大臣の命令を受けた者にあつては、同条第3項の規定による登録を受けた者に限る。以下この条、第8条及び第11条において同じ。）でない者が助産所を開設しようとするときは、開設地の都道府県知事（診療所又は助産所にあつては、その開設地が保健所を設置する市又は特別区の区域にある場合においては、当該保健所を設置する市の市長又は特別区の区長。第8条から第9条まで、第12条、第15条、第18条、第24条、第24条の2、第27条及び第28条から第30条までの規定において同じ。）の許可を受けなければならない。

（以下略）

第8条 臨床研修等修了医師、臨床研修等修了歯科医師又は助産師が診療所又は助産所を開設したときは、開設後10日以内に、診療所又は助産所の所在地の都道府県知事に届け出なければならない。

獣医療法（平成4年5月20日法律第46号）

（診療施設の開設の届出）

第3条 診療施設を開設した者（以下「開設者」という。）は、その開設の日から10日以内に、当該診療施設の所在地を管轄する都道府県知事に農林水産省令で定める事項を届け出なければならない。当該診療施設を休止し、若しくは廃止し、又は届け出た事項を変更したときも、同様とする。

採血車（503）

【使用者の事業を特定する法令】

安全な血液製剤の安定供給の確保等に関する法律（昭和31年６月25日法律第160号）

（業として行う採血の許可）

第13条　血液製剤の原料とする目的で、業として、人体から採血しようとする者は、厚生労働省令で定めるところにより、厚生労働大臣の許可を受けなければならない。ただし、病院又は診療所の開設者が、当該病院又は診療所における診療のために用いられる血液製剤のみの原料とする目的で採血しようとするときは、この限りでない。

（以下略）

医療法（昭和23年７月30日法律第205号）

（病院等の開設許可）

第７条　病院を開設しようとするとき、医師法（昭和23年法律第201号）第16条の６第１項の規定による登録を受けた者（同法第７条の２第１項の規定による厚生労働大臣の命令を受けた者にあつては、同条第２項の規定による登録を受けた者に限る。以下「臨床研修等修了医師」という。）及び歯科医師法（昭和23年法律第202号）第16条の４第１項の規定による登録を受けた者（同法第７条の２第１項の規定による厚生労働大臣の命令を受けた者にあつては、同条第２項の規定による登録を受けた者に限る。以下「臨床研修等修了歯科医師」という。）でない者が診療所を開設しようとするとき、又は助産師（保健師助産師看護師法（昭和23年法律第203号）第15条の２第１項の規定による厚生労働大臣の命令を受けた者にあつては、同条第３項の規定による登録を受けた者に限る。以下この条、第８条及び第11条において同じ。）でない者が助産所を開設しようとするときは、開設地の都道府県知事（診療所又は助産所にあつては、その開設地が保健所を設置する市又は特別区の区域にある場合においては、当該保健所を設置する市の市長又は特別区の区長。第８条から第９条まで、第12条、第15条、第18条、第24条、第24条の２、第27条及び第28条から第30条までの規定において同じ。）の許可を受けなければならない。

（以下略）

1．新規検査等の際に使用者の事業等を証する書面の例

軌道兼用車（595）

【使用者の事業を特定する法令】

鉄道事業法（昭和61年12月４日法律第92号）

（許可）

第３条　鉄道事業を経営しようとする者は、国土交通大臣の許可を受けなければならない。

２　鉄道事業の許可は、路線及び鉄道事業の種別（前条第１項の鉄道事業の種別をいう。以下同じ。）について行う。

３　第一種鉄道事業及び第二種鉄道事業の許可は、業務の範囲を旅客運送又は貨物運送に限定して行うことができる。

４　一時的な需要のための鉄道事業の許可は、期間を限定して行うことができる。

軌道法（大正10年４月14日法律第76号）

第３条　軌道ヲ敷設シテ運輸事業ヲ経営セムトスル者ハ国土交通大臣ノ特許ヲ受クヘシ

図書館車（597）

【使用者の事業を特定する法令】

図書館法（昭和25年４月30日法律第118号）

（定義）

第２条　この法律において「図書館」とは、図書、記録その他必要な資料を収集し、整理し、保存して、一般公衆の利用に供し、その教養、調査研究、レクリエーション等に資することを目的とする施設で、地方公共団体、日本赤十字社又は一般社団法人若しくは一般財団法人が設置するもの（学校に附属する図書館又は図書室を除く。）をいう。

２　前項の図書館のうち、地方公共団体の設置する図書館を公立図書館といい、日本赤十字社又は一般社団法人若しくは一般財団法人の設置する図書館を私立図書館という。

（図書館奉仕）

第３条　図書館は、図書館奉仕のため、土地の事情及び一般公衆の希望に沿い、更に学校教育を援助し、及び家庭教育の向上に資することとなるように留意し、おおむね次に掲げる事項の実施に努めなければならない。

⑸　分館、閲覧所、配本所等を設置し、及び自動車文庫、貸出文庫の巡回を行うこと。

1．新規検査等の際に使用者の事業等を証する書面の例

郵便車（598）

【使用者の事業を特定する法令】

郵便法（昭和22年12月12日法律第165号）
（この法律の目的）
第１条　この法律は、郵便の役務をなるべく安い料金で、あまねく、公平に提供することによつて、公共の福祉を増進することを目的とする。
（事業の独占）
第４条　会社以外の者は、何人も、郵便の業務を業とし、また、会社の行う郵便の業務に従事する場合を除いて、郵便の業務に従事してはならない。ただし、会社が、契約により会社のため郵便の業務の一部を委託することを妨げない。
２　会社（契約により会社から郵便の業務の一部の委託を受けた者を含む。）以外の者は、何人も、他人の信書（特定の受取人に対し、差出人の意思を表示し、又は事実を通知する文書をいう。以下同じ。）の送達を業としてはならない。二以上の人又は法人に雇用され、これらの人又は法人の信書の送達を継続して行う者は、他人の信書の送達を業とする者とみなす。
３　運送営業者、その代表者又はその代理人その他の従業者は、その運送方法により他人のために信書の送達をしてはならない。ただし、貨物に添付する無封の添え状又は送り状は、この限りでない。
４　何人も、第２項の規定に違反して信書の送達を業とする者に信書の送達を委託し、又は前項に掲げる者に信書（同項ただし書に掲げるものを除く。）の送達を委託してはならない。
（利用の公平）
第５条　何人も、郵便の利用について差別されることがない。

移動電話車（599）

【使用者の事業を特定する法令】

電気通信事業法（昭和59年12月25日法律第86号）
第９条　電気通信事業を営もうとする者は、総務大臣の登録を受けなければならない。ただし、次に掲げる場合は、この限りでない。
（以下略）
（電気通信事業の届出）

第16条　電気通信事業を営もうとする者（第９条の登録を受けるべき者を除く。）は、総務省令で定めるところにより、次の事項を記載した書類を添えて、その旨を総務大臣に届け出なければならない。

⑴　氏名又は名称及び住所並びに法人にあつては、その代表者の氏名

⑵　外国法人等にあつては、国内における代表者又は国内における代理人の氏名又は名称及び国内の住所

⑶　業務区域

⑷　電気通信設備の概要（第44条第１項の事業用電気通信設備を設置する場合に限る。）

⑸　その他総務省令で定める事項

2　前項の届出をした者は、同項第１号、第２号又は第５号の事項に変更があつたときは、遅滞なく、その旨を総務大臣に届け出なければならない。

路上試験車（601）

【使用者の事業を特定する法令】

道路交通法（昭和35年６月25日法律第105号）

（運転免許試験の方法）

第97条第２項　前項第２号に掲げる事項について行う大型免許、中型免許、準中型免許、普通免許、大型第二種免許、中型第二種免許及び普通第二種免許の運転免許試験は、道路において行うものとする。ただし、道路において行うことが交通の妨害となるおそれがあるものとして内閣府令で定める運転免許試験の項目については、この限りでない。

（再試験）

第100条の２第３項 第97条第２項から第４項までの規定は、公安委員会が行う再試験について準用する。

道路交通法施行規則（昭和35年12月３日総理府令第60号）

（技能試験）

第24条第７項 技能試験においては、公安委員会が提供し、又は指定した自動車を使用するものとする。（以下略）

1．新規検査等の際に使用者の事業等を証する書面の例

教習車（623）

【使用者の事業を特定する法令】

道路交通法（昭和35年６月25日法律第105号）

（自動車教習所）

第98条第２項　自動車教習所を設置し、又は管理する者は、内閣府令で定めるところにより、当該自動車教習所の所在地を管轄する公安委員会に、次に掲げる事項を届け出ることができる。

⑴　氏名又は名称及び住所並びに法人にあつては、その代表者の氏名

⑵　自動車教習所の名称及び所在地

⑶　前２号に掲げるもののほか、内閣府令で定める事項

（指定自動車教習所の指定）

第99条　公安委員会は、前条第２項の規定による届出をした自動車教習所のうち、一定の種類の免許（政令で定めるものに限る。）を受けようとする者に対し自動車の運転に関する技能及び知識について教習を行うものであつて当該免許に係る教習について職員、設備等に関する次に掲げる基準に適合するものを、当該自動車教習所を設置し、又は管理する者の申請に基づき、指定自動車教習所として指定することができる。

⑴　政令で定める要件を備えた当該自動車教習所を管理する者が置かれていること。

⑵　次条第４項の技能検定員資格者証の交付を受けており、同条第１項の規定により技能検定員として選任されることとなる職員が置かれていること。

（以下略）

霊柩車（621）

【使用者の事業を特定する法令】

貨物自動車運送事業法（平成元年12月19日法律第83号）

（一般貨物自動車運送事業の許可）

第３条　一般貨物自動車運送事業を経営しようとする者は、国土交通大臣の許可を受けなければならない。

１．新規検査等の際に使用者の事業等を証する書面の例

広報車（650）

【使用者の事業を特定する法令】

民法（明治29年４月27日法律第89号）
第33条第２項　学術、技芸、慈善、祭祀、宗教その他の公益を目的とする法人、営利事業を営むことを目的とする法人その他の法人の設立、組織、運営及び管理については、この法律その他の法律の定めるところによる。

放送中継車（673）

【使用者の事業を特定する法令】

電波法（昭和25年５月２日法律第131号）
（無線局の開設）
第４条　無線局を開設しようとする者は、総務大臣の免許を受けなければならない。ただし、次の各号に掲げる無線局については、この限りでない。
（以下略）
（免許状）
第14条　総務大臣は、免許を与えたときは、免許状を交付する。
２　免許状には、次に掲げる事項を記載しなければならない。
⑴　免許の年月日及び免許の番号
⑵　免許人（無線局の免許を受けた者をいう。以下同じ。）の氏名又は名称及び住所
⑶　無線局の種別
⑷　無線局の目的（主たる目的及び従たる目的を有する無線局にあつては、その主従の区別を含む。）
⑸　通信の相手方及び通信事業
⑹　無線設備の設置場所
⑺　免許の有効期間
⑻　識別信号
⑼　電波の型式及び周波数
⑽　空中線電力
⑾　運用許容時間
放送法（昭和25年５月２日法律第132号）
（定義）

1．新規検査等の際に使用者の事業等を証する書面の例

第２条　この法律及びこの法律に基づく命令の規定の解釈に関しては、次の定義に従うものとする。

⑴　「放送」とは、公衆によつて直接受信されることを目的とする電気通信（電気通信事業法（昭和59年法律第86号）第２条第１号に規定する電気通信をいう。）の送信（他人の電気通信設備（同条第２号に規定する電気通信設備をいう。以下同じ。）を用いて行われるものを含む。）をいう。

⑵　「基幹放送」とは、電波法（昭和25年法律第131号）の規定により放送をする無線局に専ら又は優先的に割り当てられるものとされた周波数の電波を使用する放送をいう。

⑶　「一般放送」とは、基幹放送以外の放送をいう。

⑷　「国内放送」とは、国内において受信されることを目的とする放送をいう。

⑸　「国際放送」とは、外国において受信されることを目的とする放送であつて、中継国際放送及び協会国際衛星放送以外のものをいう。

⑹　「邦人向け国際放送」とは、国際放送のうち、邦人向けの放送番組の放送をするものをいう。

⑺　「外国人向け国際放送」とは、国際放送のうち、外国人向けの放送番組の放送をするものをいう。

⑻　「中継国際放送」とは、外国放送事業者（外国において放送事業を行う者をいう。以下同じ。）により外国において受信されることを目的として国内の放送局を用いて行われる放送をいう。

⑼　「協会国際衛星放送」とは、日本放送協会（以下「協会」という。）により外国において受信されることを目的として基幹放送局（基幹放送をする無線局をいう。以下同じ。）又は外国の放送局を用いて行われる放送（人工衛星の放送局を用いて行われるものに限る。）をいう。

⑽　「邦人向け協会国際衛星放送」とは、協会国際衛星放送のうち、邦人向けの放送番組の放送をするものをいう。

⑾　「外国人向け協会国際衛星放送」とは、協会国際衛星放送のうち、外国人向けの放送番組の放送をするものをいう。

⑿　「内外放送」とは、国内及び外国において受信されることを目的とする放送をいう。

⒀　「衛星基幹放送」とは、人工衛星の放送局を用いて行われる基幹放送をいう。

⒁　「移動受信用地上基幹放送」とは、自動車その他の陸上を移動するものに設置して使用し、又は携帯して使用するための受信設備により受信されることを目的とする基幹放送であつて、衛星基幹放送以外のものをいう。

⒂　「地上基幹放送」とは、基幹放送であつて、衛星基幹放送及び移動受

信用地上基幹放送以外のものをいう。

⒃　「中波放送」とは、526・5キロヘルツから1606・5キロヘルツまでの周波数を使用して音声その他の音響を送る放送をいう。

⒄　「超短波放送」とは、30メガヘルツを超える周波数を使用して音声その他の音響を送る放送（文字、図形その他の影像又は信号を併せ送るものを含む。）であつて、テレビジョン放送に該当せず、かつ、他の放送の電波に重畳して行う放送でないものをいう。

⒅　「テレビジョン放送」とは、静止し、又は移動する事物の瞬間的影像及びこれに伴う音声その他の音響を送る放送（文字、図形その他の影像（音声その他の音響を伴うものを含む。）又は信号を併せ送るものを含む。）をいう。

⒆　「多重放送」とは、超短波放送又はテレビジョン放送の電波に重畳して、音声その他の音響、文字、図形その他の影像又は信号を送る放送であつて、超短波放送又はテレビジョン放送に該当しないものをいう。

⒇　「放送局」とは、放送をする無線局をいう。

(21)　「認定基幹放送事業者」とは、第93条第１項の認定を受けた者をいう。

(22)　「特定地上基幹放送事業者」とは、電波法の規定により自己の地上基幹放送の業務に用いる放送局（以下「特定地上基幹放送局」という。）の免許を受けた者をいう。

(23)　「基幹放送事業者」とは、認定基幹放送事業者及び特定地上基幹放送事業者をいう。

(24)　「基幹放送局提供事業者」とは、電波法の規定により基幹放送局の免許を受けた者であつて、当該基幹放送局の無線設備及びその他の電気通信設備のうち総務省令で定めるものの総体（以下「基幹放送局設備」という。）を認定基幹放送事業者の基幹放送の業務の用に供するものをいう。

(25)　「一般放送事業者」とは、第126条第一項の登録を受けた者及び第133条第１項の規定による届出をした者をいう。

(26)　「放送事業者」とは、基幹放送事業者及び一般放送事業者をいう。

（以下略）

第３章　日本放送協会

（目的）

第15条　協会は、公共の福祉のために、あまねく日本全国において受信できるように豊かで、かつ、良い放送番組による国内基幹放送（国内放送である基幹放送をいう。以下同じ。）を行うとともに、放送及びその受信の進歩発達に必要な業務を行い、あわせて国際放送及び協会国際衛星放送を行うことを目的とする。

（法人格）

第16条　協会は、前条の目的を達成するためにこの法律の規定に基づき設立される法人とする。
（業務）
第20条　協会は、第15条の目的を達成するため、次の業務を行う。
⑴　次に掲げる放送による国内基幹放送（特定地上基幹放送局を用いて行われるものに限る。）を行うこと。
（以下略）

理容・美容車（629）

【使用者の事業を特定する法令】

・〔理容車〕
理容師法（昭和22年12月24日法律第234号）
第11条　理容所を開設しようとする者は、厚生労働省令の定めるところにより、理容所の位置、構造設備、第11条の４第１項に規定する管理理容師その他の従業者の氏名その他必要な事項をあらかじめ都道府県知事に届け出なければならない。
２　理容所の開設者は、前項の規定による届出事項に変更を生じたとき、又はその理容所を廃止したときは、すみやかに都道府県知事に届け出なければならない。
第11条の２　前条第１項の届出をした理容所の開設者は、その構造設備について都道府県知事の検査を受け、その構造設備が第12条の措置を講ずるに適する旨の確認を受けた後でなければ、これを使用してはならない。
・〔美容車〕
美容師法（昭和32年６月３日法律第163号）
（美容所の位置等の届出）
第11条　美容所を開設しようとする者は、厚生労働省令の定めるところにより、美容所の位置、構造設備、第12条の３第１項に規定する管理美容師その他の従業者の氏名その他必要な事項をあらかじめ都道府県知事に届け出なければならない。
２　美容所の開設者は、前項の規定による届出事項に変更を生じたとき、又はその美容所を廃止したときは、すみやかに都道府県知事に届け出なければならない。
（美容所の使用）
第12条　美容所の開設者は、その美容所の構造設置について都道府県知事の検査を受け、その構造設備が第13条の措置を講ずるに適する旨の確認を受けた後でなければ、当該美容所を使用してはならない。

2．特種用途自動車の車体の形状コード一覧

区　分	車体の形状	形状コード	備　考
4-1-1	救急車	520	
	〃　二輪	120	
	消防車	523	
	〃　三輪	323	
	〃　二輪	123	
	警察車	522	
	〃　三輪	322	
	〃　二輪	122	
	臓器移植用緊急輸送車	270	
	保線作業車	524	
	検察庁車	525	
	緊急警備車	526	
	防衛省車	532	
	電波監視車	529	
	公共応急作業車	570	
	〃　三輪	370	
	〃　二輪	170	
	護送車	596	
	血液輸送車	502	
	交通事故調査用緊急車	530	
	ドリー付救急トレーラ	700	
	救急フルトレーラ	701	
	救急セミトレーラ	702	
	ドリー付消防トレーラ	703	
	消防フルトレーラ	704	
	消防セミトレーラ	705	
	ドリー付警察トレーラ	706	
	警察フルトレーラ	707	
	警察セミトレーラ	708	
	ドリ付臓器輸送用トレーラ	709	
	臓器輸送用フルトレーラ	710	

2．特種用途自動車の車体の形状コード一覧

区　分	車体の形状	形状コード	備　考
	臓器輸送用セミトレーラ	711	
	ドリー付保線作業トレーラ	712	
	保線作業フルトレーラ	713	
	保線作業セミトレーラ	714	
	ドリー付検察庁トレーラ	715	
	検察庁フルトレーラ	716	
	検察庁セミトレーラ	717	
	ドリー付緊急警備トレーラ	718	
	緊急警備フルトレーラ	719	
	緊急警備セミトレーラ	720	
	ドリー付防衛省トレーラ	721	
	防衛省フルトレーラ	722	
	防衛省セミトレーラ	723	
	ドリー付電波監視トレーラ	724	
	電波監視フルトレーラ	725	
	電波監視セミトレーラ	726	
	ドリ付公共応急作業トレーラ	727	
	公共応急作業フルトレーラ	728	
	公共応急作業セミトレーラ	729	
	ドリー付血液輸送トレーラ	730	
	血液輸送フルトレーラ	731	
	血液輸送セミトレーラ	732	
	ドリ付事故調査用トレーラ	733	
	事故調査用緊急フルトレーラ	734	
	事故調査用緊急セミトレーラ	735	
4-1-2	給水車	521	
	〃　三輪	321	
	医療防疫車	500	
	〃　三輪	300	
	採血車	503	
	軌道兼用車	595	
	図書館車	597	
	郵便車	598	

2．特種用途自動車の車体の形状コード一覧

区　分	車体の形状	形状コード	備　考
	移動電話車	599	
	路上試験車	601	
	教習車	623	
	霊柩車	621	
	〃　三輪	421	
	広報車	650	
	放送中継車	673	
	理容・美容車	629	
	ドリー付給水トレーラ	736	
	給水フルトレーラ	737	
	給水セミトレーラ	738	
	ドリー付医療防疫トレーラ	739	
	医療防疫フルトレーラ	740	
	医療防疫セミトレーラ	741	
	ドリー付採血トレーラ	742	
	採血フルトレーラ	743	
	採血セミトレーラ	744	
	ドリー付図書館トレーラ	745	
	図書館フルトレーラ	746	
	図書館セミトレーラ	747	
	ドリー付郵便トレーラ	748	
	郵便フルトレーラ	749	
	郵便セミトレーラ	750	
	ドリー付移動電話トレーラ	751	
	移動電話フルトレーラ	752	
	移動電話セミトレーラ	753	
	ドリー付霊柩トレーラ	754	
	霊柩フルトレーラ	755	
	霊柩セミトレーラ	756	
	ドリー付広報トレーラ	757	
	広報フルトレーラ	758	
	広報セミトレーラ	759	
	ドリー付放送中継トレーラ	760	

2．特種用途自動車の車体の形状コード一覧

区　　分	車体の形状	形状コード	備　　考
	放送中継フルトレーラ	761	
	放送中継セミトレーラ	762	
	ドリー付理容・美容トレーラ	763	
	理容・美容フルトレーラ	764	
	理容・美容セミトレーラ	765	
4-1-3(1)	粉粒体運搬車	512	
	〃　　　（トラクタ）	290	
	粉粒体運搬セミトレーラ	517	
	粉粒体運搬フルトレーラ	518	
	タンク車	513	
	〃　三輪	313	
	タンクセミトレーラ	514	
	タンクフルトレーラ	515	
	ドリー付タンクトレーラ	519	
	現金輸送車	540	
	アスファルト運搬車	550	
	アスファルト運搬セミトレーラ	564	
	コンクリートミキサー車	555	
	コンクリトミキサセミトレラ	566	
	冷蔵冷凍車	632	
	冷蔵冷凍セミトレーラ	633	
	冷蔵冷凍フルトレーラ	634	
	ドリー付冷蔵冷凍トレーラ	635	
	冷蔵冷凍車（トラクタ）	636	
	活魚運搬車	637	
	保温車	638	
	販売車	620	
	〃　三輪	420	
	散水車	640	
	〃　三輪	440	
	塵芥車	641	
	〃　三輪	441	
	糞尿車	643	

2. 特種用途自動車の車体の形状コード一覧

区　分	車体の形状	形状コード	備　考
	〃　三輪	443	
	ボートトレーラ	611	
	〃　二輪	211	
	オートバイトレーラ	213	
	スノーモービルトレーラ	214	
	ドリー付粉粒体運搬トレーラ	766	
	ドリー付現金輸送トレーラ	767	
	現金輸送フルトレーラ	768	
	現金輸送セミトレーラ	769	
	ドリ付アスファルトトレラ	770	
	アスファルト運搬フルトレラ	771	
	ドリ付コンクリミキサトレラ	772	
	コンクリトミキサフルトレラ	773	
	ドリー付活魚運搬トレーラ	774	
	活魚運搬フルトレーラ	775	
	活魚運搬セミトレーラ	776	
	ドリー付保温トレーラ	777	
	保温フルトレーラ	778	
	保温セミトレーラ	779	
	ドリー付販売トレーラ	780	
	販売フルトレーラ	781	
	販売セミトレーラ	782	
	ドリー付散水トレーラ	783	
	散水フルトレーラ	784	
	散水セミトレーラ	785	
	ドリー付塵芥トレーラ	786	
	塵芥フルトレーラ	787	
	塵芥セミトレーラ	788	
	ドリー付糞尿トレーラ	789	
	糞尿フルトレーラ	790	
	糞尿セミトレーラ	791	
4-1-3(2)	患者輸送車	501	
	車いす移動車	531	

2. 特種用途自動車の車体の形状コード一覧

区　分	車体の形状	形状コード	備　考
4-1-3(3)	消毒車	504	
	〃　三輪	304	
	寝具乾燥車	505	
	入浴車	508	
	ボイラー車	535	
	検査測定車	545	
	穴掘建柱車	551	
	ウインチ車	552	
	〃　三輪	352	
	クレーン車	553	
	〃　三輪	353	
	くい打車	554	
	コンクリート作業車	556	
	コンベアー車	557	
	〃　三輪	357	
	道路作業車	558	
	〃　三輪	358	
	梯子車	559	
	ポンプ車	560	
	コンプレッサー車	561	
	〃　三輪	361	
	農業作業車	562	
	クレーン用台車	563	
	空港作業車	580	
	構内作業車	585	
	工作車	590	
	〃　三輪	390	
	工業作業車	592	
	レッカー車	622	
	〃　二輪	222	
	〃　三輪	422	
	写真撮影車	624	
	事務室車	625	

2. 特種用途自動車の車体の形状コード一覧

区　分	車体の形状	形状コード	備　考
	加工車	630	
	食堂車	631	
	清掃車	642	
	〃　三輪	442	
	電気作業車	660	
	電源車	661	
	〃　三輪	461	
	照明車	663	
	架線修理車	670	
	〃　三輪	470	
	高所作業車	671	
	ドリー付消毒トレーラ	792	
	消毒フルトレーラ	793	
	消毒セミトレーラ	794	
	ドリー付寝具乾燥トレーラ	795	
	寝具乾燥フルトレーラ	796	
	寝具乾燥セミトレーラ	797	
	ドリー付入浴トレーラ	798	
	入浴フルトレーラ	799	
	入浴セミトレーラ	800	
	ドリー付ボイラートレーラ	801	
	ボイラーフルトレーラ	802	
	ボイラーセミトレーラ	803	
	ドリー付検査測定トレーラ	804	
	検査測定フルトレーラ	805	
	検査測定セミトレーラ	806	
	ドリー付穴掘建柱トレーラ	807	
	穴掘建柱フルトレーラ	808	
	穴掘建柱セミトレーラ	809	
	ドリー付ウインチトレーラ	810	
	ウインチフルトレーラ	811	
	ウインチセミトレーラ	812	
	ドリー付クレーントレーラ	813	

2．特種用途自動車の車体の形状コード一覧

区　　分	車体の形状	形状コード	備　　考
	クレーンフルトレーラ	814	
	クレーンセミトレーラ	815	
	ドリー付くい打トレーラ	816	
	くい打フルトレーラ	817	
	くい打セミトレーラ	818	
	ドリ付コンクリ作業トレーラ	819	
	コンクリト作業フルトレーラ	820	
	コンクリト作業セミトレーラ	821	
	ドリー付コンベアトレーラ	822	
	コンベアフルトレーラ	823	
	コンベアセミトレーラ	824	
	ドリー付道路作業トレーラ	825	
	道路作業フルトレーラ	826	
	道路作業セミトレーラ	827	
	ドリー付梯子トレーラ	828	
	梯子フルトレーラ	829	
	梯子セミトレーラ	830	
	ドリー付ポンプトレーラ	831	
	ポンプフルトレーラ	832	
	ポンプセミトレーラ	833	
	ドリ付コンプレッサトレーラ	834	
	コンプレッサーフルトレーラ	835	
	コンプレッサーセミトレーラ	836	
	ドリー付農業作業トレーラ	837	
	農業作業フルトレーラ	838	
	農業作業セミトレーラ	839	
	ドリー付空港作業トレーラ	840	
	空港作業フルトレーラ	841	
	空港作業セミトレーラ	842	
	ドリー付工作トレーラ	843	
	工作フルトレーラ	844	
	工作セミトレーラ	845	
	ドリー付工業作業トレーラ	846	

2．特種用途自動車の車体の形状コード一覧

区　分	車体の形状	形状コード	備　考
	工業作業フルトレーラ	847	
	工業作業セミトレーラ	848	
	ドリー付写真撮影トレーラ	849	
	写真撮影フルトレーラ	850	
	写真撮影セミトレーラ	851	
	ドリー付事務室トレーラ	852	
	事務室フルトレーラ	853	
	事務室セミトレーラ	854	
	ドリー付加工トレーラ	855	
	加工フルトレーラ	856	
	加工セミトレーラ	857	
	ドリー付食堂トレーラ	858	
	食堂フルトレーラ	859	
	食堂セミトレーラ	860	
	ドリー付清掃トレーラ	861	
	清掃フルトレーラ	862	
	清掃セミトレーラ	863	
	ドリー付電気作業トレーラ	864	
	電気作業フルトレーラ	865	
	電気作業セミトレーラ	866	
	ドリー付電源トレーラ	867	
	電源フルトレーラ	868	
	電源セミトレーラ	869	
	ドリー付照明トレーラ	870	
	照明フルトレーラ	871	
	照明セミトレーラ	872	
	ドリー付架線修理トレーラ	873	
	架線修理フルトレーラ	874	
	架線修理セミトレーラ	875	
	ドリー付高所作業トレーラ	876	
	高所作業フルトレーラ	877	
	高所作業セミトレーラ	878	
4-1-3(4)	キャンピング車	610	

2. 特種用途自動車の車体の形状コード一覧

区　　分	車体の形状	形状コード	備　　考
	放送宣伝車	651	
	〃　　三輪	451	
	キャンピングトレーラ	612	
	〃　　　　二輪	212	
	〃　　　　三輪	412	
	ドリ付キャンピングトレーラ	879	
	キャンピングセミトレーラ	880	
	ドリー付放送宣伝トレーラ	881	
	放送宣伝フルトレーラ	882	
	放送宣伝セミトレーラ	883	
区分なし	セミトレーラ	697	特種用途のセミトレーラ
	トラクタ	698	特種用途のトラクタ
	トレーラ	699	特種用途のトレーラ

3．特種用途自動車の車体の形状別有効期間の一覧

4－1－1　専ら緊急の用に供するための自動車

項目／車体の形状	乗車定員11人以上	乗車定員10人以下									
		自家用					事業用				
		積載量なし	車両総重量<8000kg		車両総重量≧8000kg		積載量なし	車両総重量<8000kg		車両総重量≧8000kg	
			積載量>500kg	積載量≦500kg	積載量>500kg	積載量≦500kg		積載量>500kg	積載量≦500kg	積載量>500kg	積載量≦500kg
救急車	1年	2年	新車初回2年、以降1年	2年	1年	2年					
消防車	1年	2年	2年	2年	2年	2年					
警察車	1年	2年	新車初回2年以降1年 2年＊	2年	2年＊ 1年	2年					
臓器移植用緊急輸送車	1年	2年									
保線作業車	1年	2年	新車初回2年、以降1年	2年	1年	2年					
検察庁車	1年	2年	新車初回2年、以降1年	2年	1年	2年					
緊急警備車	1年	2年	新車初回2年、以降1年	2年	1年	2年					
防衛省車	1年	2年	新車初回2年、以降1年	2年	1年	2年					
電波監視車	1年	2年	新車初回2年、以降1年	2年	1年	2年					
公共応急作業車	1年	2年	新車初回2年、以降1年	2年	1年	2年					
護送車	1年	2年	新車初回2年、以降1年	2年	1年	2年					
血液輸送車	1年	2年									
交通事故調査用緊急車	1年	2年	新車初回2年、以降1年	2年	1年	2年					

※職務遂行に必要な放水装置を備えた自動車

3．特種用途自動車の車体の形状別有効期間の一覧

4－1－2　法令等で特定される事業を遂行するための自動車

項目／車体の形状	乗車定員11人以上	乗車定員10人以下									
		自家用					事業用				
		積載量なし	車両総重量<8000kg		車両総重量≧8000kg		積載量なし	車両総重量<8000kg		車両総重量≧8000kg	
			積載量>500kg	積載量≦500kg	積載量>500kg	積載量≦500kg		積載量>500kg	積載量≦500kg	積載量>500kg	積載量≦500kg
給水車	1年		新車初回2年、以降1年	2年	1年	2年					
医療防疫車	1年	2年	新車初回2年、以降1年	2年	1年	2年					
採血車	1年	2年	新車初回2年、以降1年	2年	1年	2年					
軌道兼用車	1年	2年	新車初回2年、以降1年	2年	1年	2年					
図書館車	1年	2年									
郵便車	1年	2年									
移動電話車	1年	2年									
路上試験車	1年	2年	新車初回2年、以降1年	2年	1年	2年					
教習車	1年	2年	新車初回2年、以降1年	2年	1年	2年					
霊柩車	1年	2年					2年				
広報車	1年	2年		2年		2年					
放送中継車	1年	2年	新車初回2年、以降1年	2年	1年	2年					
理容・美容車	1年	2年		2年		2年					

4－1－3 特種な目的に専ら使用するための自動車

(1) 特種な物品を運搬するための特種な物品積載設備を有する自動車

項目／車体の形状	乗車定員11人以上	乗車定員10人以下									
		自家用					事業用				
		積載量なし	車両総重量＜8000kg		車両総重量≧8000kg		積載量なし	車両総重量＜8000kg		車両総重量≧8000kg	
			積載量＞500kg	積載量≦500kg	積載量＞500kg	積載量≦500kg		積載量＞500kg	積載量≦500kg	積載量＞500kg	積載量≦500kg
粉粒体運搬車	1年		新車初回2年、以降1年		1年	1年		新車初回2年、以降1年		1年	1年
タンク車	1年		新車初回2年、以降1年		1年	1年		新車初回2年、以降1年		1年	1年
現金輸送車	1年		新車初回2年、以降1年		1年	1年		新車初回2年、以降1年		1年	1年
アスファルト運搬車	1年		新車初回2年、以降1年		1年	1年		新車初回2年、以降1年		1年	1年
コンクリートミキサー車	1年		新車初回2年、以降1年		1年	1年		新車初回2年、以降1年		1年	1年
冷蔵冷凍車	1年		新車初回2年、以降1年		1年	1年		新車初回2年、以降1年		1年	1年
活魚運搬車	1年		新車初回2年、以降1年		1年	1年		新車初回2年、以降1年		1年	1年
保温車	1年		新車初回2年、以降1年		1年	1年		新車初回2年、以降1年		1年	1年
販売車	1年		新車初回2年、以降1年		1年	1年		新車初回2年、以降1年		1年	1年
散水車	1年		新車初回2年、以降1年		1年	1年		新車初回2年、以降1年		1年	1年
塵芥車	1年		新車初回2年、以降1年		1年	1年		新車初回2年、以降1年		1年	1年
糞尿車	1年		新車初回2年、以降1年		1年	1年		新車初回2年、以降1年		1年	1年
ボートトレーラ			新車初回2年、以降1年		1年	1年		新車初回2年、以降1年		1年	1年
オートバイトレーラ			新車初回2年、以降1年		1年	1年		新車初回2年、以降1年		1年	1年
スノーモービルトレーラ			新車初回2年、以降1年		1年	1年		新車初回2年、以降1年		1年	1年

3．特種用途自動車の車体の形状別有効期間の一覧

⑵　高齢者、車いす利用者等を輸送するための特種な乗車設備を有する自動車

項目／車体の形状	乗車定員11人以上	乗車定員10人以下									
		自家用					事業用				
		積載量なし	車両総重量<8000kg		車両総重量≧8000kg		積載量なし	車両総重量<8000kg		車両総重量≧8000kg	
			積載量>500kg	積載量≦500kg	積載量>500kg	積載量≦500kg		積載量>500kg	積載量≦500kg	積載量>500kg	積載量≦500kg
患者輸送車	1年	2年					1年				
車いす移動車	1年	2年					1年				

⑶　特種な作業を行うための特種な設備を有する自動車（その1）

項目／車体の形状	乗車定員11人以上	乗車定員10人以下									
		自家用					事業用				
		積載量なし	車両総重量<8000kg		車両総重量≧8000kg		積載量なし	車両総重量<8000kg		車両総重量≧8000kg	
			積載量>500kg	積載量≦500kg	積載量>500kg	積載量≦500kg		積載量>500kg	積載量≦500kg	積載量>500kg	積載量≦500kg
消毒車	1年		新車初回2年、以降1年	2年	1年	2年					
寝具乾燥車	1年	2年	新車初回2年、以降1年	2年	1年	2年					
入浴車	1年	2年	新車初回2年、以降1年	2年	1年	2年					
ボイラー車	1年		新車初回2年、以降1年	2年	1年	2年					
検査測定車	1年	2年	新車初回2年、以降1年	2年	1年	2年					
穴掘建柱車	1年	2年	新車初回2年、以降1年	2年	1年	2年					
ウィンチ車	1年	2年	新車初回2年、以降1年	2年	1年	2年					
クレーン車	1年	2年	新車初回2年、以降1年	2年	1年	2年					
くい打車	1年	2年	新車初回2年、以降1年	2年	1年	2年					
コンクリート作業車	1年	2年	新車初回2年、以降1年	2年	1年	2年					

(3) 特種な作業を行うための特種な設備を有する自動車（その２）

項目／車体の形状	乗車定員11人以上	乗車定員10人以下									
		自家用					事業用				
		積載量なし	車両総重量<8000kg		車両総重量≧8000kg		積載量なし	車両総重量<8000kg		車両総重量≧8000kg	
			積載量>500kg	積載量≦500kg	積載量>500kg	積載量≦500kg		積載量>500kg	積載量≦500kg	積載量>500kg	積載量≦500kg
コンベア車	1年	2年	新車初回2年、以降1年	2年	1年	2年					
道路作業車	1年	2年	新車初回2年、以降1年	2年	1年	2年					
梯子車	1年	2年	新車初回2年、以降1年	2年	1年	2年					
ポンプ車	1年	2年	新車初回2年、以降1年	2年	1年	2年					
コンプレッサー車	1年	2年	新車初回2年、以降1年	2年	1年	2年					
農業作業車	1年		新車初回2年、以降1年	2年	1年	2年					
クレーン用台車	1年	2年		2年		2年					
空港作業車	1年	2年	新車初回2年、以降1年	2年	1年	2年					
構内作業車		2年									
工作車	1年	2年	新車初回2年、以降1年	2年	1年	2年					
工業作業車	1年	2年		2年		2年					
レッカー車	1年	2年		2年		2年					
写真撮影車	1年	2年		2年		2年					
事務室車	1年	2年		2年		2年					
加工車	1年	2年		2年		2年					
食堂車	1年	2年		2年		2年					
清掃車（塵芥等）	1年		新車初回2年、以降1年	2年	1年	2年					
（清掃用）	1年	2年	新車初回2年、以降1年	2年	1年	2年					

3．特種用途自動車の車体の形状別有効期間の一覧

(3) 特種な作業を行うための特種な設備を有する自動車（その3）

項目／車体の形状	乗車定員11人以上	乗車定員10人以下									
		自家用					事業用				
		積載量なし	車両総重量<8000kg		車両総重量≧8000kg		積載量なし	車両総重量<8000kg		車両総重量≧8000kg	
			積載量>500kg	積載量≦500kg	積載量>500kg	積載量≦500kg		積載量>500kg	積載量≦500kg	積載量>500kg	積載量≦500kg
電気作業車	1年	2年		2年		2年					
電源車	1年	2年		2年		2年					
照明車	1年	2年	新車初回2年、以降1年	2年	1年	2年					
架線修理車	1年		新車初回2年、以降1年	2年	1年	2年					
高所作業車	1年	2年	新車初回2年、以降1年	2年	1年	2年					

(4) キャンプ又は宣伝活動を行うための特種な設備を有する自動車

項目／車体の形状	乗車定員11人以上	乗車定員10人以下									
		自家用					事業用				
		積載量なし	車両総重量<8000kg		車両総重量≧8000kg		積載量なし	車両総重量<8000kg		車両総重量≧8000kg	
			積載量>500kg	積載量≦500kg	積載量>500kg	積載量≦500kg		積載量>500kg	積載量≦500kg	積載量>500kg	積載量≦500kg
キャンピング車	1年	2年									
キャンピングトレーラ		2年									
放送宣伝車	1年	2年									

4．定期点検の間隔及び自動車検査証の有効期間に関する整理表

対象車種			定期点検の間隔 3ヵ月（別表3）（事業用）	3ヵ月（別表4）（被けん引）	6ヵ月（別表5）（貨物）	1年（別表6）（乗用）	1年（別表7）（二輪）	検査証の有効期間 初回	2回目以降	備考（主な車種など）
運送事業用	旅客	普通・小型	○					1年	←	バス、タクシー、ハイヤー
		軽	○					2年	←	福祉タクシー
	貨物	車両総重量８ｔ以上	○					1年	←	貨物運送事業者のトラック（三輪車を含む）
		車両総重量８ｔ未満	○					2年	1年	
		車両総重量８ｔ以上トレーラ		○				1年	←	
		車両総重量８ｔ未満トレーラ		○				2年	1年	
		軽				●		2年	←	貨物運送事業者のトラック・バン
		二輪					●	3年	2年	貨物運送事業者の二輪車
	霊柩	通常タイプ	○					2年	←	霊柩車
		定員11名以上	○					1年	←	霊柩車（バス形状）
		軽自動車				●		2年	←	
レンタカー	貨物	車両総重量８ｔ以上	○					1年	←	トラック（三輪車を含む）
		車両総重量８ｔ未満	○					2年	1年	
		軽			○			2年	←	
	定員11名以上		○					1年	←	マイクロバス
	幼児専用車		○					1年	←	
	車両総重量８ｔ以上トレーラ			○				1年	←	ポール・トレーラ
	車両総重量８ｔ未満トレーラ			○				2年	1年	
	乗用	普通・小型			○			2年	1年	マイカー型
		軽			○			2年	←	
		三輪	○					2年	1年	
	二輪	小型			○			2年	1年	250ccを超えるバイク（三輪バイクを含む）
		検査対象外軽自動車			○			無	←	125cc超250cc以下のバイク（三輪バイクを含む）
	特種	普通・小型	○					2年	1年	キャンピング車
		貨物 車両総重量８ｔ以上	○					1年	←	タンク車、冷蔵冷凍車
		貨物 車両総重量８ｔ未満	○					2年	1年	
		軽			○			2年	←	
	大特	車両総重量８ｔ以上	○					2年	1年	ホイール・クレーン
		車両総重量８ｔ未満	○					2年	1年	フォーク・リフト
		貨物 車両総重量８ｔ以上	○					1年	←	ストラドル・キャリヤ
		貨物 車両総重量８ｔ未満	○					2年	1年	
	検査対象外軽自動車		○					無	←	そり付、カタピラ付軽自動車
自家用自動車	貨物	車両総重量８ｔ以上	○					1年	←	トラック（三輪車を含む）
		車両総重量８ｔ未満			○			2年	1年	
		車両総重量８ｔ以上トレーラ		○				1年	←	
		車両総重量８ｔ未満トレーラ			○			2年	1年	
		軽				●		2年	←	トラック（三輪車を含む）
	定員11名以上		○					1年	←	マイクロバス
	幼児専用車				○			1年	←	
	乗用	普通・小型				●		3年	2年	一般の乗用（マイカー）
		軽				●		3年	2年	
		三輪			○			2年	←	
	二輪	小型					●	3年	2年	250ccを超えるバイク（三輪バイクを含む）
		検査対象外軽自動車					●	無	←	125cc超250cc以下のバイク（三輪バイクを含む）
	特種	普通・小型	○注1		○注2			2年	←	キャンピング車、教習車（乗用）、消防車
		貨物 車両総重量８ｔ以上	○					1年	←	タンク車、散水車、現金輸送車、ボート・トレーラ、コンクリートミキサー車、冷蔵冷凍車、活魚運搬車、給水車
		貨物 車両総重量８ｔ未満			○			2年	1年	
		貨物 車両総重量８ｔ以上トレーラ		○				1年	←	
		貨物 車両総重量８ｔ未満トレーラ			○			2年	1年	
		軽			○注3	●		2年	←	ボート・トレーラ
	大特	車両総重量８ｔ以上	○					2年	←	ホイール・クレーン
		車両総重量８ｔ未満			○			2年	←	フォーク・リフト
		貨物 車両総重量８ｔ以上	○					1年	←	ストラドル・キャリヤ、ポール・トレーラ
		貨物 車両総重量８ｔ未満			○			2年	1年	
		貨物 車両総重量８ｔ以上トレーラ		○				1年	←	ポール・トレーラ
		貨物 車両総重量８ｔ未満トレーラ			○			2年	1年	
	検査対象外軽自動車				○			無	←	そり付、カタピラ付軽自動車

※１．点検整備記録簿の保存期間は　●印：２年　○印：１年

注１　車両総重量８ｔ以上　　注２　車両総重量８ｔ未満　　注３　人の運送の用に供する三輪

5．構造要件における作業用面積及び有効高さ等の規定一覧

4－1－2　法令等で特定される事業を遂行するための自動車

構造要件／形状	設備等設置場所等	物品積載装置等	乗降口：幅300㎜・高さ1600㎜（1200㎜）	乗降口右側面以外	通路：幅300㎜・高さ1600㎜（1200㎜）	踏段：＊1 1段高さ400㎜・（最下段450㎜）（踏台可）	作業等床面積一辺30㎝以上の正方形を含む0.5㎡	座席が固定された床面から上方に1200㎜	床面から上方に1600㎜	床面から上方に1200㎜	床面から上方に1600㎜（1200㎜）	寝台等（／1人）長さ1.8m 幅 0.5m 上方空間0.5m
給水車		飲料水を収納する装置										
医療防疫車		医薬品等を収納する棚等	○	○	○	○						
採血車		血液を保存する収納容器を格納する設備	○	○	○	○						
軌道兼用車												
図書館車		有していないこと（図書は車両重量に含める）	○＊2	○＊2	○＊2	○＊2						
郵便車		有していないこと	○＊2	○＊2	○＊2	○＊2						
移動電話車		有していないこと	○＊2	○＊2	○＊2	○＊2						
路上試験車												
教習車												
霊柩車		（柩は車両重量に含めず、積載量も付与しない）										○収納場所
広報車		有していないこと（500kg あり）						○				
放送中継車	調整室を有すること											
理容・美容車		有していないこと（500kg あり）					○		○			

＊1：空車状態の床面の高さが450㎜超える乗降口に限る。
＊2：車室外のみから直接利用できる場合を除く。

5．構造要件における作業用面積及び有効高さ等の規定一覧

4－1－3　特種な目的に専ら使用するための自動車（1／2要件適用）

(1)　特種な物品を運搬するための特種な物品積載設備を有する自動車

構造要件／形状	設備等設置場所等	物品積載装置等	乗降口：幅300㎜・高さ1600㎜（1200㎜）	乗降口右側面以外	通路：幅300㎜・高さ1600㎜（1200㎜）	踏段：＊1 1段高さ400㎜・（最下段450㎜）（踏台可）	作業等床面積一辺30㎝以上の正方形を含む0.5㎡	座席が固定された床面から上方に1200㎜	床面から上方に1600㎜	床面から上方に1200㎜	床面から上方に1600㎜（1200㎜）	寝台等（／1人）長さ1.8m 幅 0.5m 上方空間0.5m
粉粒体運搬車		密閉された装置を有すること（審査事務規程7－115(9)）										
タンク車		密閉されたタンク状の装置を有すること（審査事務規程7－115(5)(6)(7)）										
現金輸送車		客室（ない場合は運転者席）と隔壁で区分された装置を有すること										
アスファルト運搬車		密閉されたタンク状の装置を有すること（審査事務規程7－115(5)）										
コンクリートミキサー車		ドラムを有すること（審査事務規程7－115(8)）										
冷蔵冷凍車		客室（ない場合は運転者席）と隔壁で区分された荷室										
活魚運搬車		客室（ない場合は運転者席）と隔壁で区分された海水等を貯蔵できる装置を有すること										
保温車		客室（ない場合は運転者席）と隔壁で区分された荷室										
販売車（商品販売）		販売商品を搭載する装置を有すること	○＊2	○＊2	○＊2	○＊2						
（商品展示）		商品を展示する装置を有すること	○＊2	○＊2	○＊2	○＊2						
散水車		水を収納するタンク状の装置を有すること										
塵芥車		塵芥を収納する荷箱を有すること										
糞尿車		密閉されたタンク状の装置を有すること										
ボートトレーラ		有すること										
オートバイトレーラ		有すること										
スノーモービルトレーラ		有すること										

＊1：空車状態の床面の高さが450㎜超える乗降口に限る。

＊2車室外のみから直接利用できる場合を除く。

5. 構造要件における作業用面積及び有効高さ等の規定一覧

(2) 高齢者、車いす利用者等を輸送するための特種な乗車設備を有する自動車

構造要件 形状	設備等設置場所等	物品積載装置等	乗降口：幅300㎜・高さ1600㎜（1200㎜）	乗降口右側面以外	通路：幅300㎜・高さ1600㎜（1200㎜）	踏段：1段高さ400㎜・（最下段450㎜）（踏台可）	作業等床面積一辺30㎝以上の正方形を含む0.5㎡	座席が固定された床面から上方に1200㎜	床面から上方に1600㎜	床面から上方に1200㎜	床面から上方に1600㎜（1200㎜）	寝台等（／1人）長さ1.8m 幅 0.5m 上方空間0.5m
患者輸送車	車室には	有していないこと	適当な寸法	○								○
車いす移動車		有していないこと	適当な寸法		適当な寸法							

(3) 特種な作業を行うための特種な設備を有する自動車

＊1：空車状態の床面の高さが450㎜超える乗降口に限る。

形状	設備等設置場所等	物品積載装置等	乗降口：幅300㎜・高さ1600㎜（1200㎜）	乗降口右側面以外	通路：幅300㎜・高さ1600㎜（1200㎜）	踏段：1段高さ400㎜・（最下段450㎜）（踏台可）	作業等床面積一辺30㎝以上の正方形を含む0.5㎡	座席が固定された床面から上方に1200㎜	床面から上方に1600㎜	床面から上方に1200㎜	床面から上方に1600㎜（1200㎜）	寝台等（／1人）長さ1.8m 幅 0.5m 上方空間0.5m
消毒車		消毒液等を収納する容器を有すること										
寝具乾燥車	客室（ない場合は運転者席）と隔壁により区分された乾燥室を有すること											
入浴車		浴用水は車両重量に含め、積載量は算定しない										
ボイラー車		ボイラー装置等及び蒸気供給装置を有し、これらは客室（ない場合は運転者席）と隔壁で区分されていること（水、燃料は積載量を算定）										
検査測定車										○		
穴掘建柱車												
ウィンチ車												
クレーン車												
くい打車												
コンクリート作業車		洗浄用の水タンクは積載量を算定										
コンベア車												
道路作業車												
梯子車												

5．構造要件における作業用面積及び有効高さ等の規定一覧

＊１：空車状態の床面の高さが450㎜超える乗降口に限る。

構造要件 形状	設備等設置場所等	物品積載装置等	乗降口：幅300㎜・高さ1600㎜（1200㎜）	乗降口右側面以外	通路：幅300㎜・高さ1600㎜（1200㎜）	踏段：＊１ １段高さ400㎜・（最下段450㎜）（踏台可）	作業等床面積一辺30㎝以上の正方形を含む0.5㎡	座席が固定された床面から上方に1200㎜	床面から上方に1600㎜	床面から上方に1200㎜	床面から上方に1600㎜（1200㎜）	寝台等（／１人）長さ1.8m 幅 0.5m 上方空間0.5m
ポンプ車												
コンプレッサー車												
農業作業車		種子収納容器、堆肥収納荷台を有すること（積載量を算定）										
クレーン用台車		有していないこと										
空港作業車												
構内作業車		積載量は算定しない										
工作車	作業台等は屋内に設けること						○				○	
工業作業車		有していないこと（500kgあり）										
レッカー車		有していないこと（500kgあり）										
写真撮影車	写真撮影室を屋内に有すること	有していないこと（500kgあり）	○	○	○	○			○			
事務室車	机等は屋内に有すること	有していないこと（500kgあり）	○	○	○	○					○	
加工車	加工台等は屋内に有すること	有していないこと（500kgあり）					○				○	
食堂車	加工台等は屋内に有すること	有していないこと（500kgあり）	○	○	○	○	○		○			
清掃車（塵芥等）		塵芥等収納装置を有すること（最大積載量を算定）										
（清掃用）												
電気作業車	作業場所は屋内にあること	・溶接機等は客室（ない場合は運転者席）と隔壁により区分されていること・有していないこと（500kgあり）					○				○	
電源車		・発電機等は客室（ない場合は運転者席）と隔壁により区分されていること・有していないこと（500kgあり）										

5. 構造要件における作業用面積及び有効高さ等の規定一覧

構造要件 ／ 形状	設備等設置場所等	物品積載装置等	乗降口：幅300mm・高さ1600mm（1200mm）	乗降口右側面以外	通路：幅300mm・高さ1600mm（1200mm）	踏段：＊1 1段高さ400mm・（最下段450mm）（踏台可）	作業等床面積一辺30cm以上の正方形を含む0.5㎡	座席が固定された床面から上方に1200mm	床面から上方に1600mm	床面から上方に1200mm	床面から上方に1600mm（1200mm）	寝台等（／1人）長さ1.8m 幅 0.5m 上方空間0.5m
照明車												
架線修理車		電線等を巻くドラムを設置する装置を有すること（最大積載量を算定）										
高所作業車												

(4) キャンピング又は宣伝活動を行うための特種な設備を有する自動車

＊1：空車状態の床面の高さが450mm超える乗降口に限る。

形状	設備等設置場所等	物品積載装置等	乗降口	乗降口右側面以外	通路	踏段	作業等床面積	座席が固定された床面から上方に1200mm	床面から上方に1600mm	床面から上方に1200mm	床面から上方に1600mm（1200mm）	寝台等
キャンピング車	車室内に居住できること	有していないこと										
就寝設備	車室内に有すること											○＊2
水道設備	車室内で使用できること						○＊3		●			
炊事設備	車室内で使用できること								●			
キャンピングトレーラ	車室内に居住できること											
就寝設備												○＊2
水道設備	車室内で使用できること						○＊3		○			
炊事設備	車室内で使用できること								○			
放送宣伝車												
音声	＊4	有していないこと						○				
映像	＊5	有していないこと										

＊2：上方空間は就寝部位の短辺から0.9m までの範囲は0.3m。
＊3：水道設備の洗面台等及び炊事設備の調理台等と、これらの利用者の床面への投影面積。
＊4：放送設備にうち、音声・音量等調整装置、マイクロホンは車室内等において操作し、使用することができること。
車室内等には、放送設備を用いて車外に放送する者の用に共する乗車設備の座席を有すること。
＊5：車室内等に映像を再生する装置、調整する装置等の設備を有すること。

●：平成15年4月1日から適用

改訂の経緯

平成13年6月5日 初版発行
平成17年4月23日 改訂
平成30年2月26日 第2次改訂
令和4年12月6日 第3次改訂

特種用途自動車の構造要件の解説

定価3,300円（本体3,000円＋税10%）
（送料別）

令和4年12月6日　発行

編　纂　㈱交文社特種車研究班
発行者　小　林　英　世

発行所　株式会社　交　文　社
〒162-0041 東京都新宿区早稲田鶴巻町570
TEL 03-3202-7660　FAX 03-3207-9305
郵便振替口座　00190-7-79086

ISBN 978-4-910678-03-0